普通高等学校"十三五"规划教材

Java程序设计
实验教程

魏金岭　周　苏　主　编

袁坚刚　霍梅梅　王　文　副主编

中国铁道出版社有限公司

CHINA RAILWAY PUBLISHING HOUSE CO., LTD.

内 容 简 介

　　"Java 程序设计"是一门理论性和实践性都很强的课程。本书是为高等学校相关专业"Java 程序设计"课程全新设计编写、具有丰富实践特色的程序设计主教材。针对高等学校学生的学习特点和发展需求，本书系统、全面地介绍 Java 面向对象程序设计语言的基本知识和技能，内容包括 Java 程序设计初步、简单程序设计、面向对象方法、输入与输出、异常处理与使用集合类、图形用户界面和多线程与应用程序部署 7 个实验共 21 个实验项目。各实验项目均配套设计了实验目标、知识准备、编程训练和作业等部分，具有较强的系统性、可读性和实用性。

　　本书适合作为普通高等学校"Java 程序设计"课程的教材，也可以供有一定实践经验的 IT 应用人员、管理人员学习参考。

图书在版编目（CIP）数据

Java 程序设计实验教程/魏金岭，周苏主编. —北京：
中国铁道出版社有限公司，2019.9
普通高等学校"十三五"规划教材
ISBN 978-7-113-26139-9

Ⅰ. ①J… Ⅱ.①魏… ②周… Ⅲ.①JAVA 语言－程序
设计－高等学校－教材 Ⅳ.①TP312.8

中国版本图书馆 CIP 数据核字(2019)第 174452 号

书　　名：Java 程序设计实验教程	
作　　者：魏金岭　周　苏	

策　　划：汪　敏	编辑部电话：010-63589185 转 2101
责任编辑：汪　敏　徐盼欣	
封面设计：刘　颖	
责任校对：张玉华	
责任印制：郭向伟	

出版发行：中国铁道出版社有限公司（100054，北京市西城区右安门西街 8 号）
网　　址：http://www.tdpress.com/51eds/
印　　刷：北京铭成印刷有限公司
版　　次：2019 年 9 月第 1 版　2019 年 9 月第 1 次印刷
开　　本：787 mm×1 092 mm　1/16　印张：17.5　字数：446 千
书　　号：ISBN 978-7-113-26139-9
定　　价：46.00 元

前　言

　　Java 是一门随时代快速发展的面向对象程序设计语言，它具有简单性、面向对象、分布式、健壮性、安全性、平台独立与可移植性、多线程、动态性等特点，极好地实现了面向对象理论，允许程序员以优雅的思维方式进行复杂的编程。

　　Java 语言提供网络应用支持和多媒体存取，推动了因特网和企业网络的 Web 应用。为了保持 Java 的增长和推进 Java 社区的参与，Sun 公司在 Java One 开发者大会上宣布开放 Java 核心源代码，以鼓励更多的人参与到 Java 社团活动中。

　　对于在校 IT 各专业的大学生来说，Java 程序设计是一门理论性和实践性都很强的"必修"课程。在长期的教学实践中，我们体会到，坚持"因材施教"的重要性，把实践环节与理论教学相融合，抓实践教学促进理论知识的学习，是有效地改善教学效果和提高教学水平的重要方法之一。本书的主要特色是：理论联系实际，结合一系列了解和熟悉 Java 程序设计语言的概念、技术与应用的学习和实践活动，把 Java 程序设计语言的相关概念、基础知识和技术技巧融入实践当中，使学生保持浓厚的学习热情，加深对 Java 语言的兴趣、认识、理解和掌握。

　　本书是为高等学校相关专业开设"Java 程序设计"相关课程而全新设计编写、具有丰富实践特色的、以实践为主的教材，也可供有一定实践经验的 IT 应用人员、管理人员学习参考。

　　本书较为系统、全面地介绍了 Java 程序设计的核心基础知识和编程技术，内容包括 Java 程序设计初步、简单程序设计、面向对象方法、输入与输出、异常处理与使用集合类、图形用户界面和多线程与应用程序部署，共分为 7 个实验，含 21 个实验项目，具有较强的系统性、可读性和实用性。

　　结合教学研究和教学方法改革的要求，全书精心设计了课程教学过程，为每个实验有针对性地安排了实验目标、知识准备、编程训练和作业等环节，要求和指导学生在课前、课后仔细阅读丰富的程序案例并完成相应的实验与作业要求，延伸阅读，深入理解课程知识内涵。

　　虽然已经进入电子时代，但我们仍然竭力倡导读书。为每个实验设计的作业都不难，学生只要认真阅读"知识准备"部分的内容，所有题目都能准确回答。在书的附录部分我们给出了作业参考答案，以供对比思考。

　　本书中，用于开展编程训练的程序源代码语句达到 3 600 行以上。学生应切实掌握命令提示符界面、记事本文本编辑、JDK 开发环境、录入程序源代码、测试/调试/运行分析程序，熟练掌握程序员的基本技能，提高 Java 程序员的职业素养和编程能力。

本课程的教学进度设计参考见"课程教学进度表"。实际执行时，应按照教学大纲和校历中关于本学期节假日的安排，确定本课程的实际教学进度。

课程教学进度表（20 —20 学年第 学期）

课程号：＿＿＿＿＿＿ 课程名称：＿＿Java 程序设计＿＿ 学分：＿3＿ 周学时：＿2＋2＿

总学时：＿64＿ （其中理论学时：＿32＿ 实训学时：＿32＿ 主讲教师：＿＿＿＿＿

序号	校历周次	章节（或实验、习题课等）名称与内容	学时	教学方法	课后作业布置
1	1	实验 1 Java 程序设计初步 实验 1.1 Java 开发入门	2＋2		
2	2	实验 1.2 搭建 Eclipse 开发平台 实验 1.3 熟悉 Java 基础语法	2＋2		
3	3	实验 2 简单程序设计 实验 2.1 熟悉选择控制结构 实验 2.2 熟悉循环控制结构	2＋2		
4	4	实验 2.3 了解算法，掌握 Java 的方法 实验 2.4 掌握 Java 的数组与字符串	2＋2		
5	5	实验 3 面向对象方法 实验 3.1 构造类与对象	2＋2		
6	6	实验 3.2 熟悉继承与多态	2＋2		
7	7	实验 3.3 接口、lambda 表达式与内部类	2＋2		
8	8	实验 4 输入与输出 实验 4.1 熟悉 Java 的字节流 实验 4.2 熟悉 Java 字符流与文件类	2＋2	实验目标 知识准备	编程训练 作业
9	9	实验 5 异常处理与使用集合类 实验 5.1 异常处理	2＋2		
10	10	实验 5.2 使用集合类	2＋2		
11	11	实验 6 图形用户界面 实验 6.1 图形界面设计基础	2＋2		
12	12	实验 6.2 Java 事件处理机制	2＋2		
13	13	实验 6.3 Swing 设计模式与文本输入	2＋2		
14	14	实验 6.4 Swing 选择组件	2＋2		
15	15	实验 6.5 Swing 菜单与对话框	2＋2		
16	16	实验 7 多线程与应用程序部署 实验 7.1 并发与多线程 实验 7.2 部署 Java 应用程序	2＋2		
17	（机动）课程实践				课程学习与实训总结

填表人（签字）： 日期：

系（教研室）主任（签字）： 日期：

本课程的教学评测可以从如下几方面入手：

（1）每个实验项目的课后"编程训练"（21项）。

（2）每个实验项目的作业（紧密结合教学内容的习题，21套）。

（3）课程学习与实验总结（附录C）。

（4）课程实践（期末课程成绩测评）（附录D）。

（5）结合平时考勤。

（6）任课老师认为必要的其他考核方法。

本书由魏金岭、周苏任主编，由袁坚刚、霍梅梅、王文任副主编，蔡锦锦、徐晓、吴林华、乔凤凤、钟佳妮等参与了本书的部分编写工作。本书得到浙江省普通高校"十三五"第二批新形态教材项目支持。本书的编写得到浙江大学城市学院、浙江安防职业技术学院、浙江商业职业技术学院等多所院校师生的支持。与本书配套的教学PPT课件、程序源代码等丰富教学资源可从中国铁道出版社有限公司网站（http://www.tdpress.com/51eds/）的下载区下载，欢迎教师与作者交流并索取为本书教学配套的相关资料。电子邮箱 zhousu@qq.com，QQ：81505050。

周　苏

2019年夏于温州华亭山麓

目 录

实验 1 Java 程序设计初步 1

实验 1.1 Java 开发入门 1
1.1.1 Java 概述 1
1.1.2 JDK 的使用 2
1.1.3 配置环境变量 4
1.1.4 第一个 Java 程序 6
实验 1.2 搭建 Eclipse 开发平台 13
1.2.1 Eclipse 的安装与启动 13
1.2.2 Eclipse 工作台 16
1.2.3 利用 Eclipse 平台进行
程序开发 16
实验 1.3 熟悉 Java 基础语法 20
1.3.1 基本语法规则 20
1.3.2 变量 21
1.3.3 常量 23
1.3.4 运算符 24
1.3.5 字符串 28
1.3.6 阅读联机 API 文档 30

实验 2 简单程序设计 36

实验 2.1 熟悉选择控制结构 36
2.1.1 块作用域 36
2.1.2 顺序语句 37
2.1.3 if（单分支）语句 37
2.1.4 if … else（双分支）语句 37
2.1.5 if … else if … else（多分支）
语句 37
2.1.6 switch 语句 39
实验 2.2 熟悉循环控制结构 45
2.2.1 while 语句 46
2.2.2 do … while 语句 48
2.2.3 for 语句 50
2.2.4 循环嵌套 51
2.2.5 break 跳转语句 52
2.2.6 continue 语句 53

实验 2.3 了解算法，掌握 Java 的方法 58
2.3.1 算法 58
2.3.2 框图 59
2.3.3 Java 的方法 60
2.3.4 方法的重载 61
2.3.5 大数值 62
实验 2.4 掌握 Java 的数组与字符串 67
2.4.1 数组的定义 67
2.4.2 数组的操作 68
2.4.3 Arrays 工具类 71
2.4.4 字符串类 String 72
2.4.5 字符串缓冲区类 StringBuffer 74
2.4.6 包装类 76

实验 3 面向对象方法 79

实验 3.1 构造类与对象 79
3.1.1 从面向过程到面向对象 79
3.1.2 类与对象 80
3.1.3 类的封装 83
3.1.4 使用预定义类 84
3.1.5 用户自定义类 86
3.1.6 构造方法 88
3.1.7 this 关键字 92
3.1.8 static 关键字 94
实验 3.2 熟悉继承与多态 98
3.2.1 包的定义与使用 99
3.2.2 类的继承 103
3.2.3 super 关键字 105
3.2.4 final 关键字 106
3.2.5 抽象类 106
3.2.6 多态 108
3.2.7 对象的类型转换 109
实验 3.3 接口、lambda 表达式
与内部类 113
3.3.1 接口的概念 113

3.3.2　定义接口 116
3.3.3　接口示例 117
3.3.4　lambda 表达式 119
3.3.5　内部类 122
3.3.6　匿名内部类 125

实验 4　输入与输出 128

实验 4.1　熟悉 Java 的字节流 128
4.1.1　读取输入 128
4.1.2　字节流的概念 129
4.1.3　字节流的读/写操作 131
4.1.4　文件的复制 133
4.1.5　字节流的缓冲区 134
4.1.6　字节缓冲流 135
实验 4.2　熟悉 Java 字符流与文件类 137
4.2.1　字符流及其读写操作 137
4.2.2　字符缓冲流 139
4.2.3　转换流 140
4.2.4　格式化输出 141
4.2.5　File 类及其常用方法 142

实验 5　异常处理与使用集合类 147

实验 5.1　异常处理 147
5.1.1　处理错误 148
5.1.2　异常分类 148
5.1.3　声明受查异常 150
5.1.4　异常捕获 try … catch
和 finally 150
5.1.5　抛出异常 throws 152
5.1.6　访问控制 153
5.1.7　创建异常类 154
实验 5.2　使用集合类 156
5.2.1　集合类概述 156
5.2.2　List 接口 157
5.2.3　泛型 160
5.2.4　Set 接口 161
5.2.5　Map 接口 162

实验 6　图形用户界面 167

实验 6.1　图形界面设计基础 167
6.1.1　命令提示符和图形用户界面 ... 167
6.1.2　AWT 组件 168
6.1.3　Swing 组件概述 177
6.1.4　创建框架 178

6.1.5　框架定位 180
6.1.6　在组件中显示信息 183
实验 6.2　Java 事件处理机制 ...187
6.2.1　事件处理基础 187
6.2.2　处理按钮事件 192
6.2.3　动作 195
6.2.4　鼠标事件 199
实验 6.3　Swing 设计模式与文本输入 205
6.3.1　模型-视图-控制器设计模式 205
6.3.2　边框布局 207
6.3.3　网格布局 208
6.3.4　文本输入 212
实验 6.4　Swing 选择组件 217
6.4.1　复选框 217
6.4.2　单选按钮 219
6.4.3　边框 221
6.4.4　组合框 223
6.4.5　滑动条 225
实验 6.5　Swing 菜单与对话框 230
6.5.1　创建菜单 231
6.5.2　复选框和单选按钮菜单项 232
6.5.3　弹出菜单 232
6.5.4　工具栏 236
6.5.5　对话框 239

实验 7　多线程与应用程序部署 245

实验 7.1　并发与多线程 245
7.1.1　多线程的概念 245
7.1.2　一个没有使用多线程的案例 ...245
7.1.3　使用线程给其他任务提供
机会 250
实验 7.2　部署 Java 应用程序 ...254
7.2.1　创建 JAR 文件 255
7.2.2　清单文件 256
7.2.3　可执行 JAR 文件 257
7.2.4　资源 257

附录 A　作业参考答案 261

附录 B　Java 关键字 264

附录 C　课程学习与实验总结 266

附录 D　课程实践（参考）.................270

参考文献 272

实验 1 | Java 程序设计初步

实验 1.1　Java 开发入门

【实验目标】

（1）熟悉 Java 语言的发展历程。

（2）熟悉 Java 语言的 JDK 开发环境。

（3）熟悉 TIOBE 排行榜，了解它对 IT 专业学生职业生涯的现实意义。

【知识准备】Java 编程语言

　　Java（其 Logo 见图 1-1）是一门随时代快速发展的面向对象程序设计语言，它广泛应用于计算机技术的各个领域，极好地实现了面向对象理论，允许程序员以优雅的思维方式进行复杂的编程。

　　Java 语言提供网络应用支持和多媒体存取，推动了因特网和企业网络的 Web 应用。为了保持 Java 的增长和推进 Java 社区的参与，Sun 公司在 Java One 开发者大会上宣布开放 Java 核心源代码，以鼓励更多的人参与到 Java 社团活动中。在当今互联网时代，Java 更具备了显著的优势和广阔的前景。

　　下面主要介绍 Java 语言的特点、开发环境、运行机制以及如何编写 Java 程序等内容。

图 1-1　Java 语言的 Logo

1.1.1　Java 概述

　　Java 语言具有简单易用、安全可靠、面向对象等特点，其突出特性包括：

　　（1）简单易用。Java 是一种相对简单的编程语言，它通过提供最基本的方法完成指定的实验，只需要掌握一些基础的概念，就可以编写出适用于各种场景的应用程序。

　　（2）安全可靠。Java 通常用于网络环境中，为此，它提供了安全机制以防恶意代码的攻击。Java 程序运行之前会利用字节确认器进行代码的安全检查，确保程序不存在非法访问本地资源和文件系统的可能，保证了程序在网络间传送的安全性。

　　（3）跨平台性。Java 引进了虚拟机①的概念，通过 Java 虚拟机（Java Virtual Machine，JVM）可以在不同的操作系统（如 Windows、UNIX 等）中运行 Java 程序，从而实现跨平台特性。

　　（4）面向对象。Java 通过面向对象的方式，将现实世界的事物抽象成对象，将现实世界中的

---

① 虚拟机：是指通过软件模拟的具有完整硬件系统功能的、运行在一个完全隔离环境中的完整计算机系统。

关系（如父子关系）抽象为继承。这种面向对象方法更利于人们理解、分析、设计和编写复杂程序。

（5）支持多线程。Java 内置了多线程控制，可使用户程序并发执行。利用 Java 的多线程编程接口，开发人员可以方便地写出多线程的应用程序。Java 语言提供的同步机制可保证各线程对共享数据的正确操作。在硬件条件允许的情况下，这些线程可以直接分布到各个 CPU 上，充分发挥硬件性能，提高程序执行效率。

为了使软件开发人员、设备生产商和服务提供商可以针对特定的市场进行开发，Sun 公司将 Java 划分为三种不同的技术平台，分别是 Java SE、Java EE 和 Java ME。

- Java SE（Java Platform Standard Edition）是为开发普通桌面和商务应用程序提供的解决方案。
- Java EE（Java Platform Enterprise Edition）是为开发企业级应用程序提供的解决方案。
- Java ME（Java Platform Micro Edition）是为开发电子消费产品和嵌入式设备提供的解决方案。

1.1.2　JDK 的使用

Sun 公司提供了一套 Java 开发环境（Java Development Kit，JDK），它是 Java 的核心，其中包括 Java 编译器、Java 运行环境、Java 打包工具、Java 文档生成工具等。Java 运行环境（Java Runtime Environment，JRE）只能运行事先编写好的程序，不能用于编译代码，因此通常提供给普通用户使用。JDK 中自带了 JRE。为了满足用户需求，JDK 的版本也在不断升级。本书使用的是 JDK 11.0.2。

2010 年 Oracle（甲骨文）公司收购了 Sun 公司，Java 成为 Oracle 麾下的重要产品。

1. JDK 的安装

Oracle 公司为不同的操作系统提供了不同版本的 JDK，在 Oracle 官网（http://www.oracle.com/technetwork/java/javase/downloads/index.html，见图 1-2）可下载对应的 JDK 安装文件。

图 1-2　Oracle 官网的下载界面（局部）

接下来，我们以 64 位的 Windows 10 系统为例，介绍 Java JDK 11.0.2 的安装过程。在图 1-2 所示界面中央单击 Java Logo 标识，进入下一界面（见图 1-3）。

图 1-3　接受许可并选择下载版本

在下载选择界面中需要选择接受许可（Accept License Agreement），并根据自己的计算机系统选择对应的版本（以 Window 64 位系统为例）。下载后，根据提示安装，安装过程中可以自定义安装目录等设置。安装完成后单击"关闭"按钮，关闭当前窗口即可。

实验确认：□ 学生□ 教师

2. JDK 的目录介绍

JDK 安装完成后，会在指定路径下生成 JDK 的安装目录（见图 1-4）。

图 1-4　JDK 的目录结构

JDK 安装目录下各子目录的意义和作用是：
- bin 目录：用于存放一些可执行程序。
- db 目录：是一个小型数据库。
- jre 目录：为 Java 程序提供运行环境。

- include 目录：JDK 是通过 C 和 C++实现的，此处用于存放 C 语言的头文件。
- lib 目录：lib 是 library 的缩写，是 Java 类库或库文件，是开发工具使用的归档包文件。

注意：在 JDK 的 bin 目录下存放着很多可执行程序，其中最重要的就是 javac.exe 和 java.exe。

- src.zip 文件：src 中存放了 JDK 核心类的源代码。
- javac.exe 是 Java 编译器工具，可以将 Java 文件编译成 Java 字节码文件（可执行的 Java 程序），Java 源文件的扩展名为 java。
- java.exe 是 Java 运行工具，它会启动一个 Java 虚拟机（JVM）进程，Java 虚拟机相当于一个虚拟的操作系统，专门负责运行由 Java 编译器生成的字节码文件（class 文件）。

1.1.3 配置环境变量

JDK 安装完成后要进行 JDK 环境变量（path 和 dasspath）的配置，其中 path 环境变量用于告知操作系统到指定路径寻找 JDK，classpath 环境变量则用于告知 JDK 到指定路径查找类文件（class 文件）。

步骤 1：JDK 安装完成后，在 Windows 桌面右击"此电脑"图标，选择"属性"命令，打开的"系统"窗口（见图 1-5）中单击"高级系统设置"项。

图 1-5 "系统"窗口

步骤 2：在打开的"系统属性"对话框中选择"高级"选项卡（见图 1-6），单击"环境变量"按钮，打开"环境变量"对话框（见图 1-7）。在对话框下方的"系统变量"框中设置 3 项属性：JAVA_HOME、Path、CLASSPATH（大小写不敏感），若已存在则单击"编辑"按钮，不存在则单击"新建"按钮。

1. 设置 JAVA_HOME 变量

在"环境变量"对话框中，新建或选择已有参数并单击"编辑"按钮，在打开的"编辑系统变量"对话框（见图 1-8）中进行设置。

变量名：JAVA_HOME

变量值：C:\Program Files\Java\jdk-11.0.2   // 根据自己的实际路径配置

然后单击对话框中的"确定"按钮即可。

图1-6 "系统属性"对话框

图1-7 "环境变量"对话框

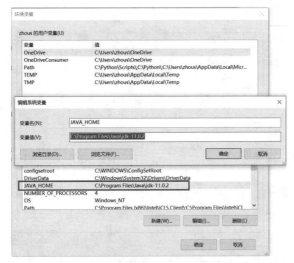

图1-8 设置JAVA_HOME变量

2. 设置Path变量

Path变量用于保存一系列的路径，每个路径之间用英文分号";"分隔。当在命令行窗口运行一个可执行文件时，操作系统首先会在当前目录下寻找是否存在该文件，如果不存在则会在Path变量中定义的路径下寻找这个文件，如果未找到，则会报错。

在图1-7所示对话框中找到并双击Path变量，打开"系统环境变量"对话框（见图1-9），将值添加到Path变量中。在Windows 10中，Path变量是逐条显示的，需要将参数分开添加，否则不能正确识别。

变量名：path

变量值：%JAVA_HOME%\bin

%JAVA_HOME%\jre\bin

3. 设置 CLASSPATH 变量

CLASSPATH 变量也用于保存一系列路径,它和 Path 环境变量的查看与配置方式完全相同(见图 1-10)。当 Java 虚拟机需要运行一个类时,会在 classpath 环境变量中所定义的路径下寻找所需的 class 文件和类包。这个 Java 环境配置可以启动 Eclipse 来编写代码。

变量名:CLASSPATH

变量值:.;%JAVA_HOME%\lib\dt.jar; %JAVA_HOME%\lib\tools.jar; // 前面有个 "."

其中的 "." 用于识别当前目录下的 Java 类。如果没有设置 classpath 环境变量,Java 虚拟机会自动将其设置为 ".",也可以正常编译和运行 Java 程序。

图 1-9　设置 Path 变量　　　　　　　图 1-10　设置 CLASSPATH 变量

4. 测试 JDK 是否安装成功

JDK 安装后,应查看配置是否成功。

步骤 1:打开 Windows 10 的 "开始" 菜单,在 "Windows 系统" 项下单击 "命令提示符" 命令。

步骤 2:执行 java -version 命令,显示当前机器安装的 Java 版本信息(见图 1-11)。

步骤 3:执行 java 或 javac 命令,检查 Java 环境变量是否配置成功。

图 1-11　Java 版本信息

实验确认:□ 学生□ 教师

1.1.4　第一个 Java 程序

为了更好地体验 Java 程序的执行,下面分步骤进行讲解。

步骤 1:编写 Java 源文件。

在计算机硬盘中为学习本课程建立一个文件夹(目录),例如命名为 javatest。

在硬盘指定目录(例如 javatest)下用 Windows 记事本软件新建一文本文档,在其中编写一段

Java 代码，并将其保存并命名为 HelloWorld.java。

程序文件 1-1　第一个 Java 程序。

```
1    class HelloWorld
2    {
3        public static void main(String[] args)
4        {
5            System.out.println("Java 入门程序");
6        }
7    }
```

其中，参数 String[] args 表明 main( )方法将接收一个命令行字符串数组。

步骤 2：编译 Java 源文件。

在"命令提示符"窗口进入文件所在目录，输入 javac HelloWorld.java 命令，对源文件进行编译（见图 1-12）。

执行 javac 命令后，会在当前目录下生成一个字节码文件 HelloWorld.class。

步骤 3：运行 Java 程序。

在"命令提示符"窗口中输入 java HelloWorld 命令，运行 HelloWorld.class，输出结果如图 1-13 所示。

图 1-12　编译 HelloWorld.java 源文件　　　　图 1-13　运行 HelloWorld 程序

运行 Java 程序必须要经过编译和运行两个步骤。首先，编译器对源文件（java 文件）进行编译生成字节码文件（class 文件），然后 Java 虚拟机会对字节码文件进行解释执行并显示结果。

不同操作系统使用不同版本的虚拟机，这使得 Java 语言具有"一次编写，到处运行"的特性，解决了在不同操作系统编译时产生不同机器代码的问题，大幅度降低了程序开发和维护的成本。

试一试： 修改程序文件 1-1，调整其中的输出文本内容，并另存为其他文件名，然后对其进行编译、运行。多试几次，熟练一下操作。

实验确认：□ 学生 □ 教师

【编程训练】熟悉 Java 及其 JDK 开发环境

1. 实验目的

在开始本实验之前，请认真阅读课程的相关内容。

（1）了解 Java 程序设计语言。

（2）熟练操作 Java 语言的 JDK 开发环境。

（3）了解 TIOBE 排行榜，了解它对职业生涯的现实意义。

2. 实验内容与步骤

（1）阅读思考：詹姆斯·高斯林与 Java。

Java 之父——詹姆斯·高斯林（见图 1-14）于 1955 年出生于加拿大，已婚，育有两个女儿。高斯林是一位计算机编程天才。在卡内基·梅隆大学攻读计算机博士学位时，他就编写了多处理器版本的 UNIX 操作系统。

图 1-14　Java 之父——詹姆斯·高斯林

1991 年，在 Sun 公司工作期间，高斯林和一群技术人员创建了一个名为 Oak 的项目，旨在开发运行于虚拟机的编程语言，同时允许程序在电视机机顶盒等多平台上运行，这项工作后来演变为 Java。随着互联网的普及，尤其是网景公司开发的网页浏览器的面世，Java 成为全球流行的开发语言。

在 1984 年到 2010 年间，高斯林一直供职于 Sun 公司。2010 年 Oracle 收购 Sun。此后不久，高斯林宣布离职，并在 2011 年初加入谷歌。

2011 年 8 月 30 日，高斯林在其博客上宣布离开谷歌，加入开展海洋探测业务的机器人制造公司 Liquid Robotics，任首席软件架构师，负责传感器软件开发和自主导航设计以及数据中心海量数据处理。

Java 是一门面向对象编程语言，它不仅吸收了 C++ 语言的各种优点，还摒弃了 C++ 中难以理解的多继承、指针等概念，因此具有功能强大和简单易用两个特征。Java 语言作为静态面向对象编程语言的代表，极好地实现了面向对象理论，允许程序员以优雅的思维方式进行复杂的编程。Java 可以编写桌面应用程序、Web 应用程序、分布式系统和嵌入式系统应用程序等。

2006 年 11 月 13 日，Sun 公司宣布将 Java 技术作为免费软件对外发布，并正式发布了有关 Java 平台标准版的第一批源代码以及 Java 迷你版的可执行源代码。从 2007 年 3 月起，全世界所有的开发人员均可对 Java 源代码进行修改。2018 年 9 月 25 日，Java 11（18.9 LTS）正式发布，支持期限至 2026 年 9 月。

TIOBE 编程语言排行榜是编程语言流行趋势的一个指标，每月更新，这份排行榜排名基于互联网有经验的程序员、课程和第三方厂商的数量。排名使用著名的搜索引擎（诸如 Google、MSN、Yahoo!、Wikipedia、YouTube 以及 Baidu 等）进行计算。这个排行榜只是反映某个编程语言的热门程度，并不能说明一门编程语言好不好，或者一门语言所编写的代码数量多少。这个排行榜可以用来考查程序员的编程技能是否与时俱进，也可以在开发新系统时作为语言选择依据。

在 2012 年 11 月 6 日 TIOBE 公布的排行榜中，C 排名第一，Java 排名第二。2013 年 2 月，Java 跃居榜首。以后这两种编程语言一直互有胜负，分别占据着榜首（见图 1-15）。同时，又一种新的编程语言之星正在冉冉升起，它就是 Python。

2019年	2018年	编程语言	占比	增减幅度
1	1	Java	15.035%	-0.74%
2	2	C	14.076%	+0.49%
3	3	C++	8.838%	+1.62%
4	4	Python	8.166%	+2.36%
5	6	Visual Basic .NET	5.795%	+0.85%
6	5	C#	3.515%	-1.75%
7	8	JavaScript	2.507%	-0.99%
8	9	SQL	2.272%	-0.38%
9	7	PHP	2.239%	-1.98%
10	14	Assembly language	1.710%	+0.05%
11	18	Objective-C	1.505%	+0.25%
12	17	MATLAB	1.285%	-0.17%
13	10	Ruby	1.277%	-0.74%
14	16	Perl	1.269%	-0.26%
15	11	Delph/Object Pascal	1.264%	-0.70%
16	12	R	1.181%	-0.63%
17	13	Visual Basic	1.060%	-0.74%
18	19	Go	1.009%	-0.17%
19	15	Swift	0.978%	-0.56%
20	68	Groovy	0.932%	+0.82%

图 1-15　TIOBE 2019 年 4 月编程语言 1~20 排行榜

在 2019 年 1 月 7 日发布的 TIOBE 2019 年 1 月编程语言排行榜中，Python 编程语言获得了"2018 年度编程语言"的称号。之所以能获得这个称号，是因为在 2018 年相较于其他的语言 Python 的增长更加明显，其次是 Visual Basic .NET 和 Java。

阅读上文，请思考、分析并简单记录。

① 请观察：在排行榜的编程语言中，你知道几门？熟悉几门？熟练掌握了几门？

答：＿＿＿

＿＿

② 术有专攻，你认为自己最应该掌握的是哪一（几）门编程语言？为什么？

答：＿＿＿

＿＿

③ 通过网络搜索，请了解当前 TIOBE 排名第一的编程语言还是 Java 吗？你认为未来最有前途的编程语言是哪一门？为什么？如果 Java 的排名不是第一了，它还有学习掌握的必要吗？为什么？

答：＿＿＿

＿＿

＿＿

＿＿

（2）请仔细阅读本实验中【知识准备】的内容，对其中的各个实例进行具体操作实现，从中体会 Java 程序设计，提高 Java 编程能力。

注意：完成每个实例操作后，请在对应的"实验确认"栏中打钩（✓），并请实验指导老师指导并确认。

请问：你是否完成了上述各个实例的实验操作？如果不能顺利完成，请分析可能的原因是什么。

答：＿＿

＿＿

（3）请浏览阅读程序文件 1-2。这是一个简单的图像文件查看器（viewer），可以加载并显示一个图像。

程序文件 1-2 运行图形化应用程序。

```
1    import java.awt.*;
2    import java.io.*;
3    import javax.swing.*;
4
5    /**
6     * 用于激活图像的程序
7     */
8    public class Imageviewer
9    {
10       public static void main(String[] args)
11       {
12          EventQueue.invokeLater(()->
13          {
14             JFrame frame=new ImageViewerFrame();
15             frame.setTitle("ImageViewer");
16             frame.setDefaultCloseOperation(JFrame.EXIT_ON_CLOSE);
17             frame.setVisible(true);
18          });
19       }
20    }
21
22    /**
23     * 带有标签的框架，用于显示图像
24     */
25    class ImageViewerFrame extends JFrame
26    {
27       private JLabel label;
28       private JFileChooser chooser;
29       private static final int DEFAULT_WIDTH=300;
30       private static final int DEFAULT_HEIGHT=400;
31
32       public ImageViewerFrame()
33       {
34          setSize(DEFAULT_WIDTH, DEFAULT_HEIGHT);
35
36          // 使用标签显示图像
37          label=new JLabelChooser();
38          add(label);
39
40          // 设置文件选择器
41          chooser=new JFileChooser();
42          chooser.setCurrentDirectory(new File("."));
43
44          // 设置菜单栏
```

```
45            JMenuBar menuBar=new JMenuBar();
46            setJMenuBar(menuBar);
47
48            JMenu menu=new JMenu("File");
49            menuBar.add(menu);
50
51            JMenuItem openItem=new JMenuItem("Open");
52            menu.add(openItem);
53            openItem.addActionListener(event ->
54            {
55                // 显示文件选择器对话框
56                int result=chooser.showOpenDialog(null);
57
58                // 如果选择了文件，请将其设置为标签的图标
59                if(result==JFileChooser.APPROVE_OPTION)
60                {
61                    String name=chooser.getSelectedFile().getPath();
62                    label.setIcon(new ImageIcon(name));
63                }
64            });
65
66            JMenuItem exitItem=new JMenuItem("Exit");
67            menu.add(exitItem);
68            exitItem.addActionListener(event->System.exit(0));
69        }
70  }
```

步骤 1：在指定目录下用 Windows 记事本软件新建一文本文档，将程序文件 1-2 录入其中，保存为 ImageViewer.java，注意文件名中的大小写。

提示：熟练地录入程序是程序员的一项重要的基本功，在不断地录入代码的过程中，程序员熟能生巧，不断成长。

步骤 2：打开终端窗口，进入指定目录，执行：

`javac ImageView.java`

调试程序，排错，通过 Java 编译后继续执行：

`java ImageView`

将打开一个标题栏为 ImageViewer 的程序窗口（见图 1-16）。选择 File→Open 命令，然后找到一个图像文件并打开它。可以拖放窗口边缘使之适合图片大小。

图 1-16　ImageViewer

步骤 3：为关闭程序，可单击窗口标题栏中的"关闭"按钮或者从菜单中选择 File→Exit 命令。

实验确认：□ 学生 □ 教师

3. 实验总结

_____

_____

_____

_____

4. 实验评价（教师）

【作业】

1. Java 是一门面向（　　）的编程语言，广泛应用于计算机、手机、家用电器等领域。

A. 过程　　　　　　B. 对象　　　　　　C. 函数　　　　　　D. 网络

2. Java 语言具有支持多线程、面向对象等特点，但（　　）不是 Java 语言的突出特性。

A. 简单易用　　　　B. 安全可靠　　　　C. 规模庞大　　　　D. 跨平台性

3. 为了使软件开发人员、设备生产商和服务提供商可以针对特定的市场进行开发，Sun 公司将 Java 划分为三种不同的技术平台，（　　）不在其中。

A. Java MS 微软版　　　　　　　　　B. Java SE 标准版

C. Java EE 企业版　　　　　　　　　D. Java ME 小型版

4. JDK 是指（　　）。

A. Java 开发工具包　　　　　　　　　B. Java 运行环境

C. Java 运行插件　　　　　　　　　　D. Java 发展基金会

5. Sun 公司提供了一套 Java Development Kit 核心开发环境，其中不包括（　　）。

A. Java 编译器　　　　　　　　　　　B. Java 运行环境

C. Java 文档生成工具　　　　　　　　D. Java 解释器

6. Oracle（甲骨文）公司只针对 Windows 操作系统提供了 JDK 平台。对或错？（　　）

7. JDK 安装完成后，会在指定路径下生成 JDK 安装目录，其中包括用于存放 C 语言头文件的 include 子目录，这是因为 JDK 是通过（　　）语言实现的。

A. C 和 C++　　　　B. C#　　　　　　C. 汇编　　　　　　D. 机器

8. JDK 安装完成后，会在指定的路径下生成 JDK 的安装目录，其中包括用于存放一些可执行程序文件的 bin 子目录，其中最重要的就是（　　）。

A. javac.exe 和 javae.exe　　　　　　B. javac.exe 和 java.exe

C. java.exe 和 javax.exe　　　　　　D. java.exe 和 javae.exe

9. java.exe 是 Java 运行工具，它会启动一个 Java 虚拟机进程，它相当于一个虚拟（　　），专门负责运行由 Java 编译器生成的字节码文件（class 文件）。

A. 存储环境　　　B. 网络平台　　　　C. 开发环境　　　　D. 操作系统

10. JDK 安装完成后要进行 JDK 环境变量配置，其中 Path 变量用于告知（　　）。

A. JDK 到指定路径寻找 Java　　　　B. JDK 到指定路径寻找操作系统

C. 操作系统到指定路径寻找 JDK　　　D. Java 到指定路径寻找 JDK

11. JDK 安装完成后要进行 JDK 环境变量配置，其中 CLASSPATH 变量用于告知（　　）。

A. JDK 到指定路径查找类文件（class 文件）　　　　　　B. JDK 到指定路径寻找可执行文件（exe 文件）

C. JDK 到指定路径寻找操作系统　　　D. Java 到指定路径寻找 JDK

12. JDK 安装完成后，要设置"系统变量"属性，其中不包括（　　）。

A. JAVA_HOME　　B. PATH　　　　　C. CLASSPATH　　　D. JAVA_PATH

13. 编译一个 Java 程序 HelloWorld.java 的命令为（ ）。

A. javac HelloWorld   B. javac HelloWorld.java

C. java HelloWorld   D. java HelloWorld.java

14. 下面说法正确的是（ ）。

A. Java 源程序名后缀是 java 或 txt

B. JDK 的编译命令是 java

C. 在命令行运行字节码文件，只需输入文件名后按 Enter 键即可

D. 一个 Java 源程序可能产生几个字节码文件

15. 以下（ ）不是 Java 语言的特点。

A. 分布式   B. 健壮   C. 安全   D. 复杂

实验 1.2 搭建 Eclipse 开发平台

【实验目标】

（1）了解编程语言的第三方开发环境。

（2）熟悉 Java 语言的 Eclipse 开发环境，掌握 Eclipse 的基本操作。

（3）对比熟悉 JDK 与 Eclipse 开发环境，掌握程序设计的基本操作。

【知识准备】Java Eclipse 平台

Eclipse 是一个基于 Java 的开放源代码可扩展开发平台。就其本身而言，它只是一个框架和一组服务，用于通过插件组件构建开发环境。Eclipse 的设计思想是"一切皆插件"，其所有功能都是将插件组件加入到 Eclipse 框架中实现的。不过，Eclipse 附带了一个标准的插件集，其中包括了 Java 开发工具（JDK），也就不需要再配置 Java 运行环境。

1.2.1 Eclipse 的安装与启动

下面，我们以 Eclipse 4.8.0 版本为例来介绍 Eclipse 的安装操作。

步骤 1：下载 Eclipse。用户可以登录 Eclipse 官网 http://www.eclipse.org（见图 1-17）免费下载 Eclipse。

图 1-17 Eclipse 官网

单击右上角的 Download 按钮。打开图 1-18 所示界面。单击左侧的 Download 64 bit 按钮，屏幕显示如图 1-19 所示。在其中单击 Download 按钮，在指定保存文件目录地址后，开始下载。

步骤 2：安装 Eclipse。下载 Eclipse 压缩包后，双击该压缩文件开始安装（见图 1-20）。

单击第一项 Eclipse IDE for Java Developers（为 Java 开发者安装 Eclipse IDE），屏幕继续显示如图 1-21 所示。

图 1-18　下载 Eclipse

图 1-19　单击 Download 按钮

图 1-20　安装 Eclipse 步骤之一　　　　图 1-21　安装 Eclipse 步骤之二

指定安装目录，单击 INSTALL 按钮开始安装，中间屏幕会显示如图 1-22 所示。

选择 Remember accepted licenses（记住被接受的许可证），单击 Accept（接受）按钮继续并完成安装。

步骤 3：Eclipse 的启动

在 Windows 桌面上双击 Eclipse 图标或者在 Eclipse 目录中双击 eclipse.exe 文件，打开 Eclipse 软件。此时，会打开一个对话框，提示选择工作空间（Workspace，见图 1-23）。

图 1-22　单击 Accept 按钮　　　　　　　　　　　图 1-23　选择工作空间

工作空间用于保存 Eclipse 创建的项目和相关设置，此处可以使用默认的工作空间，也可以更改工作空间目录。如果希望以后启动时不再进行工作空间设置，则可以选中 Use this as the default and do not ask again（使用此作为默认值，不要再问）复选框，单击 Launch（开始）按钮即可。

第一次使用 Eclipse 时系统显示欢迎页面（见图 1-24）。可在屏幕右下方取消勾选，以后直接进入 Eclipse 工作台。单击 Create a Hello World application（建立一个 Hello world 应用），屏幕显示 Eclipse 工作台界面（见图 1-25）。可在屏幕右侧单击关闭 Cheat Sheets（备忘单）窗格。

图 1-24　Eclipse 欢迎页面

图 1-25　Eclipse 工作台

1.2.2　Eclipse 工作台

如图 1-25 所示，Eclipse 的工作台主要由标题栏、菜单栏、工具栏、透视图 4 部分组成。从图中可以看到，工作台界面中有包资源管理视图、文本编辑器视图、大纲视图等多个视图，这些视图大多都是用于显示信息的层次结构和实现代码编辑。下面是 Eclipse 工作台上的几种主要视图的作用。

- Package Explorer（包资源管理器视图）：用于显示项目文件的组成结构。
- Editor（文本编辑器视图）：用于编写代码的区域，编辑器具有代码提示、自动补全等功能。
- Problems（问题视图）：显示项目中的一些警告和错误。
- Console（控制台视图）：显示程序运行时的输出信息、异常和错误。
- Outline（大纲视图）：显示代码中类的结构。

上述视图可以叠放在一起，也可以单独出现，并且位置可以随意拖动改变布局效果。

实验确认：□ 学生 □ 教师

1.2.3　利用 Eclipse 平台进行程序开发

下面，我们了解如何使用 Eclipse 完成 HelloWorld 程序的编写和运行，并在控制台上打印"Hello World !"。具体步骤如下。

步骤 1：创建 Java 项目。

在 Eclipse 窗口的菜单行单击 File 命令，然后选择 New→Java Project 菜单项，打开 New Java Project 对话框（见图 1-26）。

在 Project name 文本框中输入 project01，在 JRE 选项区域中选择 Use a project specific JRE（使用项目特定的 JRE）单选按钮，然后单击 Finish 按钮完成项目的创建。这时，打开图 1-27 所示的对话框，要求定义组件（module）名，选择默认设置，单击 Create 按钮。

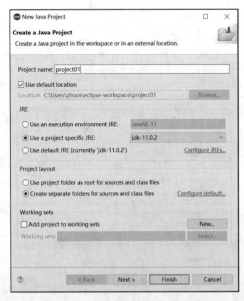

图 1-26　New Java Project 对话框

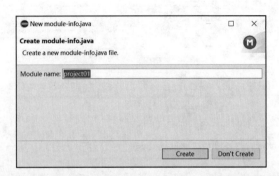

图 1-27　New module-info.java 对话框

在 Package Explorer 视图中便会出现一个名为 project01 的 Java 项目，如图 1-28 所示。

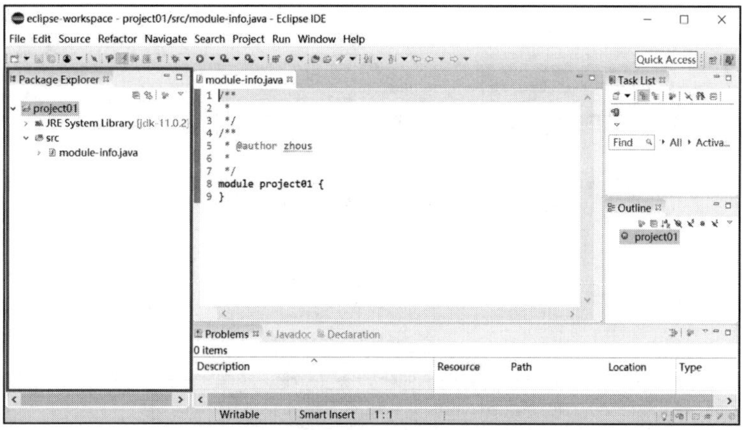

图 1-28　Package Explorer 页面视图

步骤 2： 在项目下创建包。

为了便于对硬盘上的文件进行管理，通常都会将文件分目录进行存放。同理，在程序开发中，也需要将编写的类在项目中分目录存放，以便于文件管理。为此，Java 引入了包（package）的机制，程序可以通过声明包的方式对 Java 类定义目录。

在 Package Explorer（左窗格）视图中，右击 project01 项目下的 src 文件夹，选择 New→Package 命令，打开 New Java Package（新建 Java 包）对话框，其中 Source folder 文本框表示项目所在的目录，Name 文本框表示包的名称，这里将包命名为 com.AnFang.example（以机构域名，例如 AnFang.com 的反写作为前缀），单击 Finish 按钮（见图 1-29）。

步骤 3： 创建 Java 类。

在 Package Explorer（左窗格）视图中右击包名（com.AnFang.example），选择 New→Class 命令，打开 New Java Class（新建 Java 类）对话框（见图 1-30）。

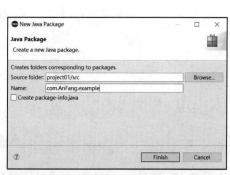

图 1-29　New Java Package 对话框

图 1-30　New Java Class 对话框

对话框中的 Name 文本框表示类名，输入 HelloWorld 作为类名，单击 Finish 按钮，完成

HelloWorld 类的创建。此时，在 com.AnFang.example 包下出现了一个 HelloWorld.java 文件（见图 1-31 左窗格）。

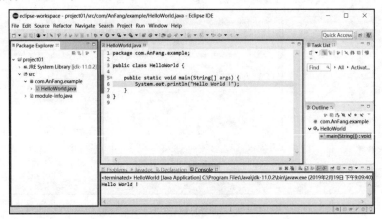

图 1-31　Eclipse 工作台

步骤 4：编写程序代码。

在文本编辑器中写入 main( )方法和一条输出语句（见图 1-31 右窗格）。

```
public static void main(String[] args)
{
    System.out.println("Hello World!");
}
```

其中，main 是函数名，说明这是一个主函数，Java 程序的运行从主函数开始，并且要包含在某个类里面（例如这里的 HelloWorld 类）。

main( )函数前面的 public（公共的）是这个函数的访问权限，public（公共）访问权限表示其他类也可以访问；static（静态的）表示在类里面有固定的空间用于存放这个函数；void（空的）表示 main( )函数没有返回值。

步骤 5：运行程序。

选中文件，直接单击工具栏中的 Run（此时是 Run HelloWorld.java）按钮（或者在左窗格中右击 HelloWorld 类，选择 Run As→Java Application 命令）运行程序。这时，系统会提示保存源文件。程序运行完毕，会在 Console 视图中看到运行结果（见图 1-31 下窗格）。

实验确认：☐ 学生 ☐ 教师

【编程训练】熟悉 Eclipse 开发平台

1. 实验目的

在开始本实验之前，请认真阅读课程的相关内容。

（1）熟悉 Java 语言的 Eclipse 开发环境，掌握 Eclipse 的基本操作。

（2）熟悉编程语言的开发环境。

2. 实验内容与步骤

请仔细阅读本实验中【知识准备】的内容，对其中的各个实例进行具体操作实现，从中体会 Java 程序设计，熟悉 Eclipse 开发平台，提高 Java 程序设计能力。

注意：完成每个实例操作后，请在对应的"实验确认"栏中打钩（√），并请实验指导老师指导并确认。

请问：你是否完成了上述各个实例的实验操作？如果不能顺利完成，请分析可能的原因是什么。

答：_____

_____

_____

_____

_____

实验确认：□ 学生 □ 教师

3. 实验总结

_____

_____

_____

4. 实验评价（教师）

_____

【作　业】

1. Eclipse 是一个（　　　）的、基于 Java 的可扩展开发平台。

A. 开放源代码　　　B. 商业代码　　　　C. 专用系统　　　　D. 商业环境

2. 就其本身而言，Eclipse 是一个框架和一组服务，用于通过（　　　）构建开发环境。

A. 函数组件　　　　B. 模块程序　　　　C. 功能组件　　　　D. 插件组件

3. Eclipse 的工作台主要由标题栏、菜单栏、工具栏、（　　　）4 部分组成。

A. 命令行　　　　　B. 小窗口　　　　　C. 透视图　　　　　D. 对话框

4. 下列（　　　）不是 Eclipse 工作台界面中的模块。

A. 包资源管理视图　　　　　　　　　　B. 人机交互视图

C. 文本编辑器视图　　　　　　　　　　D. 大纲视图

5. 利用 Eclipse 编写 Java 程序，首先要建立一个（　　　）。

A. 类（class）　　　　　　　　　　　　B. 项目（project）

C. 组件（module）　　　　　　　　　　D. 包（package）

6. 在 Java 中，"包"机制是为了（　　　）。

A. 将编写的类在项目中分目录存放，以便于文件管理

B. 将开发的项目存放在包里，以保障文件安全

C. 将源代码放在包里，以保护知识产权

D. 用于修饰，并不是必要的

实验 1.3　熟悉 Java 基础语法

【实验目标】

（1）掌握 Java 的基本语法规则。

（2）熟悉 Java 变量、常量的定义。

（3）掌握 Java 运算符的定义与运用方法。

【知识准备】Java 基础语法

学习任何一门程序设计语言，其语法结构都是关键。编程语言的基础语法包含变量、常量、运算符、结构化语句以及数组等。本实验将针对 Java 基础语法知识开展学习和实践活动。

1.3.1　基本语法规则

1．Java 代码的基本格式

Java 程序中使用关键字 class 定义类，所有程序代码都放在类中。class 关键字的前面还可以使用修饰符进行修饰，格式如下：

```
修饰符 class 类名
{
    程序代码组
}
```

在编写 Java 代码时，需要注意几个关键点：

- Java 语言严格区分大小写。例如，在定义类时不能将 class 写成 Class，否则编译会报错。
- 每条功能执行语句的最后都要用分号结束，例如 System.out.println("hello");。
- Java 程序中一个连续的字符串不能分开在两行中书写。如果字符串太长，可以将长字符串分成两个字符串，然后用加号（+）将两个字符串连起来，再在加号（+）处断行。

为了便于理解，下面列出了格式规范的代码：

```java
public class HelloWorld
{
    public static void main(String[] args)
    {
        System.out.println("hello"+
            "world");
    }
}
```

实验确认：□ 学生 □ 教师

2．Java 中的注释

在编写代码时，为了使代码更容易理解，通常会在实现某种功能时添加一些注释予以说明，注释的内容不会被程序解析执行。Java 中的注释有 3 种不同的类型。

（1）单行注释。用于对程序中的某一行代码进行解释，用符号 // 表示，// 后面为注释内容。例如：

```java
int x=1;                        // 定义一个整型变量 x
```

（2）多行注释。注释的内容可以为多行，它以符号 /* 开头，以符号 */ 结尾。例如：

```java
/*  int x=1;
    int y=2;        */
```

（3）文档注释。通常用于对类或方法的说明，它以符号 /** 开头，以符号 */ 结尾。这种类型可以使用 Eclipse 工具将文档注释导出并生成帮助文档，方便他人使用。例如：

```
/**
 * Person 实体类
 */
```

3. Java 中的标识符

在实际编写程序的过程中，经常需要定义特殊符号以标记一些名称，如包名、类名、变量名、方法名以及参数名等，这些符号称为标识符。标识符可以由字母、数字、美元符号（$）和下画线（_）组成。标识符不能以数字开头，也不可以使用 Java 的关键字。

例如，合法的标识符有：name, name1, _name；

不合法的标识符有：1name, class, 100。

在 Java 程序中定义的标识符必须严格遵守命名规范，否则程序在编译时会报错。除了上述规范之外，为了增强代码的可读性，建议初学者在定义标识符时遵循以下规则。

（1）类名和接口名每个单词的首字母一律大写。例如：Cat、Animal。

（2）包名所有字母一律小写。例如：com.anfang.project02。

（3）常量名所有字母一律大写，单词之间用下画线连接。例如：MY_SCORE。

（4）变量名和方法名的第一个单词首字母小写，从第二个单词开始每个单词首字母大写。例如：studentName。

（5）在程序中，应该用有实际意义的英文单词来定义标识符，使程序代码便于阅读，且不能使用关键字定义标识符。

关键字是编程语言中已定义好的并具有特殊含义的单词，Java 用小写字母标识关键字（参见附录 B）。

1.3.2　变量

在程序运行期间，随时可能产生一些临时数据，应用程序会将这些数据保存在一些内存单元中，每个内存单元都用一个标识符标识，称为变量。定义的标识符就是变量名，内存单元中存储的数据就是变量的值。例如：

```
int x=3;
int y;
y=x-1;
```

上述代码分别定义了两个 int 类型变量 x 和 y，x 的初始值为 3，y 没有初始值，第 3 行代码将 x－1 的结果赋值给变量 y，此时 y 的值为 2。

1. 变量的数据类型

Java 中变量的数据类型分为基本数据类型和引用数据类型两种（见图 1-32）。

（1）整数类型变量。用于存储整数数值，整数类型分为 4 种：字节型（byte）、短整型（short）、整型（int）和长整型（long）。值得注意的是，long 类型的变量在赋值时超出了 int 类型的取值范围，需要在后面加上一个字母 L（或小写 l，但一般不建议使用小写 l，因为很难和数字 1 区分）。例如：

```
int num=3;              // 定义 int 类型的变量并赋值为 3
long num=2300000000L    // 所赋的值超出了 int 类型的取值范围，后面必须加上大写字母 L
                        // （或小写字母 l）
```

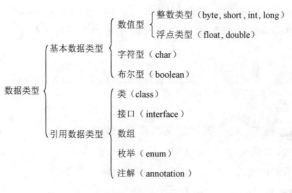

图 1-32　数据类型

（2）浮点数类型变量。用于存储小数数值。在 Java 中，浮点数类型分为两种：单精度浮点数（float）和双精度浮点数（double），double 型所表示的浮点数比 float 型更精确。float 类型变量赋值的后面需要加上字母 F（或者小写 f）。例如：

```
float f=111.2f;        // 为一个 float 类型的变量赋值，后面必须加上字母 f
double=111.2;          // 为一个 double 类型的变量赋值，后面可以省略字母 d
```

（3）布尔类型变量。用于存储布尔值，在 Java 中用 boolean 表示且只有两个值，即 true 和 false。例如：

```
boolean b=false;       // 声明一个 boolean 类型的变量，初始值为 false
b=true;                // 改变 b 变量的值为 true
```

（4）字符类型变量。用于存储一个单一字符，在 Java 中用 char 类型表示。Java 中每个 char 类型的字符变量都会占用 2 字节。在给 char 类型的变量赋值时，需要用一对英文半角格式的单引号（'）把字符引起来。例如：

```
char c='b';            // 为一个 char 类型的变量赋值字符 b
```

2. 变量的类型转换

在程序中，当把一种数据类型的值赋给另一种数据类型的变量时，需要进行数据类型转换。根据转换方式的不同可分为两种类型：自动类型转换和强制类型转换。

（1）自动类型转换，又称隐式类型转换，是指两种数据类型在转换的过程中不需要显式地进行声明。要实现自动类型转换，必须同时满足两个条件：第一是两种数据类型彼此兼容，第二是目标类型的取值范围大于源类型的取值范围。例如：

```
byte b=1;
int i=b;               // 程序把 byte 类型的变量 b 转换成了 int 类型，无须特别声明
```

在上面的语句中，将 byte 类型的变量 b 的值赋给 int 类型的变量 x，由于 int 类型的取值范围大于 byte 类型的取值范围，编译器在赋值过程中不会造成数据丢失，所以能够自动完成转换，在编译时不报告错误。

（2）强制类型转换，也称显式类型转换。当两种类型彼此不兼容或者目标类型的取值范围小于源类型时，将无法进行自动类型转换，此时就需要强制类型转换，见下面例子。

在 Eclipse 平台操作时，首先创建一个 project 项目，在该项目中创建一个 com.anfang.example 包。类中第一行代码是包的声明，表示当前类位于 example 包中，然后在该包下创建一个 Example1_3 类。

程序文件 1-3　演示如何进行强制类型转换。

```
1    package example;
2
3    public class Example1_3
4    {
5        public static void main(String[] args)
6        {
7            int i=5;
8            byte b=i;
9            System.out.println(b);
10       }
11   }
```

输入完成后，在 Eclipse 运行编译时会报错，在下窗格中出现红色提示，说明此处代码出现了编译错误。在这里，出错提示显示数据类型不匹配，不能将 int 类型转换成 byte 类型，其原因是 int 类型的取值范围大于 byte 类型的取值范围，当将 i 赋值给 b 时会导致数值溢出，也就是说一个字节的变量无法存储 4 字节的整数值。在这种情况下，就需要进行强制类型转换，具体格式如下：

目标类型　变量名=(目标类型)值

将程序文件 1-3 中第 8 行代码修改为下面的代码：

byte b=(byte) i;

修改后保存源文件，编译时不会报错，程序运行时显示正确结果（5）。

试一试：将程序文件 1-3 在 Java 的 JDK 环境中编辑、编译、运行并得到正确结果，体验和熟悉 JDK 的操作，也可以体会 JDK 与 Eclipse 在操作上的不同。

对于本书的大多数示例程序，我们都建议分别在 JDK 和 Eclipse 环境中进行输入、调试、运行，在"熟能生巧"的程序练习中，发现问题，克服问题，取得长足的进步。

实验确认：□ 学生 □ 教师

3. 变量的作用域

在程序中，变量一定会被定义在某一对花括号中，该花括号所包含的代码区域便是这个变量的作用域，变量只能在这个区域内使用。下面通过一个代码片段分析变量的作用域：

```
1    class Hello
2    {
3        int x=1;
4        public static void main(String[] args)
5        {
6            int y=2;
7        }
8    }
```

在上述代码中，第 1～8 行的代码区域是变量 x 的作用域，而第 5～7 行的代码区域是变量 y 的作用域。

实验确认：□ 学生 □ 教师

1.3.3　常量

常量就是不能改变的数据，即在程序中的值固定不变，例如数字 1、字符 'c'、浮点数 10.1

等。常量包括整型、浮点数、字符、字符串、布尔和 null 等。

1. 整型常量

整型常量是整数类型的数据，有二进制、八进制、十进制和十六进制 4 种表示形式。

2. 浮点数常量

浮点数常量就是数学中带小数的数，包括单精度浮点数 float 和双精度浮点数 double，其中单精度浮点数以 F 或者 f 结尾，双精度浮点数以 D 或 d 结尾。浮点数也可以不使用后缀，这样虚拟机会将其默认为双精度浮点数。例如：

```
1.2f    1F    1.23d    1.6
```

3. 字符常量

字符常量用于表示一个字符，一个字符常量要用一对英文半角（ASCII 码）格式的单引号（' '）括起来，它可以是标点符号、数字、英文字母以及由转义序列表示的特殊字符。例如：

```
'1'    'a'    '&'    '\n'
```

4. 字符串常量

字符串常量用于表示一串连续的字符，一个字符串常量要用一对英文半角格式的双引号（" "）引起来，一个字符串可以包含一个字符或多个字符，也可以不包含任何字符，即长度为零。例如：

```
"HelloJava"    "11"    "Hello \n XXX"    ""
```

5. 布尔常量

布尔常量有两个值，分别为 true 和 false，该常量用于区分一个事物（件）的真与假。

6. null 常量

null 常量只有一个值 null，表示对象的引用为空。

1.3.4 运算符

运算符用于对数据进行算术运算、赋值和比较等操作。在 Java 中，运算符可分为算术运算符、赋值运算符、比较运算符以及逻辑运算符。

1. 算术运算符

在 Java 中，算术运算符就是用于处理加、减、乘、除四则运算的符号（见表 1–1）。

表 1–1　算术运算符

运　算　符	运　　算	范　　例	结　　果
+	正号	+3	3
–	负号	b=4; –b;	–4
+	加	5+5	10
–	减	6–4	2
*	乘	3*4	12
/	除	5/5	1
%	取模（算术中的求余数）	7%5	2

续表

运 算 符	运　算	范　例	结　果
++	自增（前）	a=2; b=++a;	a=3; b=3;
++	自增（后）	a=2; b=a++;	a=3; b=2;
--	自减（前）	a=2; b=--a;	a=1; b=1;
--	自减（后）	a=2; b=a--;	a=1; b=2;

算术运算符比较简单，也容易理解，但在实际使用时需要注意两个常见问题。

（1）自增（++）的意思是将操作数的值加 1，自减（--）的意思是将操作数的值减 1，如果运算符++或--放在操作数的前面，则操作数会先进行自增或自减运算，再使操作数参与其他表达式的运算；反之，如果运算符放在操作数的后面，则先使操作数参与其他表达式的运算，再进行操作数的自增或自减运算。

请仔细阅读下面的代码块，思考运行的结果。

```
int a=2;
int b=3;
int c=a+b++;
System.out.print("b="+b);
System.out.print("c="+c);
```

请记录：上面代码的运行结果为 b=＿＿＿＿＿＿，c=＿＿＿＿＿＿。

程序分析：

当进行 a+b++运算时，由于运算符++写在了变量 b 的后面，属于先运算再自增，因此变量 b 在参与加法运算时其值仍然为 3，而 c 的值应为 5。变量 b 在参与运算之后会进行自增，因此 b 的最终值为 4。

实验确认：□ 学生□ 教师

（2）进行除法运算，当除数和被除数都为整数时，得到的结果也是一个整数。如果除法运算有小数参与，得到的结果会是一个小数。例如，3190/1000 属于整数之间相除，会忽略小数部分，得到的结果是 3，而 31.9/10 的结果为 3.19。

2. 赋值运算符

赋值运算符的作用就是将常量、变量或表达式的值赋给某一个变量（见表 1-2）。

表 1-2　赋值运算符

运 算 符	运　算	范　例	结　果
=	赋值	a=3; b=2;	a=3; b=2;
+ =	加等于	a=3; b=2; a+=b;	a=5; b=2;
- =	减等于	a=3; b=2; a -=b;	a=1; b=2;
× =	乘等于	a=3; b=2; a*=b;	a=6; b=2;
/ =	除等于	a=3; b=2; a/=b;	a=1; b=2;
% =	模等于	a=3; b=2; a%=b;	a=1; b=2;

在赋值过程中，运算顺序从右至左，将右边表达式的结果赋值给左边的变量。在赋值运算符的使用中，需要注意以下两个问题。

（1）在 Java 中可以通过一条赋值语句对多个变量进行赋值。例如：

```
int a, b, c;
a=b=c=3;                              // 为三个变量同时赋值
```

在上述代码中，一条赋值语句将变量 a,b,c 的值同时赋值为 3,注意不能直接写成 int a=b=c=3。

（2）在表 1-2 中，除了 = 外，其他的都是特殊的赋值运算符，以+=为例，x+=2 就相当于 x=x+2,首先会进行加法运算 x+2，再将运算结果赋值给变量 x。-=、*=、/=、%= 赋值运算符都可依此类推。

3. 比较运算符

比较运算符用于对两个数值或变量进行比较，其结果是一个布尔值，即 true 或者 false。表 1-3 列出了 Java 中的比较运算符及其用法。

表 1-3 比较运算符

运 算 符	运 算	范 例	结 果	运 算 符	运 算	范 例	结 果
= =	相等于	4==3	false	>	大于	4>3	true
!=	不等于	4!=3	true	< =	小于或等于	4<=3	false
≤	小于	4<3	false	> =	大于或等于	4>=3	true

需要注意的是，==和=是两个不同的运算符，==是比较运算符，=是赋值运算符。

4. 逻辑运算符

逻辑运算符用于对布尔型的数据进行操作，其结果仍是一个布尔值（见表 1-4）。

表 1-4 逻辑运算符

运 算 符	运 算	范 例	结 果
&	与	true & true	true
		true & false	false
		false & false	false
		false & true	false
|	或	true | true	true
		true | false	true
		false | false	false
		false | true	true
^	异或	true ^ true	false
		true ^ false	true
		false ^ false	false
		false ^ true	true
!	非	!true	false
		!false	true
&&	短路与	true && true	true
		true && false	false

续表

运 算 符	运 算	范 例	结 果
&&	短路与	false && false	false
		false && true	false
‖	短路或	true ‖ true	true
		true ‖ false	true
		false ‖ false	false
		false ‖ true	true

在使用逻辑运算符的过程中，需要注意以下几个细节：

（1）逻辑运算符可以针对结果为布尔值的表达式进行运算，如 x>1 && y!=1。

（2）运算符&和&&都表示"与"操作，当运算符两边都为 true 时，其结果才为 true，否则结果为 false。当运算符&和&&的右边为表达式时，两者在使用上有一定的区别，在使用&进行运算时，无论左边为 true 还是 false，右边的表达式都会进行运算；如果使用&&进行运算，当左边为 false 时，则右边的表达式不会进行运算，而是直接返回 false，因此&&被称为短路与。

（3）运算符 | 和 ‖ 都表示或操作，当运算符两边的操作数任何一边的值为 true 时，其结果为 true，当两边的值都为 false 时，其结果才为 false。两者不同的是，当运算符 ‖ 的左边为 true 时，右边的表达式不会进行运算，而是直接返回 true，因此，‖ 被称为短路或。

下面通过一个示例演示短路或的使用：

```
int x=1;
int y=1;
boolean b=x==1||y++>0;
```

请记录：上面代码的运行结果为 b=_____，y=_____。

程序分析：

上面的代码块执行完毕后，b 的值为 true，y 的值仍为 1。出现该结果的原因是，运算符||的左边 x==1 结果为 true，那么右边表达式将不会进行运算，y 的值不发生任何变化。

实验确认：□ 学生□ 教师

（4）运算符 ^ 表示异或操作，当运算符两边的布尔值相同时（都为 true 或都为 false），其结果为 false；当两边布尔值不相同时，其结果为 true。

5. 运算符的优先级

在对一些比较复杂的表达式进行运算时，要明确表达式中所有运算符参与运算的先后顺序，即运算符优先级。表 1-5 列出了 Java 中运算符的优先级，数字越小优先级越高。

表 1-5　运算符优先级

优 先 级	运 算 符
1	. [] ()
2	++ -- ~ ! （数据类型）
3	* / %
4	+ -

续表

优 先 级	运 算 符
5	<< >> >>>
6	< > <= >=
7	== !=
8	&
9	^
10	|
11	&&
12	||
13	?:
14	= *= /= %= += -= <<= >>= >>>= &= ^= |=

根据表 1–5 所示的运算符优先级，分析下面代码的运行结果：

```java
int a=3;
int b=(a+2)*a;
System.out.println(b);
```

请记录：上面代码的运行结果为 b=_____。

运行结果为 15，由于运算符 ( ) 的优先级最高，因此先运算括号内的 a+2，得到的结果是 5，再将 5 与 a 相乘，得到最后的结果为 15。

实验确认：□ 学生 □ 教师

1.3.5　字符串

从概念上讲，Java 字符串就是 Unicode 字符序列。例如，串"Java\u2122"由 5 个 Unicode 字符 J、a、v、a 和 ™组成。Java 没有内置的字符串类型，而是在标准 Java 类库中提供了一个预定义类，很自然地叫做 String。每个用双引号括起来的字符串都是 String 类的一个实例：

```java
String e="";                    // 一个空字符串
String greeting="Hello";
```

1. 子串

String 类的 substring 方法可以从一个较大的字符串中提取出一个子串。例如：

```java
String greeting="Hello";
String s=greeting.substring(0, 3);
```

创建了一个由字符"Hel"组成的字符串。

substring 方法的第二个参数是不想复制的第一个位置。这里要复制位置为 0、1 和 2（从 0 到 2，包括 0 和 2）的字符。在 substring 中从 0 开始计数，直到 3 为止，但不包含 3。

substring 容易计算子串的长度。字符串 s.substring(a, b) 的长度为 b-a。例如，子串"Hel"的长度为 3-0=3。

2. 拼接

与绝大多数的程序设计语言一样，Java 允许使用 + 号连接（拼接）两个字符串。

```
String expletive="Expletive";
String PG13="deleted";
String message=expletive+PG13;
```

上述代码将"Expletivedeleted"赋给变量 message（注意：单词之间没有空格，+号按照给定的次序将两个字符串拼接起来）。

当将一个字符串与一个非字符串的值进行拼接时，后者被转换成字符串（任何一个 Java 对象都可以转换成字符串）。例如：

```
int age=13;
String rating="PG"+age;
```

rating 设置为"PG13"。

这种特性通常用在输出语句中。例如：

```
System.out.println("The answer is "+answer);
```

这是一条合法的语句，并且会打印出所希望的结果（因为单词 is 后面加了一个空格）。

如果需要把多个字符串放在一起，用一个定界符分隔，可以使用静态 join( )方法：

```
String all=String.join(" / ", "S", "M", "L", "XL");
    // 一切都是字符串"S / M / L / XL"
```

3. 不可变字符串

String 类没有提供用于修改字符串的方法。如果希望将 greeting 的内容修改为"Help!"，不能直接将 greeting 的最后两个位置的字符修改为'p'和'!'。在 Java 中实现这项操作，首先提取需要的字符，然后再拼接上替换的字符串：

```
greeting=greeting.substring(0, 3)+"p!";
```

上面这条语句将 greeting 当前值修改为"Help!"。

由于不能修改 Java 字符串中的字符，所以在 Java 文档中将 String 类对象称为不可变字符串，如同数字 3 永远是数字 3 一样，字符串"Hello"永远包含字符 H、e、l、l 和 o 的代码单元序列，而不能修改其中的任何一个字符。当然，可以修改字符串变量 greeting，让它引用另外一个字符串，这就如同可以将存放 3 的数值变量改成存放 4 一样。

4. 检测字符串是否相等

可以使用 equals( )方法检测两个字符串是否相等。对于表达式 s.equals(t)，如果字符串 s 与字符串 t 相等，则返回 true；否则，返回 false。需要注意，s 与 t 可以是字符串变量，也可以是字符串字面量。例如，下列表达式是合法的：

```
"Hello".equals(greeting)
```

要想检测两个字符串是否相等，而不区分大小写，可以使用 equalsIgnoreCase( )方法。

```
"Hello".equalsIgnoreCase("hello")
```

一定不要使用==运算符检测两个字符串是否相等。这个运算符只能够确定两个字符串是否放置在同一个位置上。

5. 空串与 Null 串

空串 "" 是长度为 0 的字符串。可以调用以下代码检查一个字符串是否为空：

```
if(str.length()==0)
```

或

```
if(str.equals(""))
```

空串是一个 Java 对象，有自己的串长度（0）和内容（空）。不过，String 变量还可以存放一个特殊的值，名为 null，这表示目前没有任何对象与该变量关联。要检查一个字符串是否为 null，要使用以下条件：

```
if(str==null)
```

有时要检查一个字符串既不是 null 也不为空串，这种情况下就需要使用以下条件：

```
if(str != null&&str.length()!=0)
```

首先要检查 str 不为 null。如果在一个 null 值上调用方法，会出现错误。

1.3.6　阅读联机 API 文档

随着 Java 语言的不断发展，在 Swing 标准库中包括有几千个类，其方法数量更加惊人，要想记住所有的类和方法是一件不太可能的事情。因此，学会使用在线 API 文档十分重要，从中可以查阅到标准类库中的所有类和方法。如果需要，通过网络搜索 API 文档还是很方便的。

【编程训练】熟悉 Java 基础语法

1. 实验目的

在开始本实验之前，请认真阅读课程的相关内容。

（1）熟悉 Java 的基本语法规则。

（2）熟悉 Java 变量、常量的定义。

（3）掌握 Java 运算符的定义与运用方法。

2. 实验内容与步骤

（1）请仔细阅读本实验中【知识准备】的内容，对其中的各个实例进行具体操作实现，从中体会 Java 程序设计，提高 Java 编程能力。

注意： 完成每个实例操作后，请在对应的"实验确认"栏中打钩（√），并请实验指导老师指导并确认。

请问：你是否完成了上述各个实例的实验操作？如果不能顺利完成，请分析可能的原因是什么。

答：＿＿＿＿＿＿＿＿＿＿＿＿＿＿＿＿＿＿＿＿＿＿＿＿＿＿＿＿＿＿＿

＿＿＿＿＿＿＿＿＿＿＿＿＿＿＿＿＿＿＿＿＿＿＿＿＿＿＿＿＿＿＿＿＿＿＿＿＿

＿＿＿＿＿＿＿＿＿＿＿＿＿＿＿＿＿＿＿＿＿＿＿＿＿＿＿＿＿＿＿＿＿＿＿＿＿

（2）编程训练。

① 输入并调试运行下列代码，记录运行结果：

```
1  public class FirstProgram
2  {
3      public static void main(String[] args)
4      {
5          System.out.println("***********************************");
6          System.out.println("  This is my first java program!");
7          System.out.println("***********************************");
8      }
9  }
```

请模仿上述程序编写一个新程序并输出以下内容：

```
###############
I am a student.
###############
```

记录并保存：请将你完成的程序源代码另外用纸记录下来，并粘贴在下方。

---------------------- 源程序代码粘贴于此 ----------------------

实验确认：□ 学生 □ 教师

② 输入并调试运行下列基础数据类型的程序：

```
1   public class Assign
2   {
3       public static void main(String[] args)
4       {
5           int x, y;                // 定义 x, y 两个整型变量
6           float z=1.234f;          // 指定变量 z 为 float 型，且赋初值为 1.234
7           double w=1.234;          // 指定变量 w 为 double 型，且赋初值为 1.234
8           boolean flag=true;       // 指定变量 flag 为 boolean 型，且赋初值为 true
9           char c;                  // 定义字符型变量 c
10          String str;              // 定义字符串变量 str
11          String str1="Hi";        // 指定变量 str1 位 String 类型，且赋初值为 Hi
12          c='A';                   // 给字符型变量 c 赋值 A
13          str="bye";               // 给字符串变量 str 赋值 bye
14          x=12;                    // 给整型变量 x 赋值为 12
15          y=300;                   // 给整型变量要赋值为 300
16      }
17  }
```

实验确认：□ 学生 □ 教师

③ 输入并调试运行下列常量、变量定义与作用范围的示例程序，并记录运行结果：

```
1   public class TypeDefinition
2   {
3       static char charVar='\t';                // 定义字符型变量 charVar
4       static final float floatVar=3.1415926f;  // 定义单精度浮点变量 floatVar
5       public static void main(String[] args)
6       {
7           String stringVar="Java";       // 字符串变量 stringVar 在该语句块中有效
8           System.out.println("类中定义: floatVar="+floatVar+charVar+
9               "stringVar="+stringVar);
10          System.out.println();                // 光标换行，下面的结果在新行输出
11          show();
12      }
13      static void show()
14      {
15          String stringVar="北京";
16          System.out.println("类中定义: floatVar="+floatVar);
17          System.out.println("方法中定义: stringVar="+stringVar);
18      }
```

```
19  }
```
程序运行结果：

④ 输入并调试运行下列数据转换时数据丢失的示例程序，并记录运行结果：

```
1   public class TypeConversion
2   {
3       public static void main(String[] args)
4       {
5           int intVar=0xff56;              // 十六进制整数
6           byte byteVar=(byte)intVar;
7           System.out.println("intVar="+Integer.toString(intVar, 2)+
8               "; "+intVar);
9           System.out.println("byteVar="+Integer.toString(byteVar, 2)+
10              "; "+byteVar);
11      }
12  }
```
程序运行结果：

⑤ 输入并调试运行下列使用算术运算符的示例程序，并记录运行结果：

```
1   public class TestArithmeticOP
2   {
3       public static void main(String[] args)
4       {
5           int n=1859, m;             // m 存放 n 逆序后的整数
6           int a, b, c, d;            // 分别表示整数 n 的个、十、百、千位上的数字
7           d=n/1000;
8           c=n/100%10;
9           b=n/10%10;
10          a=n%10;
11          m=a*1000+b*100+c*10+d;
12          System.out.println("原来的四位数: n="+n);
13          System.out.println("每位逆序后四位数: m="+m);
14      }
15  }
```
程序运行结果：

⑥ 输入并调试运行下列使用逻辑运算符的示例程序，并记录运行结果：

```
1    public class TestLogicOP
2    {
3        public static void main(String[] args)
4        {
5            boolean b1, b2=true, b3, b4;
6            b1=!b2;
7            System.out.println("逻辑值:b1="+b1+"  b2="+b2+"  b1&b2="+(b1&b2));
8            int x=2, y=7;
9            b3=x>y && x++==y--;
10           System.out.println("逻辑值: b3="+b3+"  x="+x+"  y="+y);
11           x=2; y=7;
12           b4=x>y & &x++==y--;
13           System.out.println("逻辑值: b4="+b4+"  x="+x+"  y="+y);
14       }
15   }
```
程序运行结果:

_____

_____

_____

实验确认: □ 学生 □ 教师

⑦ 输入并调试运行下列用三元条件运算符求三个小数的最大值和最小值的程序,并记录运行结果:

```
1    public class FindMaxMin
2    {
3        public static void main(String[] args)
4        {
5            double d1=1.1, d2=-9.9, d3=96.9;
6            double temp, max, min;
7            // 求三个数的最大值
8            temp=d1>d2 ? d1:d2;        // 请解释: _____
9            max=temp>d3 ? temp:d3;
10           // 求三个数的最小值
11           temp=d1<d2 ? d1:d2;        // 请解释: _____
12           min=temp<d3? temp:d3;
13           // 显示结果
14           System.out.println("max="+max);
15           System.out.println("min="+min);
16       }
17   }
```
程序运行结果:

_____

_____

实验确认: □ 学生 □ 教师

⑧ 输入并调试运行下列通过赋值交换两个整型变量的值的程序,并记录运行结果:

```
1    public class ExchangeTest
2    {
```

```
3      public static void main(String[] args)
4      {
5          int a=5, b=0;
6          System.out.println("a="+a+"\tb="+b);
7          a=a+b;
8          b=a-b;
9          a=a-b;
10         System.out.println("a="+a+"\tb="+b);
11     }
12  }
```

程序运行结果：

⑨ 输入并调试运行下列求一个三位数的各位数字之和的程序，并记录运行结果：

```
1   public class Digsum3
2   {
3      public static void main(String[] args)
4      {
5          int n=123, a=0, b=0, c=0, digsum=0;
6          a=n%10;                 // 个位
7          b=(n%100)/10;           // 十位
8          c=n/100;                // 百位
9          digsum=a+b+c;
10         System.out.println("Digsum("+n+")="+digsum);
11     }
12  }
```

程序运行结果：

⑩ 输入并调试运行下列求圆的面积的程序，并记录运行结果：

```
1   public class Circle_area
2   {
3      public static void main(String[] args)
4      {
5          final float PI=3.14f;
6          float r=2.5f, area;
7          area=PI*r*r;
8          System.out.println("Area("+r+")="+area);
9      }
10  }
```

程序运行结果：

3. 实验总结

_____

_____

_____

_____

4. 实验评价（教师）

_____

_____

【作　业】

1. 下列标识符定义中（　　　）是正确的。

A. 2Var　　　　　　B. _2Var　　　　　　C. #Var2　　　　　　D. –2Var

2. 对于 Java 语言的格式，说法错误的是（　　　）。

A. 所有的代码都是在某个类中，Java 的代码以类为单位组织

B. Java 是不区分大小写的

C. Java 是一种自由格式的语言

D. Java 的注释有 3 种格式

3. 以下（　　　）不是 Java 的注释中使用的结构。

A. // 注释　　　　　B. /* 注释 */　　　　　C. (注释)　　　　　D. /** 注释 **/

4. 下列（　　　）不是计算机程序的基本结构。

A. 赋值　　　　　　B. 叠加　　　　　　C. 条件　　　　　　D. 循环

5. Java 语言中定义一个类的关键字是（　　　）。

A. class　　　　　　B. lei　　　　　　C. int　　　　　　D. double

6. 在程序中，当把一种数据类型的值赋给另一种数据类型的变量时，需要进行数据类型转换。下面（　　　）不是 Java 的转换方式。

A. 自动类型转换　　　　　　　　　　B. 内部类型转换

C. 隐式类型转换　　　　　　　　　　D. 强制类型转换

实验 2 ‖ 简单程序设计

实验 2.1　熟悉选择控制结构

【实验目标】

（1）正确理解程序设计对于 IT 专业学生职业生涯的意义。

（2）掌握 Java 程序设计赋值和选择语句的基本结构。

（3）熟悉 Java 编程语言的简单程序设计方法。

【知识准备】顺序与选择控制结构

程序控制方式是指在程序控制下进行的数据传递方式。程序控制结构是指程序指令以某种顺序执行的一系列动作，用于解决某个具体问题。理论和实践证明，无论多复杂的算法都可以只通过顺序、选择、循环这 3 种基本控制结构构造出来，且每种结构仅有一个入口和一个出口。由这 3 种基本结构组成的多重嵌套程序称为结构化程序。

2.1.1　块作用域

在学习控制结构之前，需要了解块（block）的概念。

块（即复合语句）是指由一对花括号括起来的若干条简单的 Java 语句。块确定了变量的作用域，一个块可以嵌套在另一个块中，如下面的 main( )方法中嵌套了另一个语句块：

```java
public static void main(String[] args)
{
    int n;
    ...
    {
        int k;
        ...
    }                          // k 的定义到这里为止
}
```

但是，不能在嵌套的两个块中声明同名的变量。例如，下面的代码就有错误，无法通过编译：

```java
public static void main(String[] args)
{
    int n;
    ...
    {
        int k;
```

```
    int n;                      // 出错：在块的内部不能再定义 n
    ...
  }
}
```

2.1.2　顺序语句

所谓顺序结构是指按语句出现的先后顺序执行的程序结构，是程序设计中最简单的结构。通常编程语言并不提供专门的控制流语句来表达顺序控制结构，计算机按自然排列顺序逐条执行语句，一条语句执行完毕，控制自动转到下一条语句。

2.1.3　if（单分支）语句

选择结构又称分支结构。当程序执行到控制分支的语句时，首先判断条件，根据条件表达式的值选择相应的语句执行（同时放弃另一部分语句的执行）。分支结构包括单分支、双分支和多分支 3 种形式。

if 条件语句是指一种表示假设的主从复合句，由 if 语句引导条件（分为成立和不成立两种情况），通过对条件是否成立的判断，执行不同的代码。if 条件语句的语法格式如下：

```
if(判断条件)
{
    代码块
}
```

上述格式中，判断条件是一个布尔值，当判断条件为 true 时，{ } 中的执行语句才会被执行。if 语句的执行流程如图 2-1 所示。

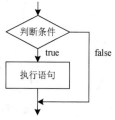

图 2-1　if 语句的执行流程

2.1.4　if … else（双分支）语句

if … else 条件语句是指如果满足某个条件，则进行对应的语句处理，否则进行另一种处理。

if … else 语句具体语法格式如下：

```
if (判断条件)
{
    执行语句 1
    …
} else
{
    执行语句 2
    …
}
```

上述格式中，判断条件是一个布尔值。当判断条件为 true 时，执行语句 1 会被执行；当判断条件为 false 时，执行语句 2 会被执行。if … else 语句的执行流程如图 2-2 所示。

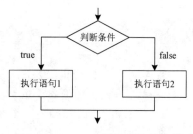

图 2-2　if … else 语句的执行流程

2.1.5　if … else if … else（多分支）语句

if …else if … else 条件语句用于对多个条件进行判断，转而执行多种不同的处理，具体语法格式如下：

```
if (判断条件 1)
{
    执行语句 1
} else if (判断条件 2)
{
    执行语句 2
}
…
else if (判断条件 n)
{
    执行语句 n
} else
{
    执行语句 n+1
}
```

上述格式中，判断条件是一个布尔值。当判断条件 1 为 true 时，if 后面 { } 中的执行语句 1 会被执行；当判断条件 1 为 false 时，会继续执行判断条件 2，如果为 true 则执行语句 2，依此类推；如果所有的判断条件都为 false，意味着所有条件均未满足，则 else 后面 { } 中的执行语句 n+1 会被执行（见图 2-3）。

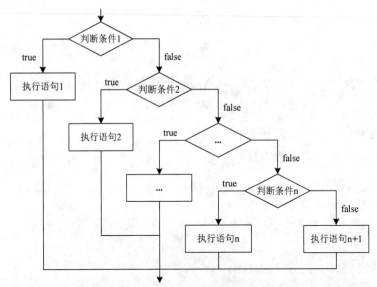

图 2-3　if … else if … else 语句的执行流程

程序文件 2-1　判断 12 个月分别属于哪一个季节。例如，3~5 月表示春季，6~8 月表示夏季，9~11 月表示秋季，12 月至次年 2 月表示冬季。

```
1    package example;
2
3    public class Example2_1
4    {
5        public static void main(String[] args)
6        {
7            int month=1;                          // 定义月份
8            if(month>=3&&month<=5)
```

```
9              {
10                 System.out.println("春季");
11              } else if(month>=6&&month<=8)
12              {
13                  System.out.println("夏季");
14              } else if(month>=9&&month<=11)
15              {
16                 System.out.println("秋季");
17              } else if(month==1||month==2||month==12)
18              {
19                 System.out.println("冬季");
20              } else
21              {
22                 System.out.println("信息错误");
23              }
24         }
25   }
```

请记录：上面代码的运行结果为_____。

程序分析：

程序中定义月份 month 为 1。满足第三个判断条件 month == 1 || month == 2 || month == 12，因此会显示"冬季"。

实验确认：□ 学生 □ 教师

2.1.6　switch 语句

与 if 语句类似，switch 语句同样用于条件判断。不同的是，if 语句通常用于对复合条件进行判断，而 switch 语句只能针对某个表达式进行多项判断。

switch 语句可以拥有多条 case 语句，每条 case 语句后面跟一个要比较的目标值，当 switch 中表达式的值与某个 case 的目标值匹配时，会执行对应 case 下的语句，如果未找到任何匹配的值，则执行 default 后的语句。

switch 语句的基本语法格式如下：

```
switch (表达式)
{
    case 目标值 1：
        执行语句 1
        break；
        …
    case 目标值 2：
        执行语句 2
        break；
        …
    case 目标值 n：
        执行语句 n
        break；
    default：
        执行语句 n+1
        break；
```

```
1    package example;
2
3    public class Example2_2
4    {
5        public static void main(String[] args)
6        {
7            String country="中国";
8            switch (country)
9            {
10           case "中国":
11               System.out.println("你好: "+country);
12               break;
13           case "美国":
14               System.out.println("Hello: "+country);
15               break;
16           case "韩国":
17               System.out.println("안녕안녕: "+country);
18               break;
19           default:
20               System.out.println("信息错误");
21           }
22       }
23   }
```

switch 语句中的表达式可以是 byte、short、char、int 类型的值，也可以是 enum 枚举、Strong 类型等的值。

程序文件 2-2　演示 switch 语句的用法。

（上述代码为程序文件 2-2 的内容）

请记录：上面代码的运行结果为＿＿＿＿＿＿＿。

程序分析：

在程序中，由于变量 country 的值为"中国"，switch 语句判断的结果满足第 6 行代码的条件，因此显示"你好：中国"。文件中的 default 语句用于处理和前面的 case 都不匹配的值。

进一步，试着调整程序，让程序中的各个选项都分别能执行一次。例如，将第 4 行代码替换为 String country="德国"，再次运行该程序。

实验确认：□ 学生□ 教师

【编程训练】熟悉选择语句

1. 实验目的

在开始本实验之前，请认真阅读课程的相关内容。

（1）了解"码农"，正确理解程序设计对于信息技术类专业学生职业生涯的意义。

（2）掌握程序设计的赋值和选择基本结构。

（3）熟悉 Java 语言的简单程序设计方法。

2. 实验内容与步骤

（1）了解"码农"。

码农，顾名思义为编码的"农民"，尤其是在工业化迅速发展的今天，各行各业对计算机应用的依赖不断增强，随之而来的社会需要大量的"IT民工"投入到基础的编码工作当中来，他们有着聪慧的大脑，对于编程，设计，开发有着熟练的技巧，但随着企业雇主对利润的不断追求，他们的生活时间相当紧，加班成为常态。对应于建筑行业的农民工，他们的地位相比优越许多，人类已经开始逐渐从体力劳动向抽象劳动转变，但高强度的劳动与他们投入劳动所获得的回报在有些场合却不尽相称。

随着时代的变化，很多互联网公司的IT工程师也自嘲为"码农"。他们多为高收入高学历的IT精英，很多人已经在企业中担任高级别的架构师和资深工程师，由于他们热爱编程和坚持写code的习惯，所以称之为"码"。加之互联网大企业的总部都坐落在城市边缘的开发区，例如北京上地和深圳的科技园，所以自嘲为"农"。

IT似乎是一个属于年轻人的行业。随着年纪的增加，到40、50岁乃至60岁时，如果不做管理者，还能继续从事"码农"工作吗？雇主认为你比年轻人要求的职位和薪水更高，所以他们会认为聘请你的门槛更高。要改善这种状况，可以考虑以下几种方式：

——当一个很"牛"的程序员。

——成为专家。既可以是某种语言（Clojure、Java、C、Python等），也可以是某个领域（数据系统设计、算法设计、机器学习等），甚至可以是某类软件（欺诈探测系统、推荐引擎等）。

但是，有两个提醒：

● 你必须喜欢这个领域，否则会不快乐。

● 环境会随时间而改变，所以最好是将此作为5~10年的计划，而不是30年计划。如果你目前的专业领域开始过时，就应该探索新的领域，但不要等到真正过时再动手。

——对一些初级职位持开放态度，尤其是当你进入了新的软件领域时。这是供给与需求的共同作用。

——利用自己的经验。要成为"有很多经验的良师益友"。应该不断吸取教训，然后与大家分享。

——到程序员短缺的地方生活。当一家公司急需程序员时，他们因为年龄而放弃你的概率会小一些。

——积累经验。你需要在与年轻人的竞争中脱颖而出。

——不断学习新东西，尝试新技术。刚毕业的学生之所以有吸引力，是因为他们思维开阔、可塑性强。而对于年龄较大的员工，则有可能已经定型。你可以证明自己对新语言、新工具的接受程度，以此反驳这种观念。

——从简历中删除毕业日期和以前的职位。别跟人说你是××××年从某某大学毕业的，直接告诉他们你是某某大学毕业的。而且，只要是超过15年的从业经历，都应当果断删除，这不会影响你找工作的成功率。

试一试：请谈谈你对程序设计职业的想法，你觉得这个行业是你愿意从事的职业吗？如果是，你有什么规划？

_____

_____

_____

_____

（2）请仔细阅读本实验中【知识准备】的内容，对其中的各个实例进行具体操作实现，从中体会 Java 程序设计，提高 Java 编程能力。

注意：完成每个实例操作后，请在对应的"实验确认"栏中打钩（√），并请实验指导老师指导并确认。

请问：你是否完成了上述各个实例的实验操作？如果不能顺利完成，请分析可能的原因是什么。

答：_____

_____

_____

_____

（3）编程训练。

① 输入并调试运行下列复合语句的程序：

```
1   class BlockDemo
2   {
3       public static void main(String[] args)
4       {
5           boolean condition=true;
6           if(condition)                              // 语句块 1 开始
7           {
8               System.out.println("Condition if true.");       // 只有一条语句
9           }                                          // 语句块 1 结束
10          else
11          {                                          // 语句块 2 开始
12              System.out.println("Condition if false.");
13              System.out.println("this is block two");        // 这里有两条语句
14          }                                          // 语句块 2 结束
15      }
16  }
```

程序运行结果：

_____

　　　　　　　　　　　　　　　　　　　　　　　　　　　　实验确认：□ 学生 □ 教师

② 输入并调试运行下列找出 3 个整数中的最大值和最小值的程序并记录运行结果。

完成本程序可以使用一个 if 语句，也可以使用两个 if 语句。本程序使用了两个并列的 if 语句，其中第二个 if 语句没有 else 子句。

此外，本程序还使用了另一种方法（三元条件运算符 ?：）达到同样的效果。程序如下：

```
1   public class Max3If
2   {
3       public static void main(String[] args)
4       {
5           int a=1, b=2, c=3, max, min;
6           if(a>b)
7               max=a;
8           else
9               max=b;
10          if(c>max) max=c;
```

```
11          System.out.println("max="+max);
12          min=a<b ? a:b;              // 三元条件运算符
13          min=c<min ? c:min;
14          System.out.println("min="+min);
15      }
16  }
```
程序运行结果:

③ 输入并调试运行下列使用 if … else … if 语句的程序:

```
1   public class IfExample
2   {
3       public static void main(String[] args)
4       {
5           int testscore=85;
6           String grade;
7           if(testscore>=90)
8           {
9               grade="优秀";
10          }
11          else if(testscore>=80)
12          {
13              grade="良好";
14          }
15          else if(testscore>=70)
16          {
17              grade="中等";
18          }
19          else if(testscore>=60)
20          {
21              grade="及格";
22          }
23          else
24          {
25              grade="不及格";
26          }
27          System.out.println("该学生的成绩为: "+grade);
28      }
29  }
```
程序运行结果:

④ 输入并调试运行下列使用 switch 语句的程序, 并记录运行结果:

该程序用 week 表示星期几, 用 switch 语句将 week 转换成对应的英文字符串。

```
1   public class Week
2   {
```

```
3        public static void main(String[] args)
4        {
5            int week=1;
6            System.out.print("week="+week+" ");
7            switch(week)
8            {
9                case 0: System.out.println("Sunday"); break;
10               case 1: System.out.println("Monday"); break;
11               case 2: System.out.println("Tuesday"); break;
12               case 3: System.out.println("Wednesday"); break;
13               case 4: System.out.println("Thursday"); break;
14               case 5: System.out.println("Friday"); break;
15               case 6: System.out.println("Saturday"); break;
16               default: System.out.println("Data Error!");
17           }
18       }
19   }
```

程序运行结果：

_____

实验确认：□ 学生 □ 教师

3. 实验总结

_____

_____

_____

4. 实验评价（教师）

_____

【作 业】

1. 块（即复合语句）是指由一对（   ）括起来的若干条简单的 Java 语句。不能在嵌套的两个块中声明同名的变量。

A. 方括号   B. 圆括号   C. 花括号   D. 引号

2. 判断以下赋值语句的对错。

（1）float miles=0.9;   （   ）

（2）double miles=0.9;   （   ）

（3）double miles=0.9D;   （   ）

（4）float miles=0.9F;   （   ）

3. 如有定义"int m=5;"紧接着语句"if(++m>5) System.out.println(m--); else System.out.println(++m);"，则输出的结果是（   ）。

A. 4   B. 5   C. 6   D. 7

4. 程序分析题。

```
switch(a)
```

```
{
    case 1:
        switch (b)
        {
            case 0: System.out.println("first out"); break;
            case 1: System.out.println("second out!!"); break;
            default: System.out.println("second error selection"); break;
        }
    case 2: System.out.println("another second out!!"); break;
    default: System.out.println("first error selection"); break;
}
```

（1）如果 a=1，b=1，则输出结果是：＿＿＿＿＿＿＿＿＿＿。

（2）如果 a=2，b=3，则输出结果是：＿＿＿＿＿＿＿＿＿＿。

（3）如果 a=0，b=0，则输出结果是：＿＿＿＿＿＿＿＿＿＿。

5. 阅读程序并写出其运行结果。

```
public class Exam
{
    public static void main(String[] args)
    {
        byte b=0x05;
        int i=3;
        long l=1234;
        char c='a';
        boolean BA=true;
        int bi=b+i;
        long li=l+i;
        char ci=(char)(c+i);
        boolean BB=BA||(i<0);
        System.out.println("bi="+bi);
        System.out.println("li="+li);
        System.out.println("ci="+ci);
        System.out.println("BB="+BB);
    }
}
```

注：0x05 意思就是十六进制中的 5。十六进制中有 16 个数，分别是 0~9 和 A（10）、B（11）……F（15），总共 0～15。

运行结果：bi=＿＿＿＿＿＿＿＿＿　　　说明：＿＿＿＿＿＿＿＿＿＿＿＿＿＿＿＿

　　　　　li=＿＿＿＿＿＿＿＿＿　　　　　　　＿＿＿＿＿＿＿＿＿＿＿＿＿＿＿＿

　　　　　ci=＿＿＿＿＿＿＿＿＿　　　　　　　＿＿＿＿＿＿＿＿＿＿＿＿＿＿＿＿

　　　　　BB=＿＿＿＿＿＿＿＿＿　　　　　　　＿＿＿＿＿＿＿＿＿＿＿＿＿＿＿＿

实验 2.2　熟悉循环控制结构

【实验目标】

（1）掌握循环语句的结构及其程序设计方法。

（2）掌握跳转语句的结构及其程序设计方法。

（3）熟悉 Java 编程语言的简单程序设计方法。

【知识准备】循环控制结构

现实生活中存在着许多具有规律性的重复操作，因此，在程序中就需要重复执行某些语句。循环语句（Loop statements）由循环变量、循环体及循环终止条件 3 部分组成。一组被重复执行的语句称为循环体，能否继续重复取决于循环的终止条件。

2.2.1 while 语句

while 语句会反复进行条件判断，只要条件成立，就会执行 {} 内的语句，直到条件不成立，while 循环结束。while 循环语句的语法结构如下：

```
while (循环条件)
{
    执行语句
}
```

在上面的语法结构中，{} 中的执行语句称为循环体，当循环条件为 true 时，循环体就会被执行。循环体执行完毕时循环条件会继续判断，如果条件仍为 true，则会继续执行，直到循环条件为 false 时，整个循环过程才会结束。

while 循环的执行流程如图 2-4 所示。

想一想：循环语句在什么情况下会出现"死循环"？死循环对程序的运行有什么危害？

程序文件 2-3　使用 while 循环对 1~10 进行求和。

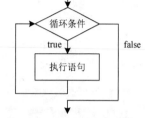

图 2-4　while 循环的流程图

```
1   package example;
2
3   public class Example2_3
4   {
5       public static void main(String[] args)
6       {
7           int i=1;                         // 定义循环变量 i
8           int sum=0;                       // 定义变量 sum，用于记住累加的和
9           while(i<=10)
10          {
11              sum=sum+i;                   // 实现 sum 与 i 的累加
12              i++;
13          }
14          System.out.println("sum="+sum);  // 打印累加和
15      }
16  }
```

请记录：上面代码的运行结果为 sum=＿＿＿＿＿＿。

程序分析：

在程序中分别初始化变量 i 和变量 sum，接着判断条件 i<=10 是否为 true，如果为 true 则执行循环体 sum=sum+i 语句，然后执行操作表达式 i++，i 的值变为 2，继续进行条件判断，开始下一次循环，直到 i=11 时，条件 i<=10 为 false，跳出循环，执行 while 循环后面的代码，最后输出结果为 sum=55。

实验确认：□ 学生 □ 教师

程序文件 2-4　这个程序将计算需要多长时间才能够存得一定数量的退休金。假定每年存入相同数量的金额，而且利率是固定的。

```java
1    import java.util.*;
2
3    /**
4     * 该程序演示了<code> while </ code>循环
5     */
6    public class Retirement
7    {
8        public static void main(String[] args)
9        {
10           // 读取输入
11           Scanner in=new Scanner(System.in);
12
13           System.out.print("退休需要多少钱? ");
14           double goal=in.nextDouble();
15
16           System.out.print("你每年会捐出多少钱? ");
17           double payment=in.nextDouble();
18
19           System.out.print("利率%: ");
20           double interestRate=in.nextDouble();
21
22           double balance=0;
23           int years=0;
24
25           // 在未达到目标时更新账户余额
26           while(balance<goal)
27           {
28               // 添加今年的付款和利息
29               balance+=payment;
30               double interest=balance*interestRate/100;
31               balance+=interest;
32               years++;
33           }
34
35           System.out.println("你在 "+years+" 年后可以退休。");
36       }
37   }
```

请记录：上面代码的运行结果为

_____

_____

_____

_____

程序分析：

在这个示例中，增加了一个计数器，并在循环体中更新当前的累积数量，直到总值超过目标值为止（见第 26 ~ 33 行语句）。

实验确认：□ 学生 □ 教师

2.2.2 do … while 语句

do … while 循环语句和 while 循环语句功能类似，不同的是，do … while 循环语句将循环条件放在了循环体的后面，这就意味着无论循环条件是否成立，循环体都会无条件地执行一次。其语法结构如下：

```
do
{
    执行语句
} while(循环条件);
```

在上面的语法结构中，关键字 do 后面 {} 中的执行语句是循环体，当循环体无条件执行一次后，再根据循环条件决定是否继续执行。

do … while 语句的执行流程如图 2-5 所示。

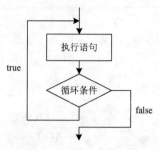

图 2-5　do … while 语句的执行流程

程序文件 2-5　修改程序文件 2-3，使用 do … while 循环对 1~10 进行求和。

```
1   package example;
2
3   public class Example2_5
4   {
5       public static void main(String[] args)
6       {
7           int i=1;                               // 定义循环变量 i
8           int sum=0;                             // 定义变量 sum，用于记住累加和
9           do
10          {
11              sum=sum+i;                         // 实现 sum 与 i 的累加
12              i++;
13          } while(i<=10);
14          System.out.println("sum="+sum);        // 打印累加和
15      }
16  }
```

请记录：上面代码的运行结果为 sum= _____。

程序分析：

通过 do … while 循环同样实现了对 1~10 进行求和。不同的是，如果循环条件不成立，那么 while 语句的循环体不会执行，而 do … while 还会执行一次。若将两个案例中的循环条件 i<=10 改为 i<1，那么程序文件 2-5 会显示 sum=1，而程序文件 2-3 什么都不会显示。

实验确认：□ 学生 □ 教师

程序文件 2-6　演示至少执行一次的循环。用户必须先看到余额才能知道是否满足退休所用。

```
1   import java.util.*;
2
3   /**
4    * 该程序演示<code> while </code>循环
5    */
6   public class Retirement2
7   {
8       public static void main(String[] args)
9       {
```

```
10          Scanner in=new Scanner(System.in);
11
12          System.out.print("你每年会捐出多少钱? ");
13          double payment=in.nextDouble();
14
15          System.out.print("利率%: ");
16          double interestRate=in.nextDouble();
17
18          double balance=0;
19          int year=0;
20
21          String input;
22
23          // 用户尚未准备退休时更新账户余额
24          do
25          {
26              // 添加今年的付款和利息
27              balance+=payment;
28              double interest=balance*interestRate/100;
29              balance+=interest;
30
31              year++;
32
33              // 打印当前余额
34              System.out.printf("在%d 年之后, 您的余额为%,.2f%n", year, balance);
35
36              // 问是否准备好退休并获得投入
37              System.out.print("准备退休? (Y/N)");
38              input=in.next();
39          }
40          while(input.equals("N"));
41      }
42  }
```

请记录： 上面代码的运行结果为

_____

_____

_____

请思考： 这个程序在执行过程中存在什么问题？

_____

程序分析：

在这个示例中，增加了一个计数器，并在循环体中更新当前的累积数量，直到总值超过目标值为止。

实验确认：☐ 学生 ☐ 教师

2.2.3 for 语句

for 语句是最常用的循环语句，一般用于循环次数已知的情况下。for 循环语句的语法格式如下：

```
for(初始化表达式; 循环条件; 操作表达式)
{
    执行语句
}
```

for 关键字后面的 {} 中包括了 3 个部分：初始化表达式、循环条件和操作表达式，它们之间用 ";" 分隔，{} 中的执行语句为循环体。

接下来，分别用①表示初始化表达式，②表示循环条件，③表示操作表达式，④表示循环体，通过序号分析 for 循环的执行流程。具体如下：

```
for(①; ②; ③)
{
    ④
}
```

第一步：执行①。

第二步：执行②，如果判断结果为 true，则执行第三步；如果判断结果为 false，则执行第五步。

第三步：执行④。

第四步：执行③，然后重复执行第二步。

第五步：退出循环。

程序文件 2-7 再次修改程序文件 2-5，使用 for 循环实现对 1~10 进行求和。

```
1    package example;
2
3    public class Example2_7
4    {
5        public static void main(String[] args)
6        {
7            int sum=0;                              // 定义变量 sum，用于记住累加和
8            for(int i=1; i<=10; i++)                // i 的值会在 1~10 之间递增
9            {
10               sum=sum+i;                          // 实现 sum 与 i 的累加
11           }
12           System.out.println("sum="+sum);        // 打印累加和
13       }
14   }
```

请记录：上面代码的运行结果为 sum= _____。

实验确认：□ 学生 □ 教师

程序文件 2-8 计算抽奖中奖的概率。

例如，如果必须从 1~50 之间的数字中取 6 个数字来抽奖，那么会有 $(50 \times 49 \times 48 \times 47 \times 46 \times 45)/(1 \times 2 \times 3 \times 4 \times 5 \times 6)$ 种可能的结果，所以中奖的概率是 1/15 890 700。

```
1    import java.util.*;
2
3    /**
4     * 该程序演示<code> for </code>循环
5     */
```

```
6   public class LotteryOdds
7   {
8       public static void main(String[] args)
9       {
10          Scanner in=new Scanner(System.in);
11
12          System.out.print("你需要抽取多少个数字? ");
13          int k=in.nextInt();
14
15          System.out.print("您选择抽取的最大个数是多少? (>"+k+") ");
16          int n=in.nextInt();
17
18          /*
19           * 计算二项式系数 n*(n-1)*(n-2)...*(n-k+1)/(1*2*3*...*k)
20           */
21          int lotteryOdds=1;
22          for(int i=1;i<=k;i++)
23              lotteryOdds=lotteryOdds*(n-i+1)/i;
24
25          System.out.println("你的赔率是1比 "+lotteryOdds+"。祝你好运! ");
26      }
27  }
```

请记录：上面代码的运行结果为

_____

_____

_____

_____

一般情况下，如果从 n 个数字中抽取 k 个数字，可以使用下列公式得到结果：

$$\frac{n\times(n-1)\times(n-2)\times\cdots\times(n-k+1)}{1\times2\times3\times4\times\cdots\times k}$$

for 循环语句（语句 21 ~ 23）计算了上面这个公式的值。

实验确认：☐ 学生☐ 教师

2.2.4　循环嵌套

嵌套循环是指在一条循环语句的循环体中再定义一个循环语句的语法结构。while、do …
while、for 循环语句都可以进行嵌套，并且它们之间也可以互相嵌套，其中最常见的是在 for 循环
中嵌套 for 循环，格式如下：

```
for(初始化表达式; 循环条件; 操作表达式)
{
    for(初始化表达式; 循环条件; 操作表达式)
    {
        执行语句
    }
}
```

程序文件 2-9　使用符号"#"输出直角三角形图形。

```
1    package example;
2
3    public class Example2_9
4    {
5        public static void main(String[] args)
6        {
7            int i, j;                              // 定义两个循环变量
8            for(i=1;i<=8;i++)                      // 外层循环
9            {
10               for(j=1;j<=i;j++)                  // 内层循环
11               {
12                   System.out.print("#");         // 打印 #
13               }
14               System.out.print("\n");            // 换行
15           }
16       }
17   }
```

请记录：上面代码的运行结果为

_____

_____

_____

_____

程序分析：

程序定义了两层 for 循环，外层循环控制打印的行数，内层循环控制打印#的个数。外层循环每执行一次，内层循环相比上一次循环会多执行一次，所以每一行 # 的个数会逐行增加一个，最后输出一个直角三角形的图形。

试一试：先设想一个由#符号组成的图形形状，例如菱形或平行四边形等，修改程序文件 2-9，使之能输出你所设想的图形形状。

请将你完成的上述程序的源代码另外用纸记录下来，并粘贴在下方。

----------------------源程序代码粘贴于此----------------------

实验确认：□ 学生 □ 教师

2.2.5　break 跳转语句

跳转语句用于实现循环执行过程中程序流程的跳转。Java 中的跳转语句有 break 语句和 continue 语句。

在 switch 条件语句和循环语句中都可以使用 break 语句。当 break 语句出现在 switch 条件语句中时，其作用是终止某个 case 并继续执行后续语句；当 break 语句出现在循环语句中时，其作用是跳出当前循环，执行后面的代码。

程序文件 2-10　输出 1~5 之间的自然数，当值为 4 时，使用 break 语句跳出循环。

```
1    package.example;
2
```

```
3    public class Example2_10
4    {
5        public static void main(String[] args)
6        {
7            int x=1;                              // 定义变量 x，初始值为 1
8            while(x<=5)                           // 循环条件
9            {
10               System.out.println("x="+x);      // 条件成立，打印 x 的值
11               if(x==4)
12               {
13                   break;
14               }
15               x++;                             // x 加 1
16           }
17       }
18   }
```

请记录：上面代码的运行结果为

_____

_____

_____

_____

程序分析：

在程序中通过 while 循环输出 x 的值，当 x 的值为 4 时，使用 break 语句跳出循环。此运行结果中并没有出现 x=5。

实验确认：□ 学生□ 教师

2.2.6　continue 语句

continue 语句用在循环语句中，它的作用是终止本次循环，转而执行下一次循环。

程序文件 2-11　完成 l~100 之内的偶数进行求和。

```
1    package example;
2
3    public class Example2_11
4    {
5        public static void main(String[] args)
6        {
7            int sum=0;                 // 定义变量 sum，用于记住累加的和
8            for(int i=1;i<=100;i++)
9            {
10               if(i%2!=0)             // i 是一个奇数，不累加
11               {
12                   continue;          // 终止本次循环，执行下一次循环
13               }
14               sum+=i;                // 实现 sum 和 i 的累加
15           }
16           System.out.println("sum="+sum);
17       }
```

```
18    }
```

请记录： 上面代码的运行结果为 sum=＿＿＿＿＿＿＿＿＿。

程序分析：

在程序中使用 for 循环让变量 i 的值在 1~100 之间循环，在循环过程中，当 i 的值为奇数时，执行 continue 语句终止本次循环，进入下一次循环；当 i 的值为偶数时，sum 和 i 进行累加，最终得到 1~100 之间所有偶数的和，输出 sum=2550。

实验确认： □ 学生 □ 教师

【编程训练】熟悉循环与跳转语句

1. 实验目的

在开始本实验之前，请认真阅读课程的相关内容。

（1）熟悉循环语句的基本结构，掌握循环语句的程序设计方法。

（2）熟悉跳转语句的基本结构，掌握跳转语句的程序设计方法。

（3）熟悉 Java 语言的简单程序设计方法。

2. 实验内容与步骤

（1）请仔细阅读本实验中【知识准备】的内容，对其中的各个实例进行具体操作实现，从中体会 Java 程序设计，提高 Java 编程能力。

注意： 完成每个实例操作后，请在对应的"实验确认"栏中打钩（√），并请实验指导老师指导并确认。

请问： 你是否完成了上述各个实例的实验操作？如果不能顺利完成，请分析可能的原因是什么。

答： ＿＿＿

＿＿

＿＿

＿＿

（2）编程训练。

① 输入并调试运行下列程序，求出个、十、百、千位数字的 4 次方的和等于该数本身的所有四位数，并记录运行结果：

```
1    public class ForTest
2    {
3        public static void main(String[] args)
4        {
5            System.out.println("各位数字的 4 次方的和等于该数本身的四位数有: ");
6            for(int n=1000; n<10000; n++)
7            {
8                int a, b, c, d;
9                a=n/1000;
10               b=n/100%10;
11               c=n/10%10;
12               d=n%10;
13               if(a*a*a*a+b*b*b*b+c*c*c*c+d*d*d*d==n)
14                   System.out.println(n);
```

```
15              }
16          }
17      }
```

程序运行结果：

各位数字的 4 次方的和等于该数本身的四位数有：

② break 语句示例，求 1+2+3+…+100 的值，当和大于 2 000 时，输出这个数。

```
1   public class BreakTest
2   {
3       public static void main(String[] args)
4       {
5           int sum=0, i;
6           for(i=1;i<=100;i++)
7           {
8               sum+=i;
9               if (sum>20000) break;
10          }
11          System.out.println("当加到 "+i+" 时累加和为 "+sum+", 大于 2000 了。");
12      }
13  }
```

程序运行结果：

③ 带标号的 break 语句使用示例，运行该程序，正常情况下可以从键盘接收 9 个输入字符，但当输入 c 时提示继续，输入 b 并按 Enter 键时，break lab1 语句就会结束二重循环。

程序如下：

```
1   public class BreakTest2
2   {
3       public static void main(String[] args) throws java.io.IOException
4       {
5           char ch;
6           lab1:                           // 此处为标号标识符
7           for(int i=0;i<3;i++)
8           {
9               for(int j=0;j<3;j++)
10              {
11                  ch=(char)System.in.read();
12                  System.in.skip(2);      // 跳过输入流中的两个字节
13                  if(ch=='b')
14                      break lab1;         // 跳到标号标识处
15                  if(ch=='c')
16                      System.out.println("继续");
17              }
18          }
```

```
19        System.out.println("结束二重循环");
20    }
21 }
```

程序运行结果：

④ 带标号的 continue 语句使用示例。编写程序，使程序运行后，从命令行输入一个正整数，回车后输出小于等于该整数的所有素数。

```
1   import java.io.*;
2
3   public class ContinueTest
4   {
5       public static void main(String[] args) throws IOException
6       {
7           String str;
8           BufferedReader buf;
9           int k;
10          buf=new BufferedReader(new InputStreamReader(System.in));
11          System.out.println("请输入整数，回车后求小于等于该整数的所有素数: ");
12          str=buf.readLine();
13          k=Integer.parseInt(str);
14          System.out.print("2 到 "+k+" 之间的所有素数: ");
15          next: for(int i=2; i<=k; i++)
16              // 外层循环对 2~k 的数，逐个判断是否为素数
17          {
18              for(int j=2; j<=i/2; j++)
19                  // 内层循环判断外层循环给定的数 i 是否为素数
20                  if (i%j==0)           // 如果 i 有因子，则不是素数，跳转并判断下一个 i
21                      continue next;
22              System.out.print(i+"\t");
23          }
24      }
25 }
```

程序运行结果：（这个程序有点复杂，请在完全弄懂之前，尝试猜猜各语句的大概作用。）

⑤ 编写 Java 程序，使用 do … while 循环计算从 1 到 100 的所有偶数的和。

记录并保存：请将你完成的上述程序的算法流程图以及程序源代码另外用纸记录下来，并粘贴在下方。

----------------源程序代码粘贴于此----------------

⑥ 编写 Java 程序，使用 for 循环计算从 1 到 100 的所有奇数的和。

记录并保存：请将你完成的上述程序的算法流程图以及程序源代码另外用纸记录下来，并粘

贴在下方。

-----------------源程序代码粘贴于此-----------------

实验确认：□ 学生□ 教师

3. **实验总结**

_____

_____

_____

_____

4. **实验评价**（教师）

_____

_____

【作　业】

1. 理论和实践都证明，无论多复杂的算法都可以只通过（　　）这 3 种基本控制结构构造出来，且每种结构仅有一个入口和一个出口。

A. 顺序、分支、继续　　　　　　　　B. 顺序、选择、循环

C. 顺序、选择、跳转　　　　　　　　D. 顺序、跳转、继续

2. 循环语句由（　　）三部分组成。

A. 循环变量、循环体及循环终止条件

B. do 语句、for 语句和 while 语句

C. do 语句、continue 语句及 break 语句

D. do 语句、循环体和 break 语句

3. 在一个从 i=0 开始执行 5 次的循环中，当循环变量 i==3 时分别使用了 break 和 continue，该循环现在执行的次数是（　　）。

A. 5 和 5　　　　　　B. 5 和 3　　　　　　C. 3 和 4　　　　　　D. 3 和 3

4. 关于 while 和 do … while 循环的区别，下列说法正确的是（　　）。

A. while 是确定次数循环，do … while 不是

B. 两者没有区别

C. while 的循环体可能不被执行，而 do … while 的循环体至少被执行一次

D. do … while 的循环体可能不被执行，而 while 的循环体至少被执行一次

5. Java 中正确的 for 循环结构是（　　）。

A. for (i=0; i<n; i++) {循环体}　　　　　B. for (i<n) {循环体}

C. for (i=0, i<n;) {循环体}　　　　　　D. for (i=0; i++) {循环体}

6. 循环语句中的 continue 语句的作用是（　　）。

A. 开始本次循环，然后执行下一次循环

B. 终止本次循环，然后再继续终止下一次循环

C. 开始本次循环，然后终止下一次循环

D. 终止本次循环，转而执行下一次循环

实验 2.3　了解算法，掌握 Java 的方法

【实验目标】

（1）了解算法，阅读每一个程序示例，熟悉该程序的算法流程。

（2）理解程序流程图（框图）的特征与用法，体验用框图表示数学问题解决的过程，提高抽象概括能力和逻辑思维能力以及清晰地表达和交流的能力。

（3）了解程序设计中的方法，通过方法名调用方法进行程序设计。

【知识准备】算法、框图与 Java 方法

算法（Algorithm）是指程序设计领域中解题方案的准确而完整的描述，是一系列解决问题的清晰指令，算法代表着用系统的方法描述解决问题的策略机制。设计正确的算法是程序设计的关键基础。

Java 中的所谓"方法"，是一段可以重复调用的代码，类似于其他程序语言中的模块或者函数。数组是指一组数据的集合，同一个数组中存放的元素其数据类型是一致的，Java 的 Arrays 工具类提供了大量的针对数组的静态方法。Java 中定义了 String 和 StringBuffer 两个类封装字符串，并提供了一系列操作字符串的方法。

2.3.1　算法

算法能够对一定规范的输入，在有限时间内获得所要求的输出。如果一个算法有缺陷，或者不适合于某个问题，执行这个算法就不会解决这个问题。不同的算法可能用不同的时间、空间或效率来完成同样的实验。

1. 算法的特征

一个算法应该具有以下 5 个重要的特征：

（1）有穷性。是指算法必须能在执行有限个步骤之后终止。

（2）确切性。算法的每一步骤必须有确切的定义。

（3）输入项。一个算法有 0 个或多个输入，以刻画运算对象的初始情况，所谓 0 个输入是指算法本身给出了初始条件。

（4）输出项。一个算法有一个或多个输出，以反映对输入数据加工后的结果。没有输出的算法是毫无意义的。

（5）可行性。算法中执行的任何计算步骤都可以被分解为基本的可执行的操作步，即每个计算步都可以在有限时间内完成（也称有效性）。

2. 算法的要素

（1）数据对象的运算和操作：计算机可以执行的基本操作是以指令的形式描述的。一个计算机系统能执行的所有指令的集合，成为该计算机系统的指令系统。一个计算机的基本运算和操作有如下 4 类：

① 算术运算：加、减、乘、除等运算。

② 逻辑运算：或、且、非等运算。

③ 关系运算：大于、小于、等于、不等于等运算。

④ 数据传输：输入、输出、赋值等运算。

（2）算法的控制结构：一个算法的功能结构不仅取决于所选用的操作，而且与各操作之间的执行顺序有关。

3. 算法的评定

同一问题可用不同算法解决，而一个算法的质量优劣将影响到算法乃至程序的效率。算法分析的目的在于选择合适算法和改进算法。一个算法的评价主要从时间复杂度和空间复杂度来考虑。

（1）时间复杂度。是指执行算法所需要的计算工作量。一般来说，计算机算法是问题规模的正相关函数。

（2）空间复杂度。是指算法需要消耗的内存空间。其计算和表示方法与时间复杂度类似，一般都用复杂度的渐近性来表示。同时间复杂度相比，空间复杂度的分析要简单得多。

（3）正确性。是评价一个算法优劣的最重要的标准。

（4）可读性。是指一个算法可供人们阅读的容易程度。

（5）健壮性。是指一个算法对不合理数据输入的反应能力和处理能力，也称容错性。

2.3.2 框图

框图，又称程序流程图，它是表示一个系统各部分和各环节之间关系的图示（见图 2-6），其作用在于能够清晰地表达比较复杂的系统各部分之间的关系。

框图已经被广泛地应用于算法、计算机程序设计、工序流程的表述、设计方案的比较等方面，也是表示数学计算与证明过程中主要逻辑步骤的工具，是日常生活和各门学科中进行交流的一种常用表达方式。

框图由一些规范的图形和流程线组成，可以用来描述算法或程序的处理、判断、输入/输出、起始或终结等基本功能的执行逻辑过程的概念模式。

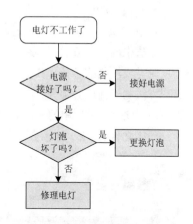

图 2-6 框图

在框图中，圆角矩形表示"开始"与"结束"，平行四边形表示输入/输出，矩形表示处理或执行——用于赋值、计算，菱形表示判断，成立写"是"或 Y，不成立则写"否"或 N，箭头代表工作流方向。

框图表达的 3 种基本逻辑结构：顺序结构、条件结构、循环结构。顺序结构是最简单、最基本的结构，循环结构必然包含条件结构。这 3 种基本逻辑结构相互支撑，共同构成了算法的基本结构，无论怎样复杂的逻辑结构，都可以通过它们来表达。

框图中基本逻辑结构的共同特点是：

（1）只有一个入口。

（2）只有一个出口。菱形判断框有两个出口，而条件结构只有一个出口，不要将菱形框的出口和条件结构的出口混为一谈。

（3）结构内的每一部分都有机会被执行到。即对每一个框来说，都应当有一条从入口到出口的路径通过它。

（4）结构内不存在死循环。在程序框图中不允许有死循环出现。

2.3.3　Java 的方法

Java 中的"方法"是一段可以重复调用的代码，这段代码可以单独放在一个 {} 中，为该段代码起一个名字，这个名字就是方法名，在使用这段代码时，只需要通过方法名调用即可，无须重复编写代码。

在 Java 中，声明一个方法的具体语法格式如下：

```
修饰符 返回值类型 方法名 ([参数类型 参数名1, 参数类型 参数名2 …])
{
    执行语句
    return 返回值;
}
```

对于上面的语法格式的具体说明如下。

- 修饰符：方法的修饰符比较多，可对访问权限进行限定。
- 参数类型：用于限定调用方法时传入参数的数据类型。
- 参数名：是一个变量，用于接收调用方法时传入的数据。
- 返回值类型：用于限定方法返回值的数据类型。
- return 关键字：用于结束方法以及返回方法指定类型的值。
- 返回值：return 语句将返回值返回给调用者。

方法中的"参数类型 参数名 1,参数类型 参数名 2…"被称为参数列表，用于描述方法在被调用时需要接收的参数，如果方法不需要接收任何参数，则参数列表为空，即 {} 内不写任何内容。方法的返回值必须为方法声明的返回值类型，如果方法中没有返回值，则返回值类型要声明为 void，此时，方法中的 return 语句可以省略。

程序文件 2-12　演示方法的返回值。

```
1   package example;
2
3   public class Example2_12
4   {
5       public static void main(String[] args)
6       {
7           int area=getArea(4,5);              // 调用 getArea()方法
8           System.out.println("矩形的面积为: "+area);
9       }
10
11      // 下面定义了一个球矩形面积的方法，接收两个参数，其中 x 为长，y 为宽
12      public static int getArea(int x,int y)
13      {
14          int temp=x*y;                       // 使用变量 temp 记住运算结果
15          return temp;                        // 将变量 temp 的值返回
16      }
17  }
```

请记录：上面代码的运行结果为_____

程序分析：

程序中定义了一个返回值为 int 类型的 getArea(int x, int y) 方法，用于求矩形面积，该方法接收两个 int 类型参数，分别用于接收传入的宽和高，用 return 将结果返回给调用者。

实验确认：☐ 学生 ☐ 教师

2.3.4　方法的重载

假设在程序中定义了一个对数字进行求和的方法，但由于参与求和的数据个数和类型都不确定，因此要针对不同的情况设计不同的方法，如果每个方法的名称都不相同，那么在调用时就很难区分应该调用哪个方法。为此，可以使用方法重载，就是在一个程序中定义多个同名方法，但每个方法具有不同的参数类型或参数个数。

程序文件 2-13　演示方法的重载。

```
1   package example;
2
3   public class Example2_13
4   {
5       public static void main(String[] args)
6       {
7           // 下面是针对求和方法的调用
8           int sum1=add(2, 3);
9           int sum2=add(2, 3, 4);
10          double sum3=add(2.5, 3.5);
11          // 下面的代码是打印求和的结果
12          System.out.println("sum1="+sum1);
13          System.out.println("sum2="+sum2);
14          System.out.println("sum3="+sum3);
15      }
16
17      // 下面的方法实现了两个参数相加
18      public static int add(int x, int y)
19      {
20          return x+y;
21      }
22
23      // 下面的方法实现了三个参数相加
24      public static int add(int x, int y, int z)
25      {
26          return x+y+z;
27      }
28
29      // 下面的方法实现了两个小数相加
30      public static double add(double x, double y)
31      {
32          return x+y;
33      }
34  }
```

请记录：上面代码的运行结果为

程序分析：

程序中定义了三个同名的 add( )方法，但它们的参数个数或类型不同，从而形成了方法的重载。在 main( )方法中调用 add( )方法时，通过传入不同的参数，便可以确定调用哪个重载的方法，如 add(2, 3)调用的是两个整数求和的方法。值得注意的是，方法的重载与返回值类型无关，它需要满足两个条件：第一是方法名相同；第二是参数个数或参数类型不相同。

实验确认：□ 学生 □ 教师

2.3.5 大数值

如果基本的整数和浮点数精度不能够满足需求，那么可以使用 java.math 包中的两个很有用的类：BigInteger 和 BigDecimal。这两个类可以处理包含任意长度数字序列的数值。BigInteger 类实现了任意精度的整数运算，BigDecimal 实现了任意精度的浮点数运算。

使用静态的 valueOf( )方法可以将普通的数值转换为大数值：

```
BigInteger a=BigInteger.valueOf(100);
```

但这里不能使用人们熟悉的算术运算符(如+和*)处理大数值，而需要使用大数值类中的 add( )和 multiply( )方法。

```
BigInteger c=a.add(b);          // c=a+b
BigInteger d=c.multiply(b.add(BigInteger.valueOf(2)));      // d=c+2
```

程序文件 2-14 对程序文件 2-8 中彩概率程序的改进，使其可以采用大数值进行运算。

假设你被邀请参加抽奖，并从 490 个可能的数值中抽取 60 个，这个程序将会得到中彩概率 1/716395843461995557415116222540092933411717612789263493493351013459481104668848。

```
1    import java.math.*:
2    import java.util.*;
3
4    /**
5     * 该程序使用大数字来计算在彩票中赢得大奖的概率
6     */
7    public class BigIntegerTest
8    {
9       public static void main(String[] args)
10      {
11         Scanner in=new Scanner(System.in);
12
13         System.out.print("你需要抽取多少个数字? ");
14         ink k=in.nextInt();
15
16         System.out.print("您选择抽取的最大个数是多少? ");
17         int n=in.nextInt();
18
19         /*
20          * 计算二项式系数 n*(n-1)*(n-2)*...*(n-k+1)/(1*2*3*...*k)
21          */
22
```

```
23          BigInteger lotteryOdds=BigInteger.valueOf(1);
24
25          for(int i=1; i<=k; i++)
26              lotteryOdds=lotteryOdds.multiply(BigInteger.valueOf(n-i+1)).
27                  divide(BigInteger.valueOf(i));
28
29          System.out.println("你的赔率是1比 "+lotteryOdds+"。祝你好运！");
30      }
32  }
```

请记录：上面代码的运行结果为

_____

_____

_____

对照分析程序文件 2-8 和程序文件 2-14，熟悉程序设计的不同需求与不同方法并记录如下：

_____

_____

_____

实验确认：□ 学生 □ 教师

【编程训练】学习算法，熟悉 Java 的方法

1. 实验目的

在开始本实验之前，请认真阅读课程的相关内容。

（1）阅读每一个程序示例，熟悉该程序的算法设计。

（2）了解什么是程序设计中的方法，熟悉通过方法名调用方法进行程序设计。

2. 实验内容与步骤

（1）请仔细阅读本实验中【知识准备】的内容，对其中的各个实例进行具体操作实现，从中体会 Java 程序设计，提高 Java 编程能力。

注意：完成每个实例操作后，请在对应的"实验确认"栏中打钩（√），并请实验指导老师指导并确认。

请问：你是否完成了上述各个实例的实验操作？如果不能顺利完成，请分析可能的原因是什么。

答：_____

_____

_____

_____

（2）编程训练。

① 编写程序，x 的值为 5 时，求 $x+x^2/2!+\cdots+x^n/n!$ 的值，要求 $x^n/n!$ 的值不大于 1.0×10^{-8}，阅读该程序，输入、运行并记录结果。

```
// 方法一
1   public class WhileTest
2   {
3       public static void main(String[] args)
```

```
4        {
5            int x=5;
6            double sum=0, d=1.0;
7            int n=1;
8            while(d>1.e-8)
9            {
10               d*=x;
11               d/=n;
12               sum+=d;
13               n++;
14           }
15           System.out.println("x= "+x+"; sum= "+sum);
16       }
17   }
```

// 方法二
```
1    public class WhileTest2
2    {
3        public static void main(String[] args)
4        {
5            int x=5;
6            double sum=0, d=1.0;
7            int n=1;
8            do
9            {
10               d*=x;
11               d/=n;
12               sum+=d;
13               n++;
14           } while(d>1.e-8);
15           System.out.println("x= "+x+"; sum= "+sum);
16       }
17   }
```
程序运行结果：

_____

_____

实验确认：□ 学生 □ 教师

② 阅读程序，输入、调试并运行程序。该程序运行后，从命令行输入一个正整数，回车后输出小于等于该整数的所有素数。

```
1    import java.io.*;
2
3    public class BreakTest3
4    {
5        public static void main(String[] args) throws IOException
6        {
7            String str;
8            BufferedReader buf;
9            int k;
10           buf=new BufferedReader(new InputStreamReader(System.in));
```

```
11          str=buf.readLine();
12          k=Integer.parseInt(str);
13          System.out.println("2到"+k+"之间的所有素数: ");
14          for(int i=2; i<=k; i++)
15          {
16              if (isPrime(i))
17                  System.out.print(i+"\t");
18          }
19      }
20      static boolean isPrime(int n)
21      {
22          boolean b=true;
23          for(int k=2; k<=n/2; k++)
24          {
25              if(n%k==0)
26              {
27                  b=false;
28                  break;
29              }
30          }
31          return b;
32      }
33  }
```

程序运行结果:

_____

_____

_____

实验确认: □ 学生 □ 教师

③ 下面程序可以输出 1~9 中除 6 以外所有偶数的平方值。

```
1   public class CTest1
2   {
3       public static void main(String[] args)
4       {
5           for(int i=2; i<=9; i+=2)
6           {
7               if(i==6)
8                   continue;
9               System.out.println(i+"的平方="+i*i);
10          }
11      }
12  }
```

程序运行结果:

_____

_____

_____

实验确认: □ 学生 □ 教师

④ 带参数的 return 语句例子。给出两个圆半径，可以通过调用一个 area( )方法返回圆的面积。

```
1   public class CireArea
2   {
3       final static double PI=3.14159;
4       public static void main(String[] args)
5       {
6           double r1=8.0, r2=5.5;
7           System.out.println("半径为"+r1+"的圆的面积="+area(r1));
8           System.out.println("半径为"+r2+"的圆的面积="+area(r2));
9       }
10      static double area(double r)
11      {
12          return (PI*r*r);
13      }
14  }
```

程序运行结果：

_____

_____

实验确认：□ 学生 □ 教师

⑤ 编写 Java 程序，让 x 的值在 0 ~ 9 之间循环变化。

记录并保存：请将你完成的上述程序的算法流程图和程序源代码另外用纸记录下来，并粘贴在下方。

---------------------- 源程序代码粘贴于此----------------------

实验确认：□ 学生 □ 教师

3. 实验总结

_____

_____

_____

_____

4. 实验评价（教师）

_____

_____

_____

【作　业】

1. 算法能够对一定规范的输入，在有限时间内获得所要求的输出。对或错？　　　　（　　　）

2. 不同的算法可能用不同的时间、空间或效率来完成同样的实验。对或错？　　　　（　　　）

3. 一个算法应该具有 5 个重要的特征，但以下（　　　）不是这些特征之一。

A. 有穷性　　　　　B. 唯一性　　　　　　　C. 确切性　　　　　　　　D. 可行性

4. 一个计算机的基本运算和操作有 4 类，但以下（　　　）不属于其中之一。

A. 算术运算　　　　B. 逻辑运算　　　　C. 数理运算　　　　D. 数据传输

5. 一个算法的功能结构取决于所选用的操作，且与各操作之间的执行顺序无关。对或错？
（　　　）

6. 一个算法的评价主要从时间复杂度和空间复杂度来考虑。以下（　　　）不属于算法的评价指标。

A. 正确性　　　　B. 可读性　　　　C. 健壮性　　　　D. 大小规模

7. Java 中的"方法"就是（　　　）。

A. 一组可以重复使用的数据　　　　B. 一段可以重复调用的代码

C. 一组单独使用的数据　　　　　　D. 一段单独使用的代码

8. 在 Java 声明一个方法的语法格式中，参数类型是用于限定调用方法时传入参数的（　　　）。

A. 程序类型　　　　B. 数据个数　　　　C. 数据结构　　　　D. 数据类型

9. 在 Java 声明一个方法的语法格式中，返回值被（　　　）返回给调用者。

A. replace　　　　B. run　　　　C. return　　　　D. replace

10. Java 中，所谓"方法重载"就是在一个程序中可以定义多个（　　　）。

A. 不同名方法　　　　　　　　B. 同名方法

C. 不同类型数据　　　　　　　D. 同类型数据

实验 2.4　掌握 Java 的数组与字符串

【实验目标】

（1）阅读程序示例，熟悉该程序的算法流程。

（2）熟悉数组的定义与应用，掌握 Arrays 类数组工具。

（3）掌握字符串定义与应用方法。

【知识准备】数组与字符串

数组是指一组数据的集合，其中的每个数据称为元素。数组可以存放任一类型的元素，但同一个数组中存放的元素类型必须一致。例如，可以使用一个 int 类型数组保存某个学生的各科成绩，这样就避免了定义多个变量保存成绩的麻烦。

2.4.1　数组的定义

在 Java 中，可以使用以下格式定义一个数组：

```
int[] x=new int[10];
```

或

```
int[] x;
x=new int[10];
```

上述语句定义了一个 int 类型数组，[ ] 中的数字 10 表示数组的长度，即可以存放 10 个元素，相当于在内存中定义了 10 个 int 类型的变量，第一个变量的名称为 x[0]，第二个变量的名称为 x[1]，依此类推，第 10 个变量的名称为 x[9]，这些变量的初始值都是 0。

每个数组元素都有一个索引（也称角标），通过索引可以访问数组中的元素，例如可以通过 x[0] 的形式访问第 1 个元素。注意，数组的索引最小为 0，最大为"数组的长度–1"，length 属性记录了该数组的长度（元素个数），在程序中通过"数组名.length"即可获取数组长度。

程序文件 2-15 演示数组的使用。

```
1   package example;
2
3   public class Example2_15
4   {
5       public static void main(String[] args)
6       {
7           int[] arr=new int[4];              // 定义可以存储 4 个元素的整数类型数组
8           arr[0]=2;                          // 为第 1 个元素赋值 2
9           arr[1]=3;                          // 为第 2 个元素赋值 3
10          // 依次打印数组中每个元素的值
11          System.out.println("arr[0]="+arr[0]);
12          System.out.println("arr[1]="+arr[1]);
13          System.out.println("arr[2]="+arr[2]);
14          System.out.println("arr[3]="+arr[3]);
15          System.out.println("数组的长度是: "+arr.length);
16      }
17  }
```

请记录：上面代码的运行结果为

_____

_____

_____

_____

程序分析：

程序的第 7 行语句创建了一个长度为 4 的数组，并将数组在内存中的地址赋值给变量 arr，第 8、9 行语句通过角标访问数组中的元素，第 15 行语句通过 length 属性获取数组的长度。

实验确认：□ 学生□ 教师

2.4.2 数组的操作

1. 数组遍历

数组遍历是指依次访问数组中的每个元素。

程序文件 2-16 演示数组遍历。

```
1   package example;
2
3   public class Example2_16
4   {
5       public static void main(String[] args)
6       {
7           int[] arr={3, 5, 1, 2, 6};         // 定义数组
8
9           // 使用 for 循环遍历数组的元素
10          for(int i=0; i<arr.length; i++)
11          {
```

```
12              System.out.println(arr[i]);  // 通过索引获取元素
13          }
14      }
15  }
```

请记录：上面代码的运行结果为

_____

_____

_____

_____

_____

程序分析：

在程序中定义了一个长度为 5 的数组 arr，通过 for 循环中定义的变量 i 的值在循环过程中依次访问数组中的每个元素，并将元素的值输出到控制台。

实验确认：□ 学生 □ 教师

2. 数组最值

在操作数组时，经常需要获取数组中元素的最值。

程序文件 2-17　演示计算数组中的最大值。

```
1   package example;
2
3   public class Example2_17
4   {
5       public static void main(String[] args)
6       {
7           int[] arr={4, 8, 9, 7, 5};        // 定义一个数组
8           int max=getMax(arr);              // 调用获取元素最大值的方法
9           System.out.println("max="+max);   // 打印最大值
10      }
11
12      static int getMax(int[] arr)
13      {
14          int max=arr[0];  // 定义 max，用于记住最大元素，首先假设第一个元素为最大值
15          // 下面通过一个 for 循环遍历数组中的元素
16          for(int x=1; x<arr.length; x++)
17          {
18              if(arr[x]>max)                // 比较 arr[x]的值是否大于 max
19              {
20                  max=arr[x];               // 条件成立，将 arr[x]的值赋给 max
21              }
22          }
23          return max;                       // 返回最大值 max
24      }
25  }
```

请记录：上面代码的运行结果为_____

程序分析：

程序中定义了一个临时变量 max，用于记录数组中的最大元素。假设数组中第一个元素 arr[0]

为数组的最大元素，然后使用 for 循环对数组进行遍历，在遍历的过程中与 max 进行比较，如果该元素大于 max，则将该元素赋值给 max。因此，变量 max 就能够在循环结束时记录数组中的最大元素。

实验确认：□ 学生□ 教师

3. 数组排序

数组排序是一种很常见的操作，通常使用冒泡排序实现这个功能。所谓的冒泡排序就是模仿水中气泡的上升过程。在数组中就是相邻的两个元素依次比较，如果前一个元素比后一个元素大，则交换位置，直到最后两个元素比较完成，则最后一个元素就是数组中的最大值，此时也就完成了第一轮比较。依此类推，除了最大的元素以外，将剩余元素继续两两比较完成后，将数组中第二大的数放在倒数第二的位置上。重复上述步骤，直到没有可比较的元素为止。

程序文件 2-18　演示数组排序。

```
1   package example;
2
3   public class Example2_18
4   {
5       public static void main(String[] args)
6       {
7           int[] arr={4, 8, 3, 9, 7, 5};
8           System.out.print("排序前: ");
9           printArray(arr);                    // 打印数组元素
10          bubbleSort(arr);                    // 调用排序方法
11          System.out.print("排序后: ");
12          printArray(arr);                    // 打印数组元素
13      }
14
15      // 定义打印数组元素的方法
16      public static void printArray(int[] arr)
17      {
18          // 循环遍历数组的元素
19          for(int i=0; i<arr.length; i++)
20          {
21              System.out.print(arr[i]+" ");    // 打印元素和空格
22          }
23          System.out.print("\n");
24      }
25
26      // 定义对数组排序的方法
27      public static void bubbleSort(int[] arr)
28      {
29          // 定义外层循环
30          for(int i=0; i<arr.length-1; i++)
31          {
32              // 定义内层循环
33              for(int j=0; j<arr.length-i-1; j++)
34              {
```

```
35              if(arr[j]>arr[j+1])                // 比较相邻元素
36              {
37                  // 下面的三行代码用于交换两个元素
38                  int temp=arr[j];
39                  arr[j]=arr[j+1];
40                  arr[j+1]=temp;
41              }
42          }
43          System.out.print("第"+(i+1)+"轮排序后: ");
44          printArray(arr);                        // 每轮比较结束打印数组元素
45      }
46  }
47 }
```

请记录：上面代码的运行结果为

_____

_____

_____

_____

_____

_____

程序分析：

在程序中，bubbleSort( )方法通过嵌套 for 循环实现了冒泡排序。其中，外层循环用于控制进行多少轮比较，每一轮比较都可以确定一个元素的位置，由于最后一个元素不需要进行比较，因此外层循环的次数为数组长度-1。内层循环的循环变量用于控制每一轮比较的次数，它被当作角标比较数组的元素，由于变量在循环过程中是自增的，这样就可以实现相邻元素依次进行比较，在每次比较时如果前者小于后者，就交换两个元素的位置。直到外层循环结束，数组中的元素也就完成了排序。

实验确认：□ 学生□ 教师

2.4.3　Arrays 工具类

Arrays 是一个专门用于操作数组的工具类，该类位于 java.util 包中。Array 工具类提供了大量的静态方法，常用的方法如表 2-1 所示。

表 2-1　Arrays 工具类的常用方法

方 法 声 明	功 能 描 述
static void sort(int[] a)	对指定的 int 型数组按数字升序进行排序
static int binarySearch(Object[] a, Object key)	使用二分搜索法搜索指定数组，以获得指定对象
static int[] copyOfRange(int[] original, int from, int to)	将指定数组的指定范围复制到一个新数组
static void fill(Object[] a, Object val)	将指定的 Object 引用分配给指定 Object 数组的每个元素
static String toString(int[] arr)	返回指定数组内容的字符串表示形式

程序文件 2-19　演示 Arrays 工具类的应用。

```java
1    package example;
2
3    import java.util.*;
4    public class Example2_19
5    {
6        public static void main(String[] args)
7        {
8            int[] arr={9, 8, 3, 5, 2};
9            int[] copied-Arrays.copyOfRange(arr, 1, 7);         // 复制数组
10           System.out.println("复制数组: "+Arrays.toString(copied));
11           Arrays.sort(arr);                                   // 排序数组
12           System.out.println("排序后: "+Arrays.toString(arr));
13           Arrays.fill(arr, 8);                                // 填充数组
14           System.out.println("填充数组: "+Arrays.toString(arr));
15       }
16   }
```

请记录：上面代码的运行结果为

_____

_____

_____

_____

程序分析：

在程序中，在分别使用 Arrays 的 copyOfRange( )、sort( )和 fill( )方法时，只需要将数组作为参数传递给方法即可，至于内部的实现方式不需要关心。可见，使用这些方法不仅可以大幅度减少代码的书写量，而且能够使操作更加简单。

实验确认：□ 学生 □ 教师

2.4.4　字符串类 String

在应用程序中经常会用到字符串，所谓字符串就是指一连串的字符，它由许多单个字符连接而成，例如多个英文字母所组成的一个英文单词。字符串中可以包含任意字符，这些字符必须包含在一对双引号（""）之内，例如 "abc"。Java 中定义了 String 和 StringBuffer 两个类封装字符串，并提供了一系列操作字符串的方法，它们都位于 java.lang 包中，因此不需要导入其他包就可以直接使用。下面针对 String 类和 StringBuffer 类进行详细讲解。

在使用 String 类之前，首先需要对 String 类进行初始化，初始化可以通过两种形式实现。

（1）使用字符串常量直接初始化一个 String 对象，具体代码如下：

```java
String str1="abc";
```

（2）使用 String 的构造方法初始化 String 对象，具体代码如下：

```java
String str1=new String();           // 初始化一个空的字符串
String str2=new String("abc");      // 根据指定字符串内容初始化
```

String 类在实际开发中的应用非常广泛，因此，灵活地使用 String 类是非常重要的 String 类的

常用方法如表 2-2 所示。

表 2-2 String 类的常用方法

方 法 声 明	功 能 描 述
int indexOf(int ch)	返回指定字符在此字符串中第一次出现处的索引
int indexOf(String str)	返回指定子字符串在此字符串中第一次出现处的索引
char charAt(int index)	返回字符串中 index 位置上的字符，其中 index 的取值范围是 0~字符串长度-1
boolean endsWith(String suffix)	判断此字符串是否以指定的字符串结尾
int length()	返回此字符串的长度
boolean equals(Object anObject)	将此字符串与指定的字符串比较，如果相等则返回 true，否则返回 false
boolean isEmpty()	当且仅当字符串长度为 0 时返回 true
boolean startsWith(String prefix)	判断此字符串是否以指定的字符串开始
boolean contains(CharSequence cs)	判断此字符串中是否包含指定的字符序列
String toLowerCase()	使用默认语言环境的规则将 String 中的所有字符转换为小写
String toUpperCase()	使用默认语言环境的规则将 String 中的所有字符转换为大写
char[] toCharArray()	将此字符串转换为一个字符数组
String replace (CharSequence oldstr, CharSequence newstr)	返回一个新的字符串，它是通过利用 newstr 替换此字符串中出现的所有 oldstr 得到的
String[] split(String regex)	根据参数 regex 将原来的字符串分割为若干子字符串
String substring(int beginIndex)	返回一个新字符串，它包含从指定的 beginIndex 处开始，直到此字符串末尾的所有字符
String substring(int beginIndex, int endIndex)	返回一个新字符串，它包含从指定的 beginIndex 处开始，直到索引 endIndex-1 处的所有字符
String trin()	返回一个新字符串，它去除了原字符串首尾的空格

程序文件 2-20 演示字符串类。

```
1   package example;
2
3   public class Example2_20
4   {
5       public static void main(String[] args)
6       {
7           String s="ababcabcdedcba";                     // 声明字符串
8           System.out.println("字符串的长度为: "+s.length());
9           System.out.println("字符串中第一个字符: "+s.charAt(3));
10          System.out.println("字符 c 第一次出现的位置: "+s.indexOf('c'));
11          System.out.println("子字符串第一次出现的位置: "+s.indexOf("ab"));
12          System.out.println("字符 c 最后出现的位置: "+s.lastIndexOf('d'));
13          System.out.println("子字符串最后出现的位置: "+s.lastIndexOf("ab"));
14      }
15  }
```

请记录：上面代码的运行结果为

_____

_____

_____

_____

_____

程序分析：

String 类提供的方法可以很方便地获取字符串的长度，获取指定位置的字符以及指定字符的位置。

实验确认：□ 学生□ 教师

2.4.5　字符串缓冲区类 StringBuffer

由于 String 字符串是常量，一旦创建，其内容和长度不可改变。如果需要对一个字符串进行修改，则只能创建新的字符串。为此，JDK 中提供了一个 stringBuffer 类（也称字符串缓冲区），与 String 类不同的是，它的内容和长度可变。StringBuffer 类如同一个字符容器，当在其中添加或删除字符时，并不会产生新的 StringBuffer 对象。

针对添加和删除字符的操作，StringBuffer 类提供了一系列的方法（见表 2-3）。

表 2-3　StringBuffer 类的常用方法

方 法 声 明	功 能 描 述
StringBuffer append(char c)	添加参数到 StringBuffer 对象中
StringBuffer insert(int offset, String str)	在字符串中的 offset 位置插入字符串 str
StringBuffer delete(intstart, int end)	删除 StringBuffer 对象中指定范围的字符或字符串序列
StringBuffer deleteCharAt(int index)	移除此序列指定位置的字符
StringBuffer replace(int start, int end, String s)	在 StringBuffer 对象中替换指定的字符或字符串序列
void setCharAt(int index, char ch)	修改指定位置 index 处的字符序列
StringBuffer reverse()	将此字符序列用其反转形式取代
String toString()	返回 StringBuffer 缓冲区中的字符串

程序文件 2-21　演示字符串缓冲区类。

```
1    package example;
2
3    public class Example2_21
4    {
5        public static void main(String[] args)
6        {
7            System.out.println("*************1. 添加*************");
8            add();
9            System.out.println("*************2. 删除*************");
10           remove();
```

```
11          System.out.println("*************3.修改*************");
12          alter();
13     }
14     public static void add()
15     {
16          StringBuffer sb=new StringBuffer();    // 定义一个字符串缓冲区
17          sb.append("abcdefg");                  // 在末尾添加字符串
18          System.out.println("append 添加结果: "+sb);
19          sb.insert(3, "321");                   // 在指定位置插入字符串
20          System.out.println("insert 添加结果: "+sb);
21     }
22
23     public static void remove()
24     {
25          StringBuffer sb=new StringBuffer("abcdefg");
26          sb.delete(2, 4);                       // 指定范围删除
27          System.out.println("删除指定位置结果: "+sb);
28          sb.deleteCharAt(3);                    // 指定位置删除
29          System.out.println("删除指定位置结果: "+sb);
30          sb.delete(0, sb.length() );            // 清空缓冲区
31          System.out.println("清空缓冲区结果: "+sb);
32     }
33
34     public static void alter()
35     {
36          StringBuffer sb=new Stringbuffer("abcdef");
37          sb.setCharAt(2, 'h');                  // 修改指定位置字符
38          System.out.println("修改指定位置字符结果: "+sb);
39          sb.replace(1, 3, "yy");                // 替换指定位置字符串或字符
40          System.out.println("替换指定位置字符（串）结果: "+sb);
41          System.out.println("字符串翻转结果: "+sb.reverse() );
42     }
43 }
```

请记录： 上面代码的运行结果为

_____

_____

_____

_____

_____

_____

_____

_____

_____

_____

程序分析：

在程序中提供了很多 StringBuffer 类的相关方法，其中 append( )和 insert( )方法是最常用的，这两个方法有很多重载形式，它们都用于添加字符。delete( )方法用于删除指定位置的字符，setCharAt( )以及 replace( )方法用于替换指定位置的字符。

实验确认：□ 学生□ 教师

2.4.6 包装类

在 Java 中，很多类的方法都需要接收引用类型的对象，此时就无法将一个基本数据类型的值传入。为了解决这样的问题，JDK 中提供了一系列的包装类，通过这些包装类可以将基本数据类型的值包装为引用数据类型的对象。在 Java 中，每种基本类型都有对应的包装类（见表 2-4）。

表 2-4 基本类型对应的包装类

基本数据类型	对应的包装类	基本数据类型	对应的包装类
char	Character	long	Long
byte	Byte	float	Float
int	Integer	double	Double
short	Short	boolean	Boolean

表 2-4 列举了 8 种基本数据类型及其对应的包装类。其中，除了 Integer 和 Character 类以外，其他包装类的名称和基本数据类型的名称一致，只是类名的第一个字母需要大写。包装类和基本数据类型在进行转换时，引入了装箱和拆箱的概念，其中装箱是指将基本数据类型的值转为引用数据类型；反之，拆箱是指将引用数据类型的对象转为基本数据类型。

程序文件 2-22 演示拆箱和装箱的过程。

```
1    package example;
2
3    public class Example2_22
4    {
5        public static void main(String[] args)
6        {
7            Integer a=3;                    // 自动装箱
8            int b=a+4;                      // 自动拆箱
9            System.out.println(b);
10       }
11   }
```

请记录： 上面代码的运行结果为＿＿＿＿＿＿。

程序分析：

程序演示了包装类 Integer 的拆箱和装箱过程，首先将 int 类型数字 3 赋值给 Integer 类型，此过程称为自动装箱。Integer 类型的数值 3 与 int 类型的数值 4 相加，得出的结果赋值给了 int 类型，此过程称为自动拆箱。

实验确认：□ 学生□ 教师

【编程训练】熟悉 Java 的数组与字符串

1. 实验目的

在开始本实验之前，请认真阅读课程的相关内容。

（1）阅读每一个程序示例，熟悉该程序的算法设计。

（2）熟练掌握数组的定义与运用，掌握 Arrays 类数组工具。

（3）掌握字符串定义与运用方法。

2. 实验内容与步骤

请仔细阅读本实验中【知识准备】的内容，对其中的各个实例进行具体操作实现，从中体会 Java 程序设计，提高 Java 编程能力。

注意：完成每个实例操作后，请在对应的"实验确认"栏中打钩（√），并请实验指导老师指导并确认。

请问：你是否完成了上述各个实例的实验操作？如果不能顺利完成，请分析可能的原因是什么。

答：_____

_____

_____

_____

实验确认：□ 学生□ 教师

3. 实验总结

_____

_____

_____

_____

4. 实验评价（教师）

_____

_____

【作　业】

1. Java 中存放在同一个数组的元素其数据类型是（　　　）的。

A. 一致　　　　　　B. 有差异　　　　　　C. 整型　　　　　　D. 字符型

2. 数组是指一组数据的集合，数组中的每个数据称为（　　　）。

A. 组件　　　　B. 模块　　　　　　C. 元素　　　　　　D. 素材

3. 每个数组元素都有一个（　　　）索引，通过它可以访问数组中的元素，它的最小值为0。

A. 序号　　　　B. 长度　　　　　　C. 索引　　　　　　D. 宽度

4. Arrays 是一个专门用于操作（　　　）的工具类，它提供了大量的静态方法。

A. 数据　　　　B. 程序　　　　　　C. 代码　　　　　　D. 数组

5. 所谓字符串是指一连串的字符，它由许多单个字符连接而成。在 Java 中定义了（　　　）两个类封装字符串，并提供了一系列操作字符串的方法。

A. String 和 StringBuffer   B. String 和 StringLength

C. StringBuffer 和 StringLength   D. String 和 StringArray

6. 在 Java 中，包装类是为了可以将（ ）。

A. 引用数据类型的值包装为基本数据类型的对象

B. 基本数据类型的值包装为引用数据类型的对象

C. 调用数据类型的值包装为被调用数据类型的对象

D. 被调用数据类型的值包装为调用数据类型的对象

实验 3 | 面向对象方法

实验 3.1　构造类与对象

【实验目标】

（1）学习面向对象方法，熟悉 OOP 基础知识。

（2）掌握类与对象的概念及其构造方法。

（3）熟练应用 this 和 static 关键字。

【知识准备】面向对象方法基础

面向对象程序设计（Object Oriented Programming，OOP）是当今主流的程序设计方法，是一种对现实世界理解和抽象的计算机软件编程技术。作为最简单的工程思想，面向对象思想也最接近人类的思维习惯，其概念和应用已从程序设计和软件开发，扩展到数据库系统、交互式界面、应用结构、应用平台、分布式系统、网络管理结构、CAD 技术、人工智能等领域。

3.1.1　从面向过程到面向对象

源自 20 世纪 70 年代，以过程为基础建立的传统"结构化、过程化"程序设计开发技术，是通过设计一系列的过程（即算法）来求解问题。一旦确定了这些过程，就要考虑存储数据的方式，所以有"算法+数据结构=程序"的说法。在结构化程序设计中，算法第一位，数据结构第二位，这就明确地表述了程序员的工作方式：首先确定如何操作数据，然后决定如何组织数据，以便于数据操作。

对于一些规模较小的问题，将其分解为过程的开发方式是比较理想的，而面向对象则更加适用于解决规模较大的问题（见图 3–1）。

与过程化程序设计不同，在思维方式上，OOP 将数据放在第一位，然后再考虑操作数据的算法。面向对象程序由对象组成，每个对象包含对用户公开的特定功能部分和隐藏的实现部分。程序中的很多对象来自标准库，还有一些是自定义的。在程序设计中，究竟是自己构造对象还是从外界获取对象，完全取决于开发项目的预算和时间。但是，从根本上说，只要对象能够满足需求，就不必关心其功能的具体实现过程。

现实生活中存在各种形态不同的事物，它们之间存在各种各样的联系。在程序中使用对象映射现实中的事物，使用对象的关系描述事物之间的联系，这种思想就是面向对象。

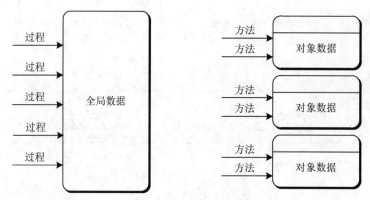

图 3-1   面向过程与面向对象的程序设计对比

3.1.2   类与对象

面向对象的编程思想是让程序代码中对事物的描述和在现实中事物的形态相关联。为了实现这些联系，在面向对象思想中提出了两个概念，即类（class）和对象（object）。其中，类是一组具有共同特征和行为的对象的抽象描述，是构造对象的模板或蓝图；而对象是表示该类事物的具体个体。由类构造（construct）对象的过程称为创建类的实例（instance）。

例如，汽车的设计图纸就相当于一个类，每辆汽车就相当于这个设计图纸所实现的一个对象。因为汽车本身属于一种广义的概念，并不能代表具体的东西，所以，从汽车类到具体的某辆汽车便可以看出类用于多个对象的共同特征，它是对象的模板；而对象是用于描述现实中的某个个体，它是类的实例。

Java 是一种面向对象编程语言，它视"万物皆为对象"。用 Java 编写的所有代码都位于某个类的内部。标准的 Java 库提供了几千个类，可以用于用户界面设计、日期、日历和网络程序设计。尽管如此，还是需要在 Java 程序中创建一些自己的类，以便描述应用程序所对应的问题域中的对象。

1. 面向对象的特征

面向对象的特征可以概括为封装性、继承性和多态性。

（1）封装性是面向对象的核心思想，是指将对象的属性和行为封装起来，不让外界知道内部是如何实现的细节。例如，使用电视机的用户不需要了解电视机内部复杂工作的具体细节，他们只需要知道开关、选台、调台等设置与操作就可以了。

（2）继承性是描述类与类之间的关系，在已有类的基础上扩展出新的类。例如，有一个火车类，它描述了火车的特性和功能，而高铁类中不仅应该包含火车的特性和功能，还应该增加高铁所特有的功能，这时，可以让高铁类继承火车类，在高铁类中单独添加高铁特有的方法。继承不仅增强了代码的复用性，提高开发效率，同时还为后期的代码维护提供了便利。

（3）多态性是指对象在不同情况下具有不同的表现能力。在一个类中定义的属性和方法被其他的类继承后，它们可以表现出不同的行为，使同一个属性和方法在不同的类中具有不同的意义。

2. 类的定义

传统的过程化程序设计必须从顶部的主函数开始编写程序（即自顶向下）。在面向对象程序设计时没有所谓的"顶部"，这对于学习 OOP 的初学者来说常常会感觉无从下手。正确的方法是：首先从设计类开始，然后再往每个类中添加方法。

识别类的简单规则是在分析问题的过程中寻找名词，例如订单处理系统中的商品（Item）、订单（Order）、送货地址（Shipping address）、账户（Account）等；而方法对应着动词。商品被添加到订单中，订单被发送或取消，订单货款被支付。对于每一个动词如"添加"、"发送"、"取消"以及"支付"，都要标识出主要负责完成相应动作的对象。例如，当一个新的商品添加到订单中时，那个订单对象就是被指定的对象，因为它知道如何存储商品以及如何对商品进行排序。也就是说，add 应该是 Order 类的一个方法，而 Item 对象是一个参数。

在类之间，最常见的关系有依赖（uses-a）、聚合（has-a）和继承（is-a）。

依赖（dependence），即 uses-a 关系，是一种最明显的、最常见的关系。例如，Order 类使用 Account 类是因为 Order 对象需要访问 Account 对象查看信用状态。但是 Item 类不依赖于 Account 类，这是因为 Item 对象与客户账户无关。因此，如果一个类的方法操纵另一个类的对象，我们就说一个类依赖于另一个类。

应该尽可能地将相互依赖的类减至最少。如果类 A 不知道 B 的存在，它就不会关心 B 的任何改变（这意味着 B 的改变不会导致 A 产生任何 bug）。用软件工程的术语来说，就是让类之间的耦合度最小。

聚合（aggregation），即 has-a 关系，是一种具体且易于理解的关系。例如，一个 Order 对象包含一些 Item 对象。聚合关系意味着类 A 的对象包含类 B 的对象。

继承（inheritance），即 is-a 关系，是一种用于表示特殊与一般关系的。例如，RushOrder 类由 Order 类继承而来。在具有特殊性的 RushOrder 类中包含了一些用于优先处理的特殊方法，以及一个计算运费的不同方法。而其他方法，如添加商品、生成账单等都是从 Order 类继承来的。一般而言，如果类 B 扩展自类 A，类 B 不但包含从类 A 继承来的方法，还会拥有一些额外的功能。

为了在程序中创建对象，首先需要定义一个类。类是通过 class 关键字定义的，类中可以定义成员变量和成员方法，其中成员变量用于描述对象的特征（也称为属性），成员方法用于描述对象的行为（也称方法）。

例如，假设要在程序中描述汽车的相关信息，可以先设计一个汽车类 Car，在这个类中定义两个属性 color 和 num，分别表示汽车的颜色和轮胎数量，定义一个方法 run() 表示汽车跑的行为。

程序文件 3-1　在 Eclipse 开发平台上创建一个项目，然后在该项目下创建一个 example01 包，在该包下创建一个 Car 类。

```
1    package example01;
2
3    public class Car
4    {
5        String color;
6        int num;
7        public void run()
8        {
9            // 方法中打印属性 color 和 num 的值
10           System.out.println("这辆车的颜色是"+color+"，轮胎数量是"+num);
11       }
12   }
```

程序分析：

其中，Car 是类名，color 和 num 是成员变量，run( )是成员方法。在成员方法 run( )中可以直接访问成员变量 color 和 num。

3. 对象的创建

使用 OOP，要清楚对象的三个主要特性：

- 对象的行为（behavior）——可以对对象施加哪些方法？
- 对象的状态（state）——当施加那些方法时，对象如何响应？
- 对象标识（identity）——如何辨别具有相同行为与状态的不同对象？

要想使用对象，就必须先构造对象，并指定其初始状态，然后对对象应用方法。同一个类的所有对象实例，由于支持相同的行为而具有相似性。对象的行为是用可调用的方法定义的。此外，每个对象都保存着描述当前特征的信息，即对象的状态。对象状态的改变必须通过调用方法实现（否则说明其封装性遭到了破坏）。

但是，对象的状态并不能完全描述一个对象。每个对象都有一个唯一的身份（identity）。例如，在一个订单处理系统中，任何两个订单都存在着不同之处，即使所订购的货物完全相同也是如此。需要注意，作为一个类的实例，每个对象的标识是不同的，状态常常也存在差异。

对象的这些关键特性在彼此之间相互影响着。例如，对象的状态影响它的行为，如果一个订单"已送货"或"已付款"，就应该拒绝调用具有增删订单中条目的方法。反过来，如果订单是"空的"，即还没有加入预订的物品，这个订单就不应该进入"已送货"状态。

定义类之后需要创建对象，通过对象的引用来访问类中的成员。Java 中通过 new 关键字来创建对象，具体格式如下：

```
类名 对象名=new 类名();
```

例如，创建 Car 类的实例对象代码如下：

```
Car c=new Car();
```

上述代码通过 new 关键字创建了一个 Car 的实例对象，Car c 则声明了一个 Car 类型的变量 c，中间的等号用于将 Car 对象在内存中的地址赋值给变量 c，这样变量 c 便持有了对对象的引用。在创建 Car 对象后，便可以通过"对象的引用.对象成员"的方式访问该对象中的所有成员。

程序文件 3-2 创建一个类来访问对象的成员。

```
1   class Example3_2
2   {
3       public static void main(String[] args)
4       {
5           Car c1=new Car();            // 创建第一个 Car 对象
6           Car c2=new Car();            // 创建第二个 Car 对象
7           c1.color="red";              // 为 color 属性赋值
8           c1.num=4;
9           c1.run();                    // 调用对象的方法
10          c2.run();
11      }
12  }
```

请记录：上面代码的运行结果为

程序分析：

从运行结果中可以看出，c2 对象的 color 属性也是有值的，默认为 null。这是因为在实例化对象时，JVM（Java 虚拟机）会自动对成员变量进行初始化，针对不同数据类型的成员变量，JVM 会赋予不同的默认值，如 long 类型默认初始值为 0L，boolean 默认初始值为 false 等。

实验确认：□ 学生 □ 教师

3.1.3　类的封装

封装（encapsulation，有时称为数据隐藏）是与对象有关的一个重要概念。从形式上看，封装不过是将数据和行为组合在一个包中，并对对象的使用者隐藏了数据的实现方式。对象中的数据称为实例域（instance field），操纵数据的过程称为方法（method）。对于每个特定的类实例（对象）都有一组特定的实例域值。这些值的集合就是这个对象的当前状态（state）。无论何时，只要向对象发送一个消息，它的状态就有可能发生改变。

类的封装是指在定义一个类时将类中的属性进行私有化，即使用 private 关键字进行修饰，私有化的属性只能在当前类中被访问，如果外界想要访问私有属性，需要提供一些 public 修饰的公共方法，其中包括用于获取属性值的 getter 方法和设置属性值的 setter 方法。

实现封装的关键在于绝不能让类中的方法直接地访问其他类的实例域，程序仅通过对象的方法与对象数据进行交互。封装给对象赋予了"黑盒"特征，这是提高重用性和可靠性的关键。这意味着一个类可以全面地改变存储数据的方式，只要仍旧使用同样的方法操作数据，其他对象就不会知道或介意所发生的变化。

程序文件 3-3　创建一个 example02 包（一个包内不能出现同名类，需要新建一个包），在该包下创建一个 Car 类，实现类的封装。

```
1   package example02;
2
3   public class Car
4   {
5       private String color;              // 将 color 属性私有化
6       private int num;                   // 将 num 属性私有化
7
8       // 下面是公有的 getter 和 setter 方法
9       public String getColor()
10      {
11          return color;
12      }
13      public void setColor(String color)
14      {
15          this.color=color;              // this.color 访问的是成员变量
16      }
17      public int getNum()
18      {
19          return num;
20      }
21      public void setNum(int carNum)
22      {
```

```
23              // 对传入的参数进行检查
24              if(carNum!=4)
25              {
26                  System.out.println("输入的轮胎数量不正确！");
27              }
28              else
29              {
30                  num=carNum;                          // 给属性赋值
31              }
32          }
33      public void run()
34          {
35              System.out.println("这辆车的颜色是"+color+"，轮胎数量是"+num);
36          }
37  }
```

程序分析：

在程序中，Car 类定义了两个私有化的成员变量 color 和 num，并为这两个属性提供了公共的 getter 和 setter 方法，其中 getColor( )和 getNum( )方法用于获取属性的值，而 setColor( )和 setNum( ) 方法用于设置属性的值。

程序文件 3-4　创建一个测试类，在该类中创建一个 Car 对象，然后调用 setNum( )、setColor( ) 及 run( )方法。

```
1   package example02;
2
3   public class Example3_4
4   {
5       public static void main(String[] args)
6       {
7           Car c=new Car();
8           c.setNum(-1);
9           c.setColor("red");
10          c.run();
11      }
12  }
```

请记录：上面代码的运行结果为

_____

_____

程序分析：

从运行结果中可以看出，在 setNum( )方法中对参数 carNum 进行校验，由于-1 不符合规则， 因此在控制台输出为"输入的轮胎数量不正确！"，num 属性没有被赋值，仍为初始值 0。

实验确认：□ 学生□ 教师

3.1.4　使用预定义类

在 Java 中，没有类就无法做任何事情。然而，并不是所有的类都具有面向对象特征，例如 Math 类。在程序中，可以使用 Math 类的方法，如 Math.random，并只需要知道方法名和参数（如

果有), 而不必了解它的具体实现过程, 这正是封装的关键所在, 当然所有类都是这样。但是 Math
类只封装了功能, 它不需要也不必隐藏数据。由于没有数据, 因此也不必担心生成对象以及初始
化实例域。

下面这个程序将显示当前月的日历, 其格式为:

```
Mon Tue Wed Thu Fri Sat Sun
                      1*   2
  3   4   5   6   7   8   9
 10  11  12  13  14  15  16
 17  18  19  20  21  22  23
 24  25  26  27  28  29  30
```

当前的日期用一个 * 号标记。可以看到, 这个程序需要解决如何计算某月份的天数以及一
个给定日期相应是星期几。

程序文件 3-5   一个应用 LocalDate 类的程序, 显示当前月的日历。

```
1   import java.time.*;
2
3   /**
4    * 应用 LocalDate 类显示当前月的日历
5    */
6   public class CalendarTest
7   {
8      public static void main(String[] args)
9      {
10        LocalDate date=LocalDate.now();
11        int month=date.getMonthValue();
12        int today=date.getDayOfMonth();
13
14        date=date.minusDays(today-1);          // 设置为月初
15        DayOfWeek weekday=date.getDayOfWeek();
16        int value=weekday.getValue();          // 1=Monday, …,7=Sunday
17
18        System.out.println("Mon Tue Wed Thu Fri Sat Sun");
19        for(int i=1; i<value; i++)
20           System.out.print("    ");
21        while(date.getMonthValue()==month)
22        {
23           System.out.printf("%3d", date.getDayOfMonth());
24           if(date.getDayOfMonth()==today)
25              System.out.print("*");
26           else
27              System.out.print(" ");
28           date=date.plusDays(1);
29           if(date.getDayOfWeek().getValue()==1) System.out.println();
30        }
31        if(date.getDayOfWeek().getValue()==1) System.out.println();
32     }
33  }
```

请记录: 上面代码的运行结果为

程序分析：

下面看一下这个程序的关键步骤。

首先，构造了一个日历对象，并用当前的日期和时间进行初始化（第 10 行语句），获得当前的月和日（第 11～12 行语句）。然后，将 date 设置为这个月的第一天，并得到这一天为星期几（第 14～16 行语句）。

变量 weekday 设置为 DayOfWeek 类型的对象。我们调用这个对象的 getValue( )方法来得到星期几的一个数值。这会得到一个整数，这里遵循国际惯例，即周末是一周的末尾，星期一就返回 1，星期二返回 2，依此类推。星期日则返回 7。

日历的第一行是缩进的，使得月份的第一天指向相应的星期几。第 18～20 行代码会打印表头和第一行的缩进。

接下来打印日历的主体。进入一个循环，其中 date 遍历一个月中的每一天。

每次迭代时，打印日期值。如果 date 是当前日期，这个日期则用一个*标记。接下来，把 date 推进到下一天。如果到达新的一周的第一天，则换行打印（第 21～30 行语句）。什么时候结束呢？是 31 天、30 天、29 天还是 28 天？实际上，只要 date 还在当月就要继续迭代。

可以看到，利用 LocalDate 类可以编写一个日历程序，能处理星期几以及各月天数不同等复杂问题。你并不需要知道 LocalDate 类是如何计算月和星期几，只需要使用这个类的接口，如 plusDays( )和 getDayOfWeek( )等方法。

这个示例程序的重点是展示如何使用一个类的接口来完成相当复杂的实验，而无须了解实现细节。

试一试：修改程序文件 3-5，使其能够输出一份包括全年的日历。

实验确认：□ 学生□ 教师

3.1.5　用户自定义类

前面我们编写了一些简单的类，这些类都只包含一个简单的 main( )方法。现在我们来学习设计复杂应用程序所需要的各种主力类（workhorse class）。通常，这些类没有 main( )方法，却有自己的实例域和实例方法。

1. 若干类的组合

要想创建一个完整的程序，应该将若干类组合在一起，其中只有一个类有 main( )方法。

下面来看一个简单的用于薪金管理软件的 Employee（雇员）类（第 28～65 行语句）。

程序文件 3-6　显示一个 Employee 类的实际使用。

```
1   import java.time.*;
2
3   /**
4    * 该程序测试 Employee 类
5    */
6   public class EmployeeTest
7   {
8       public static void main(String[] args)
9       {
```

```
10          // 使用三个 Employee 对象填充 staff 数组
11          Employee[] staff=new Employee[3];
12
13          staff[0]=new Employee("Carl Cracker", 75000, 1987, 12, 15);
14          staff[1]=new Employee("Harry Hacker", 50000, 1989, 10, 1);
15          staff[2]=new Employee("Tony Tester", 40000, 1990, 3, 15);
16
17          // 每个人的工资提高 5%
18          for(Employee e : staff)
19              e.raiseSalary(5);
20
21          // 打印出有关所有 Employee 对象的信息
22          for(Employee e : staff)
23              System.out.println("name="+e.getName()+", salary="+
24                  e.getSalary()+", hireDay="+e.getHireDay());
25      }
26 }
27
28 class Employee
29 {
30      // 实例字段
31      private String name;
32      private double salary;
33      private LocalDate hireDay;
34
35      // 构造方法
36      public Employee(String n, double s, int year, int month, int day)
37      {
38          name=n;
39          salary=s;
40          hireDay=LocalDate.of(year, month, day);
41      }
42
43      // 一个方法
44      public String getName()
45      {
46          return name;
47      }
48
49      // 更多的方法
50      public double getSalary()
51      {
52          return salary;
53      }
54
55      public LocalDate getHireDay()
56      {
57          return hireDay;
58      }
59
```

```
60      public void raiseSalary(double byPercent)
61      {
62          double raise=salary*byPercent/100;
63          salary+=raise;
64      }
65  }
```

请记录：上面代码的运行结果为

_____

_____

_____

程序分析：

在这个示例程序中包含两个类：Employee 类和带有 public 访问修饰符的 EmployeeTest 类。EmployeeTest 类包含了 main( )方法。

源文件名是 EmployeeTest.java，这是因为文件名必须与 public 类的名字相匹配。在一个源文件中，只能有一个公有类，但可以有任意数目的非公有类。

将 Employee 类的实现细节分成几个部分：程序中构造了一个 Employee 数组，并填入了三个雇员对象（第 10～15 行语句）；接下来，利用 Employee 类的 raiseSalary( )方法将每个雇员的薪水提高 5%（第 17～19 行语句）；最后，调用方法 getName( )、getSalary( )和 getHireDay( )将每个雇员的信息打印出来（第 21～24 行语句）。

当编译这段源代码的时候，编译器将在目录下创建两个类文件：EmployeeTest.class 和 Employee.class。

将程序中包含 main( )方法的类名提供给字节码解释器，以便启动这个程序。

实验确认：□ 学生 □ 教师

2. 多个源文件的使用

许多程序员习惯于将每一个类放在一个单独的源文件中，例如，将 Employee 类放在文件 Employee.java 中，将 EmployeeTest 类放在文件 EmployeeTest.java 中。如果这样组织文件，可以有两种编译源程序的方法。一种是使用通配符调用 Java 编译器：

```
javac Employee*.java
```

于是，所有与通配符匹配的源文件都将被编译成类文件。或者，输入下列命令：

```
javac EmployeeTest.java
```

使用第二种方式并没有显式地要求编译 Employee.java，然而当 Java 编译器发现 EmployeeTest.java 使用了 Employee 类时会查找名为 Employee.class 文件。如果没有找到这个文件，就会自动搜索 Employee.java，然后，对它进行编译。更重要的是，如果 Employee.java 版本较已有的 Employee.class 文件版本要新，则 Java 编译器会自动重新编译这个文件。

3.1.6 构造方法

在为实例化对象赋值时，不仅可以通过 setter 方法完成，还可以通过构造方法（又称构造器）完成。构造方法是类的一个特殊成员，它会在类实例化对象时被自动调用，用来构造并初始化对象。在定义构造方法时，必须同时满足以下三个条件。

（1）方法的名称和类名必须相同。

（2）在方法名称前没有返回值类型的声明。

（3）在方法体中不可以使用 return 语句返回值，但允许单独写 return 语句作为方法的结束。

例如，在标准 Java 库中包含一个 Date 类，它的对象将描述一个时间点，例如，"December 31, 1999, 23:59:59 GMT"。Date 类的构造器名为 Date。要想构造一个 Date 对象，需要在构造器前面加上 new 操作符：

```
new Date()
```

这个表达式构造了一个新对象。这个对象被初始化为当前的日期和时间。

如果需要，也可以将这个对象传递给一个方法：

```
System.out.println(new Date());
```

或者，也可以将一个方法应用于刚刚创建的对象。Date 类中有一个 toString( )方法。这个方法将返回日期的字符串描述。下面的语句可以说明如何将 toString( )方法应用于新构造的 Date 对象上。

```
String s=new Date().toString();
```

在这两个例子中，构造的对象仅使用了一次。通常，希望构造的对象可以多次使用，因此，需要将对象存放在一个变量中：

```
Date birthday=new Date();
```

在对象与对象变量之间存在着一个重要的区别。例如，语句

```
Date deadline;                          // 截止日期不涉及任何对象
```

定义了一个对象变量 deadline，它可以引用 Date 类型的对象。但是，一定要认识到，变量 deadline 不是一个对象，实际上也没有引用对象。此时，不能将任何 Date 方法应用于这个变量上。语句

```
s=deadline.toString();
```

将产生编译错误。

必须首先初始化变量 deadline，这里有两个选择。当然，可以用新构造的对象初始化这个变量：

```
deadline=new Date();
```

也让这个变量引用一个已存在的对象：

```
deadline=birthday;
```

现在，这两个变量引用同一个对象。

一定要认识到，一个对象变量并没有实际包含一个对象，而仅仅引用一个对象。

在 Java 中，任何对象变量的值都是对存储在另外一个地方的一个对象的引用。new 操作符的返回值也是一个引用。下列语句：

```
Date deadline=new Date();
```

有两个部分。表达式 new Date( )构造了一个 Date 类型的对象，并且它的值是对新创建对象的引用，这个引用存储在变量 deadline 中。

可以显式地将对象变量设置为 null，表明这个对象变量目前没有引用任何对象。

```
deadline=null;
...
if(deadline != null)
    System.out.println(deadline);
```

如果将一个方法应用于一个值为 null 的对象上，那么就会产生运行时错误。

```
Birthday=null;
String s=birthday.toString();          // 运行时错误
```

局部变量不会自动地初始化为 null，而必须通过调用 new 或将它们设置为 null 进行初始化。

程序文件 3-7 演示如何在类中定义构造方法。

```
1   package example03;
2
3   public class Car
4   {
5       // 下面是类的构造方法
6       public Car()
7       {
8           System.out.println("无参数的构造方法执行了……");
9       }
10  }
```

在程序中，Car 类只定义了一个无参数的构造方法，用于对象的初始化。

程序文件 3-8   创建一个测试类，其中调用了无参数构造方法。

```
1   package example03;
2
3   public class Example3_8
4   {
5       public static void main(String[] args)
6       {
7           Car c=new Car();                    // 实例化 Car 对象
8       }
9   }
```

请记录：上面代码的运行结果为_____

程序分析：

从运行结果中可以看出，Car 类的无参数构造方法被执行，这是因为在实例化对象时会自动调用该类的构造方法。

实验确认：□ 学生 □ 教师

程序文件 3-9   在类中还可以定义有参数的构造方法，并通过参数对属性赋值。

```
1   package example04;
2
3   public class Car
4   {
5       String color;
6       // 定义有参数的构造方法
7       public Car(String c)
8       {
9           color=c;                            // 为 color 属性赋值
10      }
11      public void run()
12      {
13          System.out.println("这辆车的颜色是"+color);
14      }
15  }
```

程序分析：

在程序中定义了一个成员变量和一个有参数的构造方法，该方法执行时，会自动为其成员变量进行赋值。

程序文件 3-10   创建一个测试类，在其中调用有参数构造方法。

```
1    package example04;
2
3    public class Example3_10
4    {
5        public static void main(String[] args)
6        {
7            Car c=new Car("red");                    // 实例化 Car 对象
8            c.run();
9        }
10   }
```

请记录：上面代码的运行结果为＿＿＿＿＿＿＿＿＿＿＿＿＿＿＿＿＿＿＿＿＿＿＿＿＿＿

程序分析：

从运行结果中可以看出，Car 对象在调用 run( )方法时，其 color 属性已经被赋值为 red。

实验确认：□ 学生□ 教师

构造方法与普通方法一样也可以实现重载，由于构造方法的方法名与类名相同，因此只要每个构造方法的参数类型和参数个数不同，即可实现构造方法的重载。

程序文件 3-11 在创建实例对象时，可以通过调用不同的构造方法为不同的属性进行赋值。

```
1    package example05;
2
3    public class Car
4    {
5        String color;
6        int num;
7        // 定义两个参数的构造方法
8        public Car(String c_color, int c_num)
9        {
10           color=c_color;                   // 为 color 属性赋值
11           num=c_num;                       // 为 num 属性赋值
12       }
13       // 定义一个参数的构造方法
14       public Car(String c_color)
15       {
16           color=c_color;                   // 为 color 属性赋值
17       }
18       public void run()
19       {
20           // 打印 color 和 run 的值
21           System.out.println("这辆车的颜色是"+color+"，轮胎数量是"+num);
22       }
23   }
```

程序分析：

在程序中定义了两个重载的构造方法，在创建对象时，根据传入参数的不同，分别调用不同的构造方法。

程序文件 3-12 创建一个测试类，在其中分别调用两个构造方法。

```
1    package example05;
2
3    public class Example3_12
```

```
4   {
5       public static void main(String[] args)
6       {
7           // 分别创建两个对象 c1 和 c2
8           Car c1=new Car("red");
9           Car c2=new Car("black", 4);
10          // 通过对象 c1 和 c2 调用 run()方法
11          c1.run();
12          c2.run();
13      }
14  }
```

请记录：上面代码的运行结果为

_____

_____

程序分析：

从运行结果中可以看出，两个构造方法对属性赋值的情况是不一样的，其中一个参数的构造方法只针对 color 属性进行赋值，这时 num 属性的值为默认值 0。

实验确认：□ 学生□ 教师

3.1.7   this 关键字

在前面的例子中，成员变量使用的是 num，构造方法使用的是 c_num，这样类似的变量一旦增多，则可读性会变得很差，这时需要在一个类中使用统一的变量名称。为了解决这样的问题，Java 提供了一个 this 关键字表示当前对象，可以在方法中调用其他成员。

下面介绍一下 this 关键字在程序中的三种常见用法。

（1）通过 this 关键字明确访问一个类的成员变量，解决与局部变量名称相同的问题。例如：

```
1   public class Car
2   {
3       String color;
4       public Car(String color)
5       {
6           this.color=color;
7       }
8       public int getColor()
9       {
10          return this.color;
11      }
12  }
```

程序分析：

在上面的代码中，构造方法的参数被定义为 color，它是一个局部变量，在类中还定义了一个成员变量，名称也是 color。在构造方法中如果使用 color，则访问局部变量，但如果使用 this.color，则访问成员变量。

（2）通过 this 关键字调用成员方法，例如：

```
1   public class Car
2   {
3       public void show()
```

```
4      {
5      }
6      public void run()
7      {
8          this.show();
9      }
10  }
```

程序分析:

上面的 run( ) 方法中使用了 this 关键字调用 show( ) 方法。注意,此处的 this 关键字可以省略不写,也就是说在上面的代码中,写成 this.show( ) 和 show( ) 效果是完全一样的。

构造方法在实例化对象时被 JVM 自动调用,在程序中不能像调用其他方法一样调用构造方法,但可以在一个构造方法中使用 "this([参数 1, 参数 2...])" 的形式调用其他构造方法。

程序文件 3-13　定义两个重载的构造方法。

```
1   package example06;
2
3   public class Car
4   {
5      public Car()
6      {
7          System.out.println("无参数的构造方法执行了…");
8      }
9      public Car(String color)
10     {
11         this();                          // 调用无参数的构造方法
12         System.out.println("有参数的构造方法执行了…");
13     }
14  }
```

程序分析:

程序的第 11 行代码调用了 this( ),此方法会调用无参数的构造方法。

程序文件 3-14　创建一个测试类,在其中调用有参数的构造方法。

```
1   package example06;
2
3   public class Example3_14
4   {
5      public static void main(String[] args)
6      {
7          Car c=new Car("red");             // 实例化 Car 对象
8      }
9   }
```

请记录: 上面代码的运行结果为

_____

_____

程序分析:

从运行结果中可以看出,先执行了无参数的构造方法,之后再执行有参数的构造方法。需要注意的是,使用 this 关键字调用其他构造方法只能出现在构造方法中,并且只能位于构造方法的第一行且只能出现一次。另外，不能在两个构造方法中使用 this 相互调用，否则会出现编译错误。

实验确认：□ 学生 □ 教师

3.1.8　static 关键字

如果使用一个类，会在产生实例化对象时分别在堆内存中分配空间，在堆内存中要保存对象中的属性，每个对象都有自己的属性，如果有些属性希望被所有对象共享，就必须使用 static 关键字修饰成员变量，该变量被称为静态变量，可以直接使用"类名.变量名"的形式调用。

程序文件 3-15　定义一个静态变量 carName，用于表示汽车所在的厂商，它被所有的实例所共享。

```
1   package example07;
2
3   public class Car
4   {
5       static String carName="大众";            // 定义静态变量 carName
6   }
```

程序文件 3-16　创建一个测试类，在其中分别通过 Car.carName 和 c2.carName 的方式调用静态变量。

```
1   package example07;
2
3   public class Example3_16
4   {
5       public static void main(String[] args)
6       {
7           Car c1=new Car();
8           Car.carName="大众";                   // 为静态变量赋值
9           System.out.println("这辆车的生产厂商是: "+Car.carName);
10          System.out.println("这辆车的生产厂商是: "+c1.carName);
11      }
12  }
```

请记录：上面代码的运行结果为

程序分析：

从运行结果中可以看出，Car.carName 和 c2.carName 是两种不同的访问方式，输出结果均为"大众"。

实验确认：□ 学生 □ 教师

注意：static 关键字只能用于修饰成员变量，不能用于修饰局部变量，否则编译会报错，例如下列代码就是非法的。

```
public class Car
{
    public void run()
    {
        static int number=4;                 // 这行代码是非法的，编译会报错
    }
}
```

1. 静态方法

通常要想调用某个方法，必须要创建一个对象，而实际上还有另外一种方法，可以不创建对象就能直接调用某个方法。这就是静态方法。静态方法与普通方法的区别是在该方法前面加一个 static 关键字。同静态变量一样，静态方法可以使用"类名.方法名"的方式访问，也可以通过类的实例对象访问。

程序文件 3-17 定义一个静态方法 run( )。

```
1   package example08;
2
3   public class Car
4   {
5       public static void run()
6       {
7           System.out.println("run() 方法执行了…");
8       }
9   }
```

程序文件 3-18 在创建的测试类中分别使用两种方式调用静态方法。

```
1   package example08;
2
3   public class Example3_18
4   {
5       public static void main(String[] args)
6       {
7           // 类名.方法的方式调用静态方法
8           Car.run();
9           // 实例化对象的方式调用静态方法
10          Car c=new Car();
11          c.run();
12      }
13  }
```

请记录： 上面代码的运行结果为

_____

_____

程序分析：

从运行结果中可以看出，两种不同的方式都可以调用静态方法，这说明通过实例化的对象同样可以调用静态方法。

注意： 在一个静态方法中只能访问用 static 修饰的成员，原因在于没有被 static 修饰的成员需要先创建对象才能访问，而静态方法在被调用时不需要创建任何对象。

实验确认：□ 学生 □ 教师

2. 静态代码块

在 Java 类中，使用一对花括号包围起来的若干行代码被称为"代码块"，用 static 关键字修饰的代码块称为静态代码块。当类被加载时，静态代码块会被执行，由于类只加载一次，所以静态代码块只会执行一次。在程序中，通常会使用静态代码块对类的成员变量进行初始化。

程序文件 3-19 当静态代码块被执行时，会为其静态变量赋值为 red 并输出结果。

```
1   package Example09;
2
3   public class Car
4   {
5       static String color;
6       // 下面是一个静态代码块
7       static
8       {
9           color="red";
10          System.out.println("这两车的颜色是"+color);
11      }
12  }
```

程序文件 3-20 在测试类中，main( )方法创建了两个 Car 的实例对象 c1 和 c2。

```
1   package example09;
2
3   public class Example3_20
4   {
5       public static void main(String[] args)
6       {
7           // 下面的代码创建了两个 Car 对象
8           Car c1=new Car();
9           Car c2=new Car();
10      }
11  }
```

请记录： 上面代码的运行结果为＿＿＿＿＿＿＿＿＿＿＿＿＿＿＿＿＿＿＿＿＿＿＿

程序分析：

从运行结果中可以看出，在两次创建对象的过程中，静态代码块中的内容只输出了一次，这说明静态代码块在类中只加载了一次。

实验确认：☐ 学生☐ 教师

3. 类设计技巧

下面我们简单介绍几点技巧。应用这些技巧可以使得设计出来的类具有 OOP 的专业水准。

（1）一定要保证数据私有。这是最重要的，绝对不要破坏封装性。很多经验告诉我们，当数据保持私有时，它们的表示形式的变化不会对类的使用者产生影响，即使出现 bug 也易于检测。

（2）一定要对数据初始化。不要依赖于系统的默认值，而是应该显式地初始化所有的数据，具体的初始化方式可以是提供默认值，也可以是在所有构造器中设置默认值。

（3）不要在类中使用过多的基本类型。就是说，用其他的类代替多个相关的基本类型的使用。这样会使类更加易于理解且易于修改。例如，用一个称为 Address 的新的类替换一个 Customer 类中以下的实例域：

```
private String street;
private String city;
private String state;
private int zip;
```

这样，可以很容易处理地址的变化，例如，需要增加对国际地址的处理。

（4）将职责过多的类进行分解。如果明显地可以将一个复杂的类分解成两个更为简单的类，就应该将其分解。但另一方面也不要走极端。

（5）类名和方法名要能够体现它们的职责。与变量应该有一个能够反映其含义的名字一样，类也应该如此（在标准类库中，也存在着一些含义不明确的例子，如 Date 类实际上是一个用于描述时间的类）。

【编程训练】了解面向对象程序设计

1. 实验目的

在开始本实验之前，请认真阅读课程的相关内容。

（1）熟悉面向对象程序设计的基本方法。

（2）掌握类与对象的概念及其构造方法。

（3）熟练应用 this 关键字，熟悉 static 关键字和静态方法。

2. 实验内容与步骤

请仔细阅读本实验中【知识准备】的内容，对其中的各个实例进行具体操作实现，从中体会 Java 程序设计，提高 Java 编程能力。

注意：完成每个实例操作后，请在对应的"实验确认"栏中打钩（√），并请实验指导老师指导并确认。

请问：你是否完成了上述各个实例的实验操作？如果不能顺利完成，请分析可能的原因是什么。

答：_____

_____

_____

_____

3. 实验总结

_____

_____

_____

_____

4. 实验评价（教师）

_____

_____

【作　业】

1. 面向对象（OO）是当前（　　　）的软件开发方法，是一种对现实世界理解和抽象的计算机软件编程技术。

　　A. 最为流行　　　　　　B. 唯一流行　　　　　　C. 很少使用　　　　　　D. 比较深奥

2. 现实生活中存在各种形态不同的（　　　），它们之间存在着各种各样的联系。在程序中使用（　　）映射现实中的（　　　），使用（　　）的关系描述（　　　）之间的联系，这种思想就是面向对象。

A. 对象，事物，对象，事物，对象

B. 物体，关联，物体，关联，物体

C. 事物，对象，事物，对象，事物

D. 关联，物体，关联，物体，关联

3. 面向对象有三个基本特征，但（   ）不是其中之一。

A. 封装性　　　　　　B. 继承性　　　　　　C. 多态性　　　　　　D. 连续性

4. 封装性是指将对象的（   ）包裹起来，不需要让外界知道内部是如何实现的细节。

A. 数据与结构　　　　B. 属性和行为　　　　C. 数据和属性　　　　D. 行为和结构

5. 继承性是指在已有（   ）的基础上扩展出新的（   ），它继承不仅增强了代码的复用性，提高了开发效率，同时还为后期的代码维护提供了便利。

A. 类，类　　　　　　B. 对象，对象　　　　C. 类，对象　　　　　D. 对象，类

6. 多态性是指（   ）在不同情况下具有不同的表现能力。在一个类中定义的属性和方法被其他的类继承后，它们可以表现出不同的行为，使同一个属性和方法在不同的类中具有不同的意义。

A. 数据　　　　　　　B. 对象　　　　　　　C. 方法　　　　　　　D. 属性

7. 在面向对象的思想中，（   ）是一组具有共同特征和行为的（   ）的抽象描述，而（   ）是表示该（   ）事物的具体个体。

A. 数据，方法，方法，数据　　　　　　　　B. 方法，数据，数据，方法

C. 对象，类，类，对象　　　　　　　　　　D. 类，对象，对象，类

8. 为了在程序中创建对象，首先需要定义一个类。类是通过（   ）关键字定义的。

A. lei　　　　　　　　B. Lei　　　　　　　　C. class　　　　　　　D. Class

9. Java 类中可以定义描述对象特征的（   ）和用于描述对象行为的（   ）。

A. 成员变量，成员方法　　　　　　　　　　B. 成员方法，成员变量

C. 成员数据，成员结构　　　　　　　　　　D. 成员结构，成员数据

10. 构造方法是类的一个（   ），它会在类实例化对象时被自动调用。

A. 数据成员　　　　　B. 特殊成员　　　　　C. 普通成员　　　　　D. 唯一成员

实验 3.2　熟悉继承与多态

【实验目标】

（1）熟悉面向对象方法中继承与多态的概念。

（2）掌握继承与多态的程序设计方法。

（3）熟悉 Java 面向对象程序设计方法。

【知识准备】继承与多态

OOP 的另一个原则会让用户自定义 Java 类变得轻而易举，这就是：可以通过扩展一个类来建立另外一个新的类。产生的新类被称为子类，现有类被称为父类，子类会自动拥有父类的属性和方法。事实上，在 Java 中，所有的类都源自于一个"神通广大的超类"，它就是 Object。

在扩展一个已有的类时，这个扩展后的新类具有所扩展的类的全部属性和方法。在新类中，只需提供适用于这个新类的新方法和数据域就可以了。通过扩展一个类来建立另外一个类的过程

称为继承（inheritance）。而类的多态是指在同一个方法中，由于参数类型的不同而出现执行效果各异的现象。

3.2.1　包的定义与使用

前面提到过，为了便于对硬盘上的文件进行管理，Java 引入了包（package）的机制，程序可以通过声明包的方式对 Java 类定义目录。

1. 包的定义

Java 中的包是专门用于存放类的，通常功能相同的类存放在相同的包中。借助于包可以方便地组织自己的代码，并将自己的代码与别人提供的代码库分开管理。

在声明包时，使用 package 语句，例如：

```
package com.anfang.example;                // 使用 package 关键字声明包
public class Example{…}
```

在实际程序开发过程中，定义的类都是含有包名的，如果没有在源文件中特别声明 package 语句，则创建的类会处于默认包（default package）下，默认包是一个没有名字的包。但是，这种情况在实际开发中不应该出现。

在 JDK 中，标准的 Java 类库分布在多个包中，包括 java.lang、java.util、java.io 和 java.net 等。Java 的核心类主要放在 java 包及其子包下，Java 扩展的大部分类都放在 javax 包及其子包下。标准的 Java 包具有一个层次结构。如同硬盘的目录嵌套一样，也可以使用嵌套层次组织包。

2. 确保类名的唯一性

使用包的主要原因是确保类名的唯一性。假如两个程序员不约而同地建立了 Employee 类，只要将这些类放置在不同的包中，就不会产生冲突。为了保证包名的绝对唯一性，一个有用的建议是将公司的因特网域名（这显然是独一无二的）以逆序的形式作为包名，并且对于不同的项目使用不同的子包。例如，域名 anfang.edu.cn 的逆序形式为 cn.edu.anfang。这个包还可以被进一步地划分成子包，如 cn.edu.anfang.corejava。

从编译器的角度来看，嵌套的包之间没有任何关系。例如，java.util 包与 java.util.jar 包毫无关系，每一个都拥有独立的类集合。

3. 类的导入

一个项目可能会使用很多包，一个类可以使用所属包中的所有类以及其他包中的公有类（public class）。当一个包中的类需要调用另一个包中的类时，就需要使用 import 关键字引入所需要的类，可以在程序中一次导入某个指定包下的类。使用 import 关键字的格式是：

```
import 包名.类名;
```

可以采用两种方式访问另一个包中的公有类。第一种方式是在每个类名之前添加完整的包名。例如：

```
java.time.LocalDate today=java.time.LocalDate.now();
```

更简单且更常用的方式是使用 import 语句。一旦使用了 import 语句，在使用类时，就不必写出包的全名了。

import 通常出现在 package 语句之后，类定义之前。如果需要用到一个包中的许多类，则可以使用"import 包名.*;"导入该包下的所有类或者导入一个特定的类。例如，可以使用下面这条语句导入 java.util 包中所有的类。

```
import java.util.*;
```

还可以导入一个包中的特定类:

```
import java.time.LocalDate;
```

需要注意的是,只能使用星号(*)导入一个包,而不能使用 import java.* 或 import java.*.* 导入以 java 为前缀的所有包。

4. 静态导入

import 语句增加了导入静态方法和静态域的功能。例如,如果在源文件的顶部,添加一条指令:

```
import static java.lang.System.*;
```

就可以使用 System 类的静态方法和静态域,而不必加类名前缀:

```
out.println("Goodbye, World!");          // 即 System.out
exit(0);                                 // 即 System.exit
```

另外,还可以导入特定的方法或域:

```
import static java.lang.System.out;
```

5. 将类放入包中

要想将一个类放入包中,就必须将包的名字放在源文件的开头,包中定义类的代码之前。例如,程序中的 Employee.java 开头是这样的:

```
package cn.edu.anfang.corejava;
public class Employee
{
    ...
}
```

将包中的文件放到与完整的包名匹配的子目录中。例如,cn.edu.anfang.corejava 包中的所有源文件应该被放置在 Windows 子目录 cn\edu\anfang\corejava 中。编译器将类文件也放在相同的目录结构中。

两个程序分放在两个包中:PackageTest 类放置在默认包中;Employee 类放置在 cn.edu.anfang.corejava 包中。因此,Employee.java 文件必须包含在子目录 cn\edu\anfang\corejava 中(见图 3-2)。

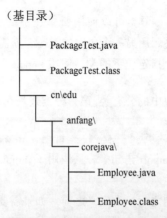

图 3-2　程序文件 3-20 的存储结构

要想编译这个程序，只需改变基目录并运行命令

```
javac PackageTest.java
```

编译器就会自动地查找文件 cn\edu\anfang\corejava\Employee.java 并进行编译。

程序文件 3-21　与程序文件 3-22 配合，演示包的使用。

```
1    import cn.edu.anfang.corejava.*;
2    // Employee 类在该包中定义
3
4    import static java.lang.System.*;
5
6    /**
7     * 这个程序演示了包的使用
8     */
9    public class PackageTest
10   {
11      public static void main(String[] args)
12      {
13         // 由于导入语句，我们不必在这里使用 cn.edu.anfang.corejava.Employee
14         Employee harry= new Employee("Harry Hacker", 50000, 1989, 10, 1);
15
16         harry.raiseSalary(5);
17
18         // 由于静态导入语句，我们不必在此处使用 system.out
19         out.println("name="+harry.getName()+
20            ", salary="+harry.getSalary());
21      }
22   }
```

程序文件 3-22　与程序文件 3-21 配合，演示包的使用。

```
1    package cn.edu.anfang.corejava;
2
3    /**
4     * import 语句位于 Package 语句之后
5     * 此文件中的类是包内容的一部分
6     */
7    import java.time.*;
8
9    public class Employee
10   {
11      private String name;
12      private double salary;
13      private LocalDate hireDay;
14
15      public Employee(String name, double salary, int year, int month, int day)
16      {
17         this.name=name;
18         this.salary=salary;
19         hireDay=LocalDate.of(year, month, day);
20      }
21
22      public String getName()
```

```
23      {
24          return name;
25      }
26
27      public double getSalary()
28      {
29          return salary;
30      }
31
32      public LocalDate getHireDay()
33      {
34          return hireDay;
35      }
36
37      public void raiseSalary(double byPercent)
38      {
39          double raise=salary*byPercent/100;
40          salary+=raise;
41      }
42  }
```

请记录： 上面代码的运行结果为

实验确认： □ 学生 □ 教师

下面看一个更加实际的例子（见图 3-3）。在这里不使用默认包，而是将类分别放在不同的包中（cn.edu.anfang.corejava 和 cn.edu.mycompany）。

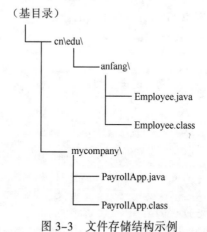

图 3-3　文件存储结构示例

在这种情况下，仍然要从基目录编译和运行类，即包含 cn\edu\目录：

```
javac cn\edu\anfang\PayrollApp.java
java cn.edu.anfang.PayrollApp
```

需要注意，编译器对文件（带有文件分隔符和扩展名 java 的文件）进行操作，而 Java 解释器加载类（带有 .分隔符）。

编译器在编译源文件的时候不检查目录结构。例如，假定有一个源文件开头有下列语句：

```
package com.mycompany;
```

即使这个源文件没有在子目录 com/mycompany 下，也可以进行编译。如果它不依赖于其他包，就不会出现编译错误。但是，最终的程序将无法运行，除非先将所有类文件移到正确的位置上。如果包与目录不匹配，虚拟机就找不到类。

3.2.2　类的继承

例如，定义一个 Animal 类作为父类，该类拥有一个 call( ) 方法，当子类 Cow 和 Sheep 继承自 Animal 类时，就会自动拥有 call( ) 方法。图 3-4 描述了类的继承关系。

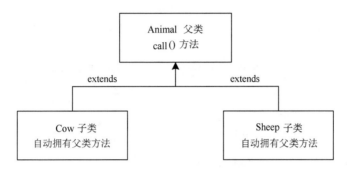

图 3-4　Animal 类的继承关系图

在程序代码中，如果想定义一个类继承另一个类，需要使用 extends 关键字。如果一个类没有使用 extends 关键字明确标识继承另一个类，那么这个类就是默认继承 Object 类，所有其他的类都继承自 Object 类，Object 类中的方法适用于所有子类，其类中常用的方法有 toString( ) 和 hashCode( ) 方法等。

注意：在类的继承中，需要注意以下几个问题。

（1）在 Java 中，类只支持单继承，不允许多重继承，也就是说一个类只能有一个直接父类。例如，Cow 类继承 Animal 类之后，就不允许继承其他类。

（2）多个类可以继承一个父类。例如，Cow 和 Sheep 类都可以继承 Animal 类。

（3）Java 中允许多层继承，即一个类的父类可以再继承其他的父类。例如，Zebra（斑马）类继承自 Horse（马）类，而 Horse 类又可以继承 Animal（动物）类，即"祖孙三代"。

在继承关系中，子类会继承父类中定义的方法，但子类也可以在父类的基础上拥有自己的特征，即对父类的方法进行重写。需要注意的是，在子类中重写的方法必须与父类被重写的方法具有相同的方法名、参数列表以及返回值类型。

下面通过案例演示如何实现子类重写父类的方法，步骤如下：

步骤 1：创建 Animal 类。

程序文件 3-23　在类中定义两个方法 call( ) 和 sleep( )，分别在两个方法中输出"动物发出声音"和"动物在睡觉"的信息。

```
1   package example10;
2
3   // 定义 Animal 类
4   public class Animal
5   {
```

```
6        // 定义动物发出声音的方法
7        public void call()
8        {
9            System.out.println("动物发出声音…");
10       }
11       // 定义动物睡觉的方法
12       public class sleep
13       {
14           System.out.println("动物在睡觉…");
15       }
16   }
```

步骤 2：创建 Cow 类。

程序文件 3-24   创建继承 Animal 类的 Cow 类，并在 Animal 类中重写 call( )方法。

```
1    package example10;
2
3    // 定义 Cow 类继承 Animal 类
4    public class Cow extends Animal
5    {
6        // 定义一个打印 name 的方法
7        public void call() {
8            System.out.println("哞…");
9        }
10   }
```

步骤 3：创建测试类，在其中分别调用 call( )方法和 sleep( )方法。

程序文件 3-25   测试类，在其中调用 call( )和 sleep( )方法。

```
1    package example10;
2
3    public class Example3_25
4    {
5        public static void main(String[] args)
6        {
7            Cow c=new Cow();          // 创建一个 Cow 类的实例对象
8            c.call();                 // 调用 Cow 类重写的 call()方法
9            c.sleep();                // 调用父类 Animal 的 sleep()方法
10       }
11   }
```

请记录：上面代码的运行结果为

_____

_____

程序分析：

从运行结果中可以看出，当子类继承父类时，会拥有父类中所有的成员。由此可知，在调用 sleep( )方法时，会自动调用父类的 sleep( )方法。当子类重写了父类方法之后，创建的子类对象会自动调用重写的方法，即调用的是子类的 call( )方法。

实验确认：□ 学生 □ 教师

注意：子类重写父类方法时，不可以使用比父类中被重写的方法更严格的访问权限，如父类中的方法是 public 的，子类的方法就不可以是 private 的。

3.2.3　super 关键字

当子类重写父类的方法后，子类对象将不能访问父类被重写的方法。为了解决这个问题，在 Java 中专门提供了 super 关键字用于访问父类的成员变量、成员方法和构造方法，具体格式如下：

```
super.成员变量                        // 访问成员变量
super.成员方法([参数1，参数2，…])      // 访问成员方法
super([参数1，参数2，…])              // 访问构造方法
```

下面通过案例来学习 super 的使用，具体步骤如下：

步骤 1：创建 Animal 类。

程序文件 3-26　在类中定义一个有参数的构造方法，并在该方法中输出一句话。

```
1   package example11;
2
3   public class Animal
4   {
5       // 定义 Animal 类有参数的构造方法
6       public Animal(String name)
7       {
8           System.out.println("我是一头"+name);
9       }
10  }
```

步骤 2：创建 Cow 类。

程序文件 3-27　定义 Cow 类，使其继承 Animal 类，并定义一个无参数的构造方法，该方法中使用 super 关键字，调用父类有参数的构造方法。

```
1   package example11;
2
3   class Cow extends Animal
4   {
5       public Cow()
6       {
7           super("黄牛");                    // 调用父类有参数的构造方法
8       }
9   }
```

步骤 3：创建测试类。在其 main( )方法中实例化子类对象。

程序文件 3-28　定义测试类。

```
1   package example11;
2
3   public class Example3_28
4   {
5       public static void main(String[] args)
6       {
7           Cow c=new Cow();                 // 实例化子类 Cow 对象
8       }
9   }
```

请记录：上面代码的运行结果为

程序分析：

从运行结果中可以看出，调用 Cow 类的构造方法时，其父类的构造方法也被调用了。注意到，通过 super 关键字调用父类构造方法的代码必须位于子类构造方法的第一行，并且只能出现一次。

实验确认：□ 学生□ 教师

3.2.4　final 关键字

在 Java 中，如果父类的某些方法不希望被子类重写，则必须把它们修饰为最终方法，即使用 final 修饰。final 关键字可用于修饰类、变量和方法，表示不能改变或者最终，因此被 final 修饰的类、变量和方法将具有以下特性。

- final 修饰的类不能被继承。
- final 修饰的方法不能被子类重写。
- final 修饰的变量（成员变量和局部变量）是常量，并且只能赋值一次。

接下来通过具体示例演示 final 关键字的三种特性。

（1）在 Java 中，使用 final 关键字修饰的类不能有子类，例如：

```
final class A {}                          // 使用 final 修饰类，不能被继承
class a extends A()                       // 编译失败，不能继承被 final 修饰的类
```

（2）在 Java 中，使用 final 关键字修饰的方法不能被子类覆盖，示例代码如下所示：

```
class A {
    public final void print() {}          // 使用 final 关键字生命的方法不能被重写
}
class B extends A {
    public final void print() {}          // 编译失败，不能重写用 final 修饰的方法
}
```

（3）final 修饰的变量将成为常量，常量是不能被修改的，例如：

```
class A {
    final String NAME="XXX";              // 使用 final 声明的变量就是常量
    public void print() {
        NAME="YYY";                       // 编译失败，常量不可修改
    }
}
```

3.2.5　抽象类

Java 程序中允许在定义方法时不写方法体，这种方法称为抽象方法，抽象方法必须使用 abstract 关键字修饰。抽象方法的出现，解决了程序中某些方法实现的不确定性。例如，前面在定义 Animal 类时，call( )方法用于表示动物的叫声，但是针对不同的动物，叫声是不同的，因此在 call( )方法中无法准确描述动物的叫声。

抽象方法的语法格式如下：

```
abstract void call();                     // 定义抽象方法 call()
```

如果一个类中定义了抽象方法，则该类必须定义为抽象类，抽象类也同样使用 abstract 关键字修饰，示例如下：

```
// 定义抽象类 Animal
abstract class Animal
{
```

```
        abstract int call();                        // 定义抽象方法 call()
    }
```

需要注意的是，包含抽象方法的类必须声明为抽象类，但抽象类可以不包含任何抽象方法，只需要使用 abstract 关键字修饰即可。另外，抽象类是不可以被实例化的，因为抽象类中有可能包含抽象方法，抽象方法是没有方法体的，不可以被调用。如果想调用抽象类中定义的方法，需要创建一个子类，在子类中实现抽象类中的抽象方法。

步骤 1：创建一个抽象类 Animal，了解实现抽象类中的方法。

程序文件 3-29　在类中定义一个抽象方法 call( )。

```
1   package example12;
2
3   // 定义抽象类 Animal
4   public abstract class Animal
5   {
6       abstract void call();                        // 定义抽象方法 call()
7   }
```

步骤 2：创建 Cow 类。

程序文件 3-30　继承抽象类 Animal，并在 Animal 类中重写抽象方法 call( )。

```
1   package example12;
2
3   // 定义 Cow 类继承抽象类 Animal
4   public class Cow extends Animal
5   {
6       // 实现抽象方法 call()
7       void call()
8       {
8           System.out.println("哞…");
9       }
10  }
```

步骤 3：创建测试类。

程序文件 3-31　在 main( )方法中创建一个子类 Cow 对象，并调用该对象的 call( )方法。

```
1   package example12;
2
3   // 定义测试类
4   public class Example3_31
5   {
6       public static void main(String[] args)
7       {
8           Cow c=new Cow();                        // 创建 Cow 类的实例对象
9           c.call();                               // 调用 cow 对象的 call()方法
10      }
11  }
```

请记录：上面代码的运行结果为

程序分析：

从运行结果中可以看出，子类实现了父类的抽象方法后，可以正常进行实例化。并通过实例化对象调用子类中的方法。

实验确认：□ 学生□ 教师

3.2.6　多态

所谓多态，是指在同一个方法中，由于参数类型不同而出现执行效果各异的现象。例如，在实现动物叫的方法中，由于每种动物叫声不同，因此可以在方法中接收一个动物类型的参数，当传入具体的某个动物时发出相对应的叫声。在 Java 中，为了实现多态，允许使用父类类型的变量引用一个子类类型对象，根据子类对象特征的不同，得到不同的运行结果。

下面通过案例来演示多态的使用，具体步骤如下：

步骤 1： 创建 Animal 接口。

程序文件 3-32　在 Animal.java 接口中定义一个抽象方法 call( )。

```
1    package example14;
2
3    // 定义接口 Animal
4    interface Animal
5    {
6        void cali();                          // 定义抽象 cali()方法
7    }
```

步骤 2： 创建 Cow 类。

程序文件 3-33　实现 Animal 接口，并在类中实现抽象方法 call( )。

```
1    package example14;
2
3    // 定义 cow 类实现 Animal 接口
4    class Cow implements Animal
5    {
6        // 实现 call()方法
7        public void call()
8        {
9            System.out.println("哞…");
10       }
11   }
```

步骤 3： 创建 Sheep 类。

程序文件 3-34　与 Cow 类相似，同样实现了 Animal 接口并重写了抽象方法 call( )。

```
1    package example14;
2
3    // 定义 Sheep 类实现 Animal 接口
4    class sheep implements Animal
5    {
6        // 实现 shout()方法
7        public void call()
8        {
9            System.out.println("咩…");
10       }
```

```
11  }
```

步骤 4：创建测试类。

程序文件 3-35　在该类中通过父类类型变量引用不同的子类对象。当调用 animalCall( )方法时，将父类引用的两个不同子类对象分别传入该方法。

```
1   package anfang.example14;
2
3   public class Example3_38
4   {
5       public static void main(String[] args)
6       {
7           Animal a1=new Cow();    // 创建 Cow 对象，使用 Animal 类型的变量 a1 引用
8           Animal a2=new Sheep();  // 创建 Sheep 对象，使用 Animal 类型的变量 a2 引用
9           animalCall(a1);         // 调用 animalCall()方法，将 a1 作为参数传入
10          animalCall(a2);         // 调用 animalCall()方法，将 a2 作为参数传入
11      }
12
13      // 定义静态的 animalCall()方法，接收一个 Animal 类型的参数
14      public static void animalCall(Animal a)
15      {
16          a.call();               // 调用实际参数的 call()方法
17      }
18  }
```

请记录：上面代码的运行结果为

_____

_____

程序分析：

从运行结果中可以看出，两个不同的子类对象调用 call( )时，分别输出了"哞…"和"咩…"。

实验确认：□ 学生□ 教师

3.2.7　对象的类型转换

在多态中涉及将子类对象当作父类类型使用的情况，此种情况在 Java 的语言环境中称为"向上转型"，例如下面两行代码：

```
Animal a1=new Cow();              // 将 Cow 对象当作 Animal 类型使用
Animal a2=new Sheep();            // 将 Sheep 对象当作 Animal 类型使用
```

需要注意的是，将子类对象当作父类对象使用时不需要任何显式转换，但此时不能通过父类变量调用子类中的特有方法。

下面这个例子演示了对象类型转换错误的情况，具体步骤如下：

步骤 1：创建 Animal 接口。

程序文件 3-36　在 Animal 接口中定义一个抽象方法 call( )。

```
1   package example15;
2
3   // 定义 Animal 类接口
4   interface Animal
5   {
6       void call();                     // 定义抽象方法 call()
```

```
7   }
```

步骤 2：创建 Cow 类。

程序文件 3-37   实现 Animal 接口，并在 Animal 接口重写抽象方法 call( )。

```
1   package example15;
2
3   // 定义 Cow 类实现 Animal 接口
4   public class Cow implements Animal
5   {
6       // 实现 call()方法
7       public void call()
8       {
9           System.out.println("哞…");
10      }
11  }
```

步骤 3：创建 Sheep 类。

程序文件 3-38   与 Cow 类相似，同样实现了 Animal 接口，并重写了抽象方法 call( )。

```
1   package example15;
2
3   // 定义 Sheep 类实现 Animal 接口
4   public class Sheep implements Animal
5   {
6       // 实现 call()方法
7       public void call()
8       {
9           System.out.println("咩…");
10      }
11  }
```

步骤 4：创建测试类。

程序文件 3-39   在该类中创建一个 Sheep 对象，该对象作为参数的形式传入 animalCall( )方法中，然后在 animalCall( )方法中将 Sheep 对象强制转换成 Cow 类型，并调用 call( )方法。

```
1   package example15;
2
3   // 定义测试类
4   public class Example3_42
5   {
6       public static void main(String[] args)
7       {
8           Sheep s=new Sheep();   // 创建 Sheep 类型的实例对象
9           animalCall(s);          // 调用 animalCall()方法，将 Sheep 作为参数传入
10      }
11      // 定义静态方法 animalCall()，接收一个 Animal 类型的参数
12      public static void animalCall(Animal a)
13      {
14          Cow c=(Cow) a;          // 将 a 对象强制转换成 Cow 类型
15          c.call();               // 调用 Cow 的 call()方法
16      }
17  }
```

请记录：上面代码的运行结果为

程序分析：

在程序中，首先创建了一个 Sheep 对象，该对象作为参数的形式传入 animalCall( )方法中。然后在 animalCall( )方法中，将 Sheep 对象强制转换成 Cow 类型，并调用 call( )方法。

运行时，系统报错，提示 Sheep 类型不能转换成 Cow 类型，其原因是，在调用 animalCall( )方法时传入一个 Sheep 对象，在强制类型转换时，Animal 类型的变量无法强制转换为 Cow 类型。

实验确认：□ 学生□ 教师

针对这种情况，Java 提供了一个关键字 instanceof，它可以判断一个对象是否为某个类（或接口）的实例或者子类实例，语法格式如下：

```
对象(或者对象引用变量) instanceof 类(或接口)
```

接下来，对程序中的 animalCall( )方法进行修改，代码如下：

```java
public static void animalCall(Animal a)
{
    if(a instanceof Cow)          // 判断 a 对象是否是 Cow 类的实例对象
    {
        Cow c=(Cow) a;            // 将 a 对象强制转换为 Cow 类型
        c.call();                // 调用 Cow 的 call()方法
    }
    Else
    {
        System.out.println("这个动物不是牛！");
    }
}
```

请记录： 上面代码的运行结果为

程序分析：

从上述代码中可以看出，可以使用 instanceof 关键字判断 animalCall( )方法中传入的对象的类型，如果是 Cow 类型则进行强制类型转换，否则就输出"这个动物不是牛！"。在该文件中，由于传入的对象为 Sheep 类型，因此出现这样的运行结果。

实验确认：□ 学生□ 教师

【编程训练】掌握继承与多态设计方法

1. 实验目的

在开始本实验之前，请认真阅读课程的相关内容。

（1）熟悉面向对象方法中继承与多态的概念。

（2）掌握继承与多态的程序设计方法。

（3）进一步熟悉 Java 面向对象程序设计方法。

2. 实验内容与步骤

请仔细阅读本实验中【知识准备】的内容，对其中的各个实例进行具体操作实现，从中体会

Java 程序设计，提高 Java 编程能力。

注意：完成每个实例操作后，请在对应的"实验确认"栏中打钩（√），并请实验指导老师指导并确认。

请问：你是否完成了上述各个实例的实验操作？如果不能顺利完成，请分析可能的原因是什么。

答：_____

_____

_____

_____

3. 实验总结

_____

_____

_____

_____

4. 实验评价（教师）

_____

_____

【作 业】

1. 类的继承是指在一个现有类（父类）的基础上产生一个新的类（子类），子类（　　）拥有父类的属性和方法。

 A. 设置后可以 B. 不能   C. 可能部分   D. 会自动

2. 类的多态是指在同一个方法中，由于（　　）的不同而出现执行效果各异的现象。

 A. 参数类型 B. 数据大小   C. 程序设计   D. 应用项目

3. 在程序代码中，如果想定义一个类继承另一个类，需要使用（　　）关键字。

 A. prolong   B. extends   C. inherit   D. advance

4. 如果一个类没有使用关键字明确标识继承另一个类，那么这个类就是默认继承（　　）类，其中的方法适用于所有子类。

 A. Class   B. Project   C. Object   D. Target

5. 在 Java 中，类（　　）。

 A. 只支持单继承   B. 可以多重继承

 C. 只支持父母继承   D. 单继承和多继承都可以

6. 在 Java 中，一个父类（　　）。

 A. 只能有一个子类   B. 可以有多个子类

 C. 可以有三个子类   D. 其子类可以通过设置确定

7. Java 中允许多层继承，即一个类的父类可以再继承其他的父类。对与错？（　　）

8. 在继承关系中，子类会继承父类中定义的方法，但子类（　　）在父类的基础上拥有自己的特征。

 A. 不可以   B. 也可以   C. 或许可以   D. 设置后可以

9. Java 中专门提供了 super 关键字用于（　　　）的成员变量、成员方法和构造方法。

A. 在父类中访问子类　　　　　　　　B. 在祖父类中访问孙子类

C. 在子类中访问父类　　　　　　　　D. 在孙子类中访问祖父类

10. 在 Java 中，final 关键字可用于修饰类、变量和方法，被 final 修饰后，下列不正确的是（　　　）。

A. 类不能被继承　　　　　　　　　　B. 方法不能被子类重写

C. 变量成为常量　　　　　　　　　　D. 类的继承层数可以更多

11. Java 程序中允许在定义方法时不写方法体，这种方法称为抽象方法，抽象方法使用 abstract 关键字修饰，它用于解决程序中某些方法实现的（　　　）。

A. 不确定性　　　　B. 确定性　　　　C. 可移植性　　　　D. 稳定性

实验 3.3　接口、lambda 表达式与内部类

【实验目标】

（1）熟悉接口技术的概念与应用方法。

（2）熟悉 lambda 表达式的概念与应用方法。

（3）了解内部类、匿名内部类的概念及其作用

【知识准备】接口、lambda 表达式与内部类等 Java 高级技术

在本实验中，我们将学习几种常用的 Java 高级技术，理解和掌握这些内容能更好地完善自己的 Java 工具箱。

接口（interface）是 Java 中由常量和抽象方法组成的特殊类，是对抽象类的进一步抽象，它主要用来描述类具有什么功能，而并不存在变量的定义，也不给出每个功能的具体实现。一个类可以实现一个或多个接口，并在需要接口的地方随时使用实现了相应接口的对象。

lambda 表达式是一种表示可以在将来某个时间点执行的代码块的方法。通过 lambda 表达式可以用一种精巧而简洁的方式来表示使用回调或变量行为的代码。

内部类（inner class）机制有些复杂，它定义在另外一个类的内部，其中的方法可以访问包含它们的外部类的域。内部类技术主要用于设计具有相互协作关系的类集合。

3.3.1　接口的概念

在 Java 语言中，接口是对类的一组需求描述，这些类要遵从接口描述的统一格式进行定义。例如，Arrays 类中的 sort( )方法可以对对象数组进行排序，但要求满足下列前提：对象所属的类必须实现了 Comparable 接口。

下面是 Comparable 接口的代码：

```
public interface Comparable
{
    int compareTo(Object other);
}
```

这就是说，任何实现 Comparable 接口的类都需要包含 compareTo( )方法，并且这个方法的参数必须是一个 Object 对象，返回一个整型数值。

接口中声明的所有方法都自动地属于 public，因此不必提供关键字 public。接口中还有一个没

有明确说明的附加要求：在调用 x.compareTo(y)的时候，这个 compareTo( )方法必须确实比较两个对象的内容并返回比较的结果。当 x 小于 y 时，返回一个负数；当 x 等于 y 时，返回 0；否则返回一个正数。

Comparable 接口只有一个方法，而有些接口可能包含多个方法。在接口中可以定义常量。可以在接口中提供简单方法，但这些方法不能引用实例域——接口没有实例。提供实例域和方法实现的任务应该由实现接口的那个类来完成。因此，可以将接口看成没有实例域的抽象类。

现在，假设希望使用 Arrays 类的 sort( )方法对 Employee 对象数组进行排序，Employee 类就必须实现 Comparable 接口。

为了让类实现一个接口，通常需要下面两个步骤：

（1）将类声明为实现给定的接口。

（2）对接口中的所有方法进行定义。

将类声明为实现某个接口，需要使用关键字 implements：

```
class Employee implements Comparable
```

这里的 Employee 类需要提供 compareTo( )方法。假设希望根据雇员的薪水进行比较，以下是 compareTo( )方法的实现：

```
public int compareTo(Object otherObject)
{
    Employee other=(Employee) otherObject;
    return Double.compare(salary, other.salary);
}
```

这里使用了静态 Double.compare( )方法，如果第一个参数小于第二个参数，则它会返回一个负值，如果二者相等则返回 0，否则返回一个正值。

可见，要让一个类使用排序服务就必须让它实现 compareTo( )方法，因为要向 sort( )方法提供对象的比较方式。但是，为什么不能在 Employee 类直接提供一个 compareTo( )方法，而必须实现 Comparable 接口呢？这主要是因为 Java 是一种强类型（strongly typed）语言，在调用方法的时候，编译器将会检查这个方法是否存在。在 sort( )方法中可能存在下面这样的语句：

```
if(a[i].compareTo(a[j])>0)
{
    // 重新排列 a[i]和[j]
    …
}
```

为此编译器必须确认 a[i] 一定有 compareTo( )方法。如果 a 是一个 Comparable 对象的数组，就可以确保拥有 compareTo( )方法，因为每个实现 Comparable 接口的类都必须提供这个方法的定义。

程序文件 3-40　对一个 Employee 类实例（员工）数组进行排序。

```
1    package interfaces;
2
3    import java.util.*;
4    /**
5     * 该程序演示了 Comparable 接口的使用
6     */
7    public class EmployeeSortTest
8    {
9        public static void main(String[] args)
```

```
10      {
11          Employee[] staff=new Employee[3];
12
13          staff[0]=new Employee("Harry Hacker", 35000);
14          staff[1]=new Employee("Carl Cracker", 75000);
15          staff[2]=new Employee("Tony Tester", 38000);
16
17          Arrays.sort(staff);
18
19          // 打印出有关所有 Employee 对象的信息
20          for(Employee e : staff)
21              System.out.println("name="+e.getName()+
22                  ", salary="+e.getSalary());
23      }
24  }
```

程序文件 3-41　Employee.java

```
1   package interfaces;
2
3   public class Employee implements Comparable<Employee>
4   {
5       private String name;
6       private double salary;
7
8       public Employee(String name, double salary)
9       {
10          this.name=name;
11          this.salary=salary;
12      }
13
14      public String getName()
15      {
16          return name;
17      }
18
19      public double getSalary()
20      {
21          return salary;
22      }
23
24      public void raiseSalary(double byPercent)
25      {
26          double raise=salary*byPercent/100;
27          salary+=raise;
28      }
29
30      /**
31       * 按薪水比较员工
32       * @param 另一个 Employee 对象
33       * @如果此员工的薪水低于 otherObject, 则返回负值;
34       *   如果薪水相同, 则返回 0, 否则返回正值
```

```
35        */
36      public int compareTo(Employee other)
37      {
38          return Double.compare(salary, other.salary);
39      }
40  }
```

运行结果：

实验确认：□ 学生 □ 教师

3.3.2 定义接口

与 class 类似，定义接口时，需要使用 interface 关键字，例如：

```
interface Animal
{
    String ANIMAL_ACTION="动物的行为动作";
    void call();
}
```

从上述代码中可以看出，该接口定义了一个全局常量和一个抽象方法，全局常量默认使用了 public static final 修饰，抽象方法默认使用了 public abstract 修饰。需要注意的是，在接口定义方法时，所有的方法必须都是抽象的，所以不能通过实例化对象的方式调用接口中的方法。此时需要定义一个类，并使用 implements 关键字实现接口中所有的方法。例如：

```
class Cow implements Animal
{
    public void call()  {…}
}
```

下面通过案例学习接口的使用，具体步骤如下。

步骤 1：创建 Animal 接口。

程序文件 3-42   在接口中定义一个全局常量和抽象方法 call( )。

```
1   package example13;
2
3   // 定义 Animal 接口
4   interface Animal
5   {
6       // 全局变量，默认修饰为 public static final
7       String ANIMAL_ACTION="动物的行为动作";
8       void call();                // 抽象方法 call()，默认修饰为 public abstract
9   }
```

步骤 2：创建 Cow 类。

程序文件 3-43   实现 Animal 接口，并实现接口中的抽象方法 call( )。

```
1   package example13;
2
3   // Cow 类实现了 Animal 接口
```

```
4    class Cow implements Animal
5    {
6        // 实现 call()方法
7        public void call()
8        {
9            System.out.println(ANIMAL_ACCTION+": "+"哞…");
10       }
11   }
```

步骤 3： 创建测试类。

程序文件 3-44　在 main( )方法中创建了一个 Cow 对象，并调用该对象的 call( )方法。

```
1    package example13;
2
3    // 定义测试类
4    public class Example3_44
5    {
6        public static void main(String[] args)
7        {
8            Cow c=new Cow();           // 创建 Cow 类的实例对象
9            c.call();                  // 调用 cow 对象的 call()方法
10       }
11   }
```

请记录： 上面代码的运行结果为

_____

_____

程序分析：

从运行结果中可以看出，Cow 类在实现了 Animal 接口后是可以被实例化的，并且实例化后就可以调用 Cow 类中的方法。需要注意的是，一个类实现一个接口，必须实现接口中所有的方法，如果不能实现某个方法，则必须写出一个空实现的方法。

实验确认：□ 学生□ 教师

Java 不支持多继承，是因为多继承会让语言本身变得非常复杂，效率也会降低。实际上，接口可以提供多重继承的大多数好处，同时还能避免多重继承的复杂性和低效性。

3.3.3　接口示例

下面，我们通过一个接口与回调的示例，来了解接口的实际使用。

回调（callback）是一种常见的程序设计模式。在这种模式中，可以指出某个特定事件发生时应该采取的动作。例如，可以指出在按下鼠标或选择某个菜单项时应该采取什么行动。

例如，在 java.swing 包中有一个 Timer 类，可以使用它在到达给定的时间间隔时发出通告，如程序请求时钟每秒获得一个通告，以便更新时钟的表盘。

在构造定时器时，需要设置一个时间间隔，并告之定时器当到达时间间隔时需要做些什么操作。如何告知定时器做什么呢？在 Java 标准类库中，采用的方法是将某个类的对象传递给定时器，然后定时器调用这个对象的方法。由于对象可以携带一些附加的信息，所以传递一个对象比传递一个函数要灵活得多。

当然，定时器需要知道调用哪一个方法，并要求传递的对象所属的类实现了 java.awt.event 包的 ActionListener 接口。下面是这个接口：

```
public interface ActionListener
{
    void actionPerformed(ActionEvent event);
}
```

当到达指定的时间间隔时，定时器就调用 actionPerformed( )方法。

假设希望每隔 10 s 打印一条信息 "At the tone，the time is…"，再响铃一次，为此定义一个实现 ActionListener 接口的类，然后将需要执行的语句放在 actionPerformed( )方法中。

```
class TimePrinter implements ActionListener
{
    public void actionPerformed(ActionEvent event)
    {
        System.out.println("At the tone, the time is "+new Date());
        Toolkit.getDefaultToolkit().beep();
    }
}
```

注意：actionPerformed( )方法的 ActionEvent 参数，它提供了事件的相关信息，例如产生这个事件的源对象。在这个程序中，事件的详细信息并不重要，因此可以忽略这个参数。

接下来，构造这个类的一个对象并将它传递给 Timer 构造器。

```
ActionListener listener=new TimePrinter();
Timer t=new Timer(10000, listener);
```

Timer 构造器的第一个参数是发出通告的时间间隔，它的单位是毫秒，这里希望每隔 10 s 通告一次；第二个参数是监听器对象。

最后，启动定时器：

```
t.start();
```

每隔 10 s，控制台显示信息，然后响铃一次。

程序文件 3-45　给出定时器和监听器的操作行为。

```
1  package timer;
2
3  import java.awt.*;
4  import java.awt.event.*;
5  import java.util.*;
6  import javax.swing.*;
7  import javax.swing.Timer;
8  // 解决与java.util.Timer 的冲突
9
10 public class TimerTest
11 {
12     public static void main(String[] args)
13     {
14         ActionListener listener=new TimePrinter();
15
16         // 构造一个调用监听器的计时器，每10 s 一次
17         Timer t=new Timer(10000, listener);
18         t.start();
19         JOptionPane.showMessageDialog(null, "Quit program? ");
```

```
20            System.exit(0);
21        }
22  }
23
24  class TimePrinter implements ActionListener
25  {
26      public void actionPerformed(ActionEvent event)
27      {
28          System.out.println("At the tone, the time is "+new Date());
29          Toolkit.getDefaultToolkit().beep();
30      }
31  }
```
运行结果：

程序分析：

在定时器启动以后，程序将弹出一个消息对话框，并等待用户单击"确定"按钮来终止程序的执行。在程序等待用户操作的同时，每隔 10 s 显示一次当前的时间。

运行这个程序时要有一些耐心。程序启动后，将会立即显示一个包含"Quit program？"字样的对话框，10 s 之后，第 1 条定时器消息才会显示出来。

注意到这个程序除了导入 javax.swing.* 和 java.util.* 外，还通过类名导入了 javax.swing.Timer，这就消除了 javax.swing.Timer 与 java.util.Timer 之间产生的二义性。这里的 java.util.Timer 是一个与本例无关的类，主要用于调度后台任务。

实验确认：□ 学生 □ 教师

3.3.4　lambda 表达式

lambda 表达式是一个可传递的代码块，可以在以后执行一次或多次，它是 Java 语言中最让人激动的变化之一。可以使用 lambda 表达式采用一种简洁的语法定义代码块以及编写处理 lambda 表达式的代码。

我们先来观察一下在 Java 中的哪些地方用过这种代码块。在前面我们已经了解了如何按指定时间间隔完成工作，将这个工作放在一个 ActionListener 的 actionPerformed( )方法中：

```
class worker implements ActionListener
{
    public void actionPerformed(ActionEvent event)
    {
        // do some work
    }
}
```

想要反复执行这个代码时，可以构造 Worker 类的一个实例，然后把这个实例提交到一个 Timer 对象。这里的重点是 actionPerformed( )方法包含希望以后执行的代码。

或者可以考虑如何用一个定制比较器完成排序。如果想按长度而不是默认的字典顺序对字符串排序，可以向 sort( )方法传入一个 Comparator 对象：

```
class LengthComparator implements Comparator<String>
{
    public int compare(String first, String second)
```

```
        {
            return first.length()-second.length();
        }
    }
    Arrays.sort(strings, new LengthComparator());
```

compare( )方法不是立即调用。实际上，在数组完成排序之前，sort( )方法会一直调用 compare( ) 方法，只要元素的顺序不正确就会重新排列元素。将比较元素所需的代码段放在 sort( )方法中，这个代码将与其余的排序逻辑集成。

这两个例子有一些共同点，都是将一个代码块传递到某个对象（一个定时器或者一个 sort( ) 方法），这个代码块会在将来某个时间调用。

在 Java 中不能直接传递代码段。Java 是一种面向对象语言，所以必须构造一个对象，这个对象的类需要有一个方法能包含所需的代码。设计者们做了多年的尝试，终于找到一种适合 Java 的设计，来有效地处理代码块。

再来考虑上面讨论过的排序例子。我们传入代码来检查一个字符串是否比另一个字符串短。这里要计算：

```
first.length() - second.length()
```

first 和 second 都是字符串。Java 是一种强类型语言，所以我们还要指定它们的类型：

```
(String first, String second)
    -> first.length()-second.length()
```

这就是你看到的第一个 lambda 表达式。lambda 表达式就是一个代码块以及必须传入代码的变量规范。带参数变量的表达式被称为 lambda 表达式。

lambda 表达式有三个部分：

（1）一个代码块。

（2）参数。

（3）自由变量的值，这是指非参数而且不在代码中定义的变量。

我们已经见过 Java 中的一种 lambda 表达式形式：参数、箭头（->）以及一个表达式。如果代码要完成的计算无法放在一个表达式中，就可以像写方法一样，把这些代码放在 ( ) 中并包含显式的 return 语句。例如：

```
(String first, String second) ->
    {
        if(first.length()<second.length()) return -1;
        else if (first.length()>second.length()) return 1;
        else return 0;
    }
```

即使 lambda 表达式没有参数，仍然要提供空括号，就像无参数方法一样：

```
() -> (for(int i=100; i >= 0; i--) System.out.println(i); )
```

如果可以推导出一个 lambda 表达式的参数类型，则可以忽略其类型。例如：

```
Comparator<String> comp
    =(first, second)                // 与（String first, String second）相同
        -> first.length()-second.length();
```

在这里，编译器可以推导出 first 和 second 必然是字符串，因为这个 lambda 表达式将赋给一个字符串比较器。

如果方法只有一个参数，而且这个参数的类型可以推导得出，那么甚至还可以省略小括号：

```
ActionListener listener=event ->
    System.out.println("The time is "+new Date()");
        // Instead of (event) -> … or (ActionEvent event) -> …
```

无须指定 lambda 表达式的返回类型。lambda 表达式的返回类型总是会由上下文推导得出。例如，下面的表达式

```
(String first, String second) -> first.length()-second.length()
```

可以在需要 int 类型结果的上下文中使用。

程序文件 3-46　显示如何在一个比较器和一个动作监听器中使用 lambda 表达式。

```
1    package lambda;
2
3    import java.util.*;
4
5    import javax.swing.*;
6    import javax.swing.Timer;
7
8    /**
9     * 该程序演示了 lambda 表达式的使用
10    */
11   public class LambdaTest
12   {
13      public static void main(String[] args)
14      {
15         String[] planets=new String[] {"Mercury", "Venus", "Earth", "Mars",
16            "Juptter", "Saturn", "Uranus", "Neptune"};
17         System.out.println(Arrays.toString(planets));
18         System.out.println("Sorted in dictionary order: ");
19         Arrays.sort(planets);
20         System.out.println(Arrays.toString(planets));
21         System.out.println("Sorted by length: ");
22         Arrays.sort(planets, (first, second)->
23            first.length()-second.length());
24         System.out.println(Arrays.toString(planets));
25
26         Timer t=new Timer(1000, event ->
27            System.out.println("The time is"+new Date()));
28         t.start();
29
30         // 保持程序运行，直到用户选择“确定”
31         JOptionPane.showMessageDialog(null), "Quit program? ");
32         System.exit(0);
33      }
34   }
```

运行结果：

3.3.5　内部类

内部类是定义在另一个类中的类。使用内部类的主要原因有以下三点：

（1）内部类方法可以访问该类定义所在的作用域中的数据，包括私有的数据。

（2）内部类可以对同一个包中的其他类隐藏起来。

（3）当想要定义一个回调函数且不想编写大量代码时，使用匿名（anonymous）内部类比较便捷。

1. 使用内部类访问对象状态

内部类的语法比较复杂。鉴于此情况，我们选择一个简单但不太实用的例子说明内部类的使用方式，它将访问外围类的实例域。下面将进一步分析 TimerTest 示例，并抽象出一个 TalkingClock 类。构造一个语音时钟时需要提供两个参数：发布通告的间隔和开关铃声的标志。

```java
public class TalkingClock
{
    private int interval;
    private boolean beep;

    public TalkingClock(int interval, boolean beep) {…}
    public void start() {…}

    public class TimePrinter implements ActionListener
        // 一个内部类
    {
        …
    }
}
```

注意：这里的 TimePrinter 类位于 TalkingClock 类内部，这并不意味着每个 TalkingClock 都有一个 TimePrinter 实例域。如前所示，TimePrinter 对象是由 TalkingClock 类的方法构造的。

下面是 TimePrinter 类的详细内容。需要注意一点，actionPerformed()方法在发出铃声之前检查了 beep 标志。

```java
public class TimePrinter implements ActionListener
{
    public void actionPerformed(ActionEvent event)
    {
        System.out.println("At the tone, the time is " + new Date());
        if(beep) Toolkit.getDefaultToolkit().beep();
    }
}
```

不过，TimePrinter 类没有实例域或者名为 beep 的变量，取而代之的是 beep 引用了创建 TimePrinter 的 TalkingClock 对象的域。这是一种创新的想法。从传统意义上讲，一个方法可以引用调用这个方法的对象数据域。内部类既可以访问自身的数据域，也可以访问创建它的外围类对象的数据域。

为了能够运行这个程序，内部类的对象总有一个隐式引用，它指向了创建它的外部类对象。这个引用在内部类的定义中是不可见的。然而，为了说明这个概念，我们将外围类对象的引用称为 outer。于是 actionPerformed( )方法将等价于下列形式：

```java
public void actionPerformed(ActionEvent event)
{
    System.out.println("At the tone, the time is " + new Date());
    if(outer.beep) Toolkit.getDefaultToolkit().beep();
}
```

外围类的引用在构造器中设置。编译器修改了所有的内部类的构造器，添加一个外围类引用的参数。因为 TimePrinter 类没有定义构造器，所以编译器为这个类生成了一个默认的构造器，其代码如下所示：

```java
public TimePrinter(Talking.Clock clock)          // 自动生成的代码
{
    outer=clock;
}
```

强调一下，outer 不是 Java 的关键字。我们只是用它说明内部类中的机制。

当在 start( )方法中创建了 TimePrinter 对象后，编译器就会将 this 引用传递给当前的语音时钟的构造器：

```java
ActionListener listener=new TimePrinter(this);      // 参数自动添加
```

程序文件 3-47　给出一个测试内部类的完整程序。

```java
1   package innerClass;
2
3   import java.awt.*;
4   import java.awt.event.*;
5   import java.util.*;
6   import javax.swing.*;
7   import javax.swing.Timer;
8
9   /**
10   * 该程序演示了内部类的使用
11   */
12  public class InnerClassTest
13  {
14      public static void main(String[] args)
15      {
16          TalkingClock clock=new TalkingClock(1000, true);
17          clock.start();
18
19          // 保持程序运行，直到用户选择 "Ok"
20          JOptionPane.showMessageDialog(null, "Quit program?");
21          System.exit(0);
22      }
23  }
24
25  /**
```

```
26     * 以固定时钟间隔打印时间
27    */
28   class TalkingClock
29   {
30       private int interval;
31       private boolean beep;
32
33       /**
34        * Constructs a talking clock
35        * @param interval 消息之间的间隔（以毫秒为单位）
36        * @param 如果时钟应该发出哔哔声，则 beep 为真（发出哔声）
37        */
38       public TalkingClock(int interval, boolean beep)
39       {
40           this.interval=interval;
41           this.beep=beep;
42       }
43
44       /**
45        * 开始计时
46        */
47       public void start()
48       {
49           ActionListener listener=new TimePrinter();
50           Timer t=new Timer(interval, listener);
51           t.start();
52       }
53
54       public class TimePrinter implements ActionListener
55       {
56           public void actionPerformed(ActionEvent event)
57           {
58               System.out.println("At the tone, the time is " + new Date());
59               if (beep) Toolkit.getDefaultToolkit().beep();
60           }
61       }
62   }
```

运行结果：

程序分析：

如果有一个 TimePrinter 类是一个常规类，它就需要通过 TalkingClock 类的公有方法访问 beep 标志，而使用内部类可以给予改进，即不必提供仅用于访问其他类的访问器。

TimePrinter 类声明为私有的。这样一来，只有 TalkingClock 的方法才能够构造 TimePrinter 对象。只有内部类可以是私有类，而常规类只可以具有包可见性，或公有可见性。

实验确认：□ 学生 □ 教师

3.3.6　匿名内部类

在前面的多态介绍中，如果方法的参数被定义为一个接口类型，那么就需要定义一个类实现接口，并根据该类进行对象实例化。除此之外，还可以使用匿名内部类实现接口。当程序中使用匿名内部类时，在定义匿名内部类的地方往往直接创建该类的一个对象。

为了便于理解，首先看一下匿名内部类的格式，具体如下：

```
new 父类(参数列表) 或 父接口()
{
    // 匿名内部类实现部分
}
```

下面通过一个简单案例连了解匿名内部类的使用，具体步骤如下：

步骤 1：创建 Animal 接口。

程序文件 3-48　在接口中定义一个抽象方法 call()。

```
1   package example16;
2
3   // 定义动物类接口
4   interface Animal                        // 定义动物类接口
5   {
6       void call();                        // 定义方法 call()
7   }
```

步骤 2：创建测试类。

程序文件 3-49　在该类中通过匿名内部类的形式实现接口。

```
1   package example16;
2
3   public class Example3_49
4   {
5       public static void main(Siring[] args)
6       {
7           // 定义匿名内部类作为参数传递
8           animal Call(new Animal()
9           {
10              // 实现 call() 方法
11              public void call()
12              {
13                  System.out.println("哞…");
14              }
15          });
16      }
17      // 定义静态方法 animalCall()
18      public static void animalCall(Animal a)
19      {
20          a.call();                       // 调用传入对象 a 的 call() 方法
21      }
22  }
```

运行结果：

程序分析：

可以看出，使用匿名内部类的方式实现了 Animal 接口，调用 call( )方法，输出结果为"哞…"。在程序中调用 animalCall( )方法时，在方法的参数位置写上 new Animal( ) {}，这相当于创建了一个实例对象，并将对象作为参数传递给 animalCall( )方法。在 new Animal( )后面有一对花括号，表示创建了 Animal 的子类对象，该子类是匿名的。

实验确认：□ 学生 □ 教师

【编程训练】熟悉接口、lambda 表达式与内部类

1. 实验目的

在开始本实验之前，请认真阅读课程的相关内容。

熟悉面向对象方法中继承与多态的概念。

2. 实验内容与步骤

请仔细阅读本实验中【知识准备】的内容，对其中的各个实例进行具体操作实现，从中体会 Java 程序设计，提高 Java 编程能力。

注意：完成每个实例操作后，请在对应的"实验确认"栏中打钩（√），并请实验指导老师指导并确认。

请问：你是否完成了上述各个实例的实验操作？如果不能顺利完成，请分析可能的原因是什么。

答：_____

_____

_____

_____

3. 实验总结

_____

_____

_____

_____

4. 实验评价（教师）

_____

_____

【作　业】

1. 接口（interface）是 Java 中由（　　）组成的特殊类，它主要用来描述类具有什么功能。

A. 常量和抽象方法　　　　　　　　　　B. 变量和具象方法

C. 常量和变量　　　　　　　　　　　　D. 变量和函数

2. 一个类可以实现（　　）个接口，并在需要接口的地方随时使用实现了相应接口的对象。

A. 一　　　　　B. 无限　　　　　C. 一个或多　　　　　D. 五

3. 接口中声明的所有方法都自动地属于（　　），因此不必提供其关键字。

A. class　　　　　B. public　　　　　C. function　　　　　D. private

4. 将类声明为实现某个接口，需要使用关键字（　　　）。

A. implements　　　　B. class　　　　　　　　C. interface　　　　　　D. return

5. 定义接口时，需要使用关键字（　　　）。

A. implements　　　　B. class　　　　　　　　C. interface　　　　　　D. return

6. Java（　　　）多继承，是因为多继承会让语言本身变得非常复杂。实际上，接口可以提供多重继承的大多数好处，同时还能避免多重继承的复杂性和低效性。

A. 支持　　　　　　　B. 有限支持　　　　　　C. 不支持　　　　　　　D. 积极倡导

7. lambda 表达式是一个（　　　）可传递的代码块，可以在以后执行一次或多次。

A. 不可传递的代码块　　　　　　　　　B. 可传递的代码块

C. 不可传递的数据组　　　　　　　　　D. 可传递的数据组

8. lambda 表达式有三部分，下面（　　　）不属于其中。

A. 一个代码块　　　B. 参数　　　　　　　　C. 组件　　　　　　D. 自由变量的值

9. lambda 表达式是一种表示（　　　）的方法，通过它可以用一种精巧而简洁的方式来表示使用回调或变量行为的代码。

A. 可以在将来某个时间点执行的代码块

B. 立即得到执行的程序块

C. 复杂而庞大的代码块

D. 将来采用的数据集

10. 内部类定义在（　　　）的内部，该技术主要用于设计具有相互协作关系的类集合。

A. 程序集　　　　　B. 函数　　　　　　　　C. 数据集　　　　　D. 另外一个类

实验 4 ┃ 输入与输出

实验 4.1 熟悉 Java 的字节流

【实验目标】

（1）熟悉 Java 的输入/输出流，掌握 Java 输入/输出的基本交互操作。

（2）掌握 java.io 包及其实际应用。

（3）掌握字节流的概念与读/写操作。

【知识准备】I/O 流与字节流

输入/输出（I/O）是指程序与外围设备或者计算机之间的交互操作，例如从键盘输入数据，在显示器显示数据等，通过输入/输出操作可以从外界接收信息，或者是把信息传递给外界。在 Java 中，将这种不同输入/输出设备（键盘、内存、网络、显示器）之间的数据传输抽象为"流"，通过"流"的方式在输入/输出设备之间进行数据传递。由于 Java 中的流都位于 java.io 包中，因此称为 I/O 流。

4.1.1 读取输入

现在的应用程序都使用图形用户界面来收集用户的输入，但编写这种界面的程序需要使用较多的知识，为此，我们先来掌握简单的用于输入/输出的控制台技术。

通常，打印输出到"标准输出流"（即控制台窗口）是一件容易的事情，只要调用 System.out.println 即可。然而，读取"标准输入流"System.in 就没有那么简单了。要想通过控制台进行输入，首先需要构造一个 Scanner 对象，并与"标准输入流"System.in 关联。

```
Scanner in=new Scanner(System.in);
```

现在，就可以使用 Scanner 类的各种方法实现输入操作了。例如，nextLine( )方法将输入一行。

```
System.out.print("What is your name?");
String name=in.nextLine();
```

这里使用 nextLine( )方法是因为在输入行中有可能包含空格。要想读取一个单词（以空白符作为分隔符），就调用

```
String firstName=in.next();
```

要想读取一个整数，就调用 nextInt( )方法。

```
String.out.print("How old are you?");
int age=in.nextInt();
```

与此类似，要想读取下一个浮点数，可调用 nextDouble( )方法。

程序文件 4-1 演示控制台输入：询问姓名与年龄，输出年龄加 1。

```
1    import java.util.*;                          // Scanner 类的定义在 java.util 包中
2
3    /**
4     * 该程序演示了控制台导入
5     */
6    public class InputTest
7    {
8        public static void main(String[] args)
9        {
10           Scanner in=new Scanner(System.in);
11
12           // 获取第一次输入
13           System.out.print("What is your name?");
14           String name=in.nextLine();
15
16           // 获取第二次输入
17           System.out.print("How old are you?");
18           int age=in.nextInt();
19
20           // 在控制台输出
21           System.out.println("Hello, "+name+", Next year, you'll be "+(age+1));
22       }
23   }
```

请记录： 上面代码的运行结果为

_____

_____

实验确认：□ 学生 □ 教师

4.1.2 字节流的概念

按照操作数据的不同，I/O 流可以分为字节流和字符流，按照数据传输方向的不同又可以分为输入流和输出流，程序从输入流中读取数据，向输出流中写入数据。在 I/O 包中，字节流的输入/输出流分别用 java.io.InputStream 和 java.io.OutputStream 表示，字符流的输入/输出流分别用 java.io.Reader 和 java.io.Writer 表示，具体分类如图 4-1 所示。

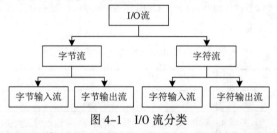

图 4-1 I/O 流分类

字节流是指针对字节输入/输出提供的一系列流。在计算机中，无论是文本、图片还是音频和视频，都是以字节的形式存在的，因此要对这些内容进行传输就需要使用字节流。

根据数据传输方向的不同，可将字节流分为字节输入流和字节输出流。在 JDK 中，提供了两个抽象类 InputStream 和 OutputStream 表示字节输入流和字节输出流，它们是字节流的两个顶级父类，字节输入流都是 InputStream 的子类，字节输出流都是 OutputStream 的子类。字节流的继承体系如图 4-2 和图 4-3 所示。

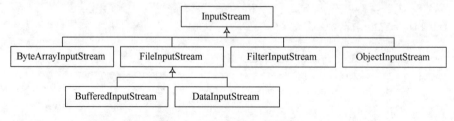

图 4-2   InputStream 的子类

图 4-2 和图 4-3 所列出的 I/O 流都是程序中很常见的，可以看出 InputStream 和 OutputStream 的子类有很多是大致对应的，例如，ByteArrayInputStream 和 ByteArrayOutputStream、FileInputStream 和 FileOutputStream 等。

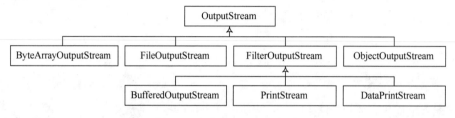

图 4-3   OutputStream 的子类

InputStream 中读/写数据的常用方法如表 4-1 所示。

表 4-1   InputStream 的常用方法

方 法 声 明	功 能 描 述
int read( )	从输入流中读取数据的下一个字节
int read(byte[] b)	从输入流中读取一定数量的字节，并将其存储在缓冲区数组 b 中
int read(byte[] b, int off, int len)	从输入流中读取若干字节，把它们保存到参数 b 指定的字节数组中，off 指定字节数组开始保存数据的起始下标，len 表示读取的字节数目
void close( )	关闭此输入流并释放与该流关联的所有系统资源

与 InputStream 对应的是 OutputStream。OutputStream 用于写数据，因此 OutputStream 提供了一些与写数据有关的方法（见表 4-2）。

表 4-2   OutputStream 的常用方法

方 法 名 称	方 法 描 述
void write(int b)	将指定的字节写入此输出流
void write(byte[] b)	将 b.length 个字节从指定的 byte 数组写入此输出流
void write(byte[] b, int off, int len)	将指定 byte 数组中从偏移量 off 开始的 len 个字节写入此输出流
void flush( )	刷新此输出流并强制写出所有缓冲的输出字节
void close( )	关闭此输出流并释放与此流有关的所有系统资源

4.1.3 字节流的读/写操作

由于计算机中的数据基本都保存在硬盘的文件中，因此在操作文件时，最常见的就是从文件中读取数据并将数据写入文件，即文件的读/写。针对文件的读/写，JDK 专门提供了两个类，分别是 FileInputStream 和 FileOutputStream，其中包含了所有输入与输出需要使用的方法，可以完成最基本的读取与写入功能。

程序文件 4-2 实现字节流对文件数据的读取。

```
1   package example;
2
3   import java.io.*;
4   public class Example4_2
5   {
6       public static void main(String[] args) throws Exception
7       {
8           // 创建一个文件字节输入流
9           FileInputStream input=new FileInputStream("anfang.txt");
10          int i=0;                 // 定义一个 int 类型的变量，记住每次读取的一个字节
11          while(true)
12          {
13              i=input.read();      // 变量 i 记住读取的每一个字节
14              if(i==-1)            // 如果读取的字节为-1，跳出 while 循环
15              {
16                  break;
17              }
18              System.out.println(i);          // 否则将 i 写出
19          }
20          input.close();           // 关闭资源
21      }
22  }
```

请记录：上面代码的运行结果为

_____

_____

_____

_____

程序分析：

程序首先创建一个文本文件 anfang.txt，在其中输入内容 Hello 并保存，然后运行程序，程序创建一个读取文本文件的类。程序创建的字节流 FileInputStream 通过 read( )方法读取 anfang.txt 文件中的数据并输出，运行结果分别为 72、101、108、108 和 111。

通常情况下读取文件输出结果为字符，之所以输出数字，是因为在硬盘上存储的文件都是以字节的形式存在的。在 anfang.txt 文件中，字符'H'、'e'、'l'、'l'、'o'各占一个字节，因此，最终在控制台显示的结果就是文件 anfang.txt 中的 5 个字节所对应的十进制数。

与 FileInputStream 对应的是 FileOutputStream，用于把数据写入文件中。

实验确认：□ 学生□ 教师

程序文件 4-3 将数据写入文件。程序运行结束会在当前目录下生成一个新的文本文件 test.txt。

```
1    package example;
2
3    import java.io.*;
4    public class Example4_3
5    {
6        public static void main(String[] args) throws Exception
7        {
8            // 创建一个文件字节输出流
9            FileOutputStream output=new FileOutputStream("test.txt");
10           String s="www.anfang.com";     // 定义一个 String 类型字符串
11           byte[] arr=s.getBytes();        // 将字符串变成字节数组
12           for (int i=0; i<arr.length; i++)
13           {
14               output.write(arr[i]);       // 将数组中的数据写入到目标文件中
15           }
16           output.close();                 // 关闭资源
17       }
18   }
```

请记录：上面代码的运行结果为

程序分析：

从运行结果中可以看出，通过 FileOutputStream 写数据时创建了文件 test.txt，并将数据写入文件。需要注意的是，如果是通过 FileOutputStream 向一个已经存在的文件中写入数据，那么该文件中的数据首先会被清空，再写入新的数据。若希望在已有文件内容的后面增加新内容，只需要在字节输出流的末尾追加一个参数值 true 即可。

由于 I/O 流在进行数据读/写操作时会出现异常，为了代码的简洁，在上面的程序中使用了 throws 关键字将异常抛出。然而一旦遇到 I/O 异常，I/O 流的 close( )方法将无法得到执行，流对象所占用的系统资源将无法释放，因此，为了保证 I/O 流的 close( )方法必须执行，通常将关闭流的操作写在 finally 代码块中。

试一试：修改程序文件 4-3，使其在运行时向已经建立的 test.txt 文件中加入新的字符串，执行后请检查程序运行结果。

实验确认：□ 学生 □ 教师

程序文件 4-4 改写程序文件 4-3 中的 main( )方法，使用 finally 代码块关闭 I/O 流所占用的系统资源。

```
1    package example;
2
3    import java.io.*;
4    public class Example4_4
5    {
6        public static void main(String[] args)
7        {
8            FileOutputStream output=null;   // 创建一个文件字节输出流
9            try
```

```
10          {
11              output=new FileOutputStream("test.txt");
12              String s="www.anfang.com";      // 定义一个 String 类型字符串
13              byte[] arr=s.getBytes();          // 将字符串变成字节数组
14              for(int i=0; i<arr.length; i++)
15              {
16                  output.write(arr[i]);         // 将数组中的数据写入到目标文件中
17              }
18          }
19          catch (IOException e)
20          {
21              e.printStackTrace();
22          }
23          finally
24          {
25              if(output!=null)
26              {
27                  output.close();               // 关闭资源
28              }
29          }
30      }
31  }
```

请记录：上面代码的运行结果为

_____

_____

_____

_____

_____

实验确认：□ 学生 □ 教师

4.1.4　文件的复制

在应用程序中，通常情况下输入流和输出流都是同时使用的。例如，文件的复制就需要通过输入流读取文件中的数据，通过输出流将数据写入文件。

程序文件 4-5　在当前文件夹中存放一个文件"黑马.jpg"，然后复制文件。

```
1   package example;
2
3   import java.io.*;
4   public class Example4_5
5   {
6       public static void main(String[] args) throws Exception
7       {
8           // 创建一个字节输入流，用于读取当前目录下的图片
9           FileInputStream input=new FileInputStream("黑马.jpg");
10          // 创建一个文件字节输出流，用于将读取的数据改名写入
11          FileOutputStream output=new FileOutputStream("黑马1.jpg");
12          // 定义一个 int 类型的变量 length，记住每次读取的一个字节
13          int length;
```

```
14      long startTime=System.currentTimeMillis();//获取复制图片钱的系统时间
15      while((length=input.read())!=-1){//读取一个字节并判断是否督导文件末尾
16          output.write(length);              //将读到的字节写入文件
17      }
18      long endTime=System.currentTimeMillis(); //获取图片复制结束时的系统时间
19      System.out.println("复制图片所消耗的时间是: "+
20          (endTime-startTime)+"毫秒");
21      input.close();
22      output.close();
23      }
24  }
```

请记录：上面代码的运行结果（赋值前后的文件夹）为

程序分析：

程序运行后，"黑马.jpg"文件被成功复制成"黑马 1.jpg"文件。

在定义文件路径时使用了\\，这是因为在 Windows 中的目录符号为反斜线\，但反斜线\在 Java 中是特殊字符，表示转义符，所以在使用反斜线\时，前面应该再添加一个反斜线，即\\。除此之外，目录符号也可以用正斜线/表示，如"source/黑马.jpg"。

实验确认：□ 学生 □ 教师

4.1.5 字节流的缓冲区

前面实现了对图片的复制，但是单个字节的读/写效率非常低。为了提高效率，可以定义一个字节数组作为缓冲区。在复制文件时，将读取的单个字节保存到字节数组中，然后将字节数组中的数据一次性写入文件。

程序文件 4-6 修改文件程序 4-5，使用字节数组复制文件。

```
1   package example;
2
3   import java.io.*;
4   public class Example4_6
5   {
6       public static void main(String[] args) throws Exception
7       {
8           FileInputStream input=new FileInputStream("source\黑马.jpg");
9           FileOutputStream output=new FileOutputStream("target\黑马.jpg");
10          byte[] buffer=new byte[1024];// 定义一个字节数组作为缓冲区
11          int length;                  // 定义变量 length 记住读取缓冲区的字节数
12          long startTime=System.currentTimeMillis();
13          while((length=input.read(buffer))!=-1)     // 判断是否读到文件末尾
14          {
14              // 从第一个字节开始，向文件写入 length 个字节
15              output.write(buffer, 0, length);
16          }
17          long endTime=System.currentTimeMillis();
18          System.out.println("赋值图片所消耗的时间是: "+
19              (endTime-startTime)+"毫秒");
20          input.close();
```

```
21          output.close();
22      }
23  }
```
请记录：上面代码的运行结果为

程序分析：

通过比较程序文件 4-5 和程序文件 4-6 运行结果可以看出，复制图片所消耗的时间减少了，这说明使用字节数组作为缓冲区读/写文件可以有效提高程序的执行效率。

实验确认：□ 学生 □ 教师

4.1.6　字节缓冲流

在进行文件复制时，使用字节流缓冲区可以提高程序的效率，与此同时，还可以使用 java.io 包中自带缓冲功能的字节缓冲流，它们分别是 BufferedInputStream 和 BufferedOutputStream，这两个流在实例化时需要接收 InputStream 和 OutputStream 类型的对象作为参数。

程序文件 4-7　使用字节缓冲流 BufferedInputStream 和 BufferedOutputStream 实现文件复制。

```
1   package com.anfang.example;
2
3   import java.io.*;
4   public class Example4_7
5   {
6       public static void main(String[] args) throws Exception
7       {
8           // 创建一个带缓冲区的输入流
9           BufferedInputStream bufferInput=new BufferedInputStream(
10              new FileInputStream("source\黑马.jpg"));
11          // 创建一个带缓冲区的输出流
12          BufferedOutputStream bufferOutput=new BufferedOutputStream(
13              new FileOutputStream("target\黑马.jpg"));
14          long startTime=System.currentTimeMillis();
15          int length;
16          while ((length=bufferInput.read())!=-1)
17          {
18              bufferOutput.write(length);
19          }
20          long endTime=System.currentTimeMillis();
21          System.out.println("复制图片所消耗的时间是: "+
22              (endTime-startTime)+"毫秒");
23          bufferInput.close();
24          bufferOutput.close();
25      }
26  }
```
请记录：上面代码的运行结果为

程序分析：

比较上述运行结果，可以看出复制图片所消耗的时间相同，这说明除了使用字节数组作为缓冲区能提高程序执行效率以外，使用 I/O 流自带的字节缓冲流同样能提高程序的执行效率。

实验确认：□ 学生□ 教师

【编程训练】熟悉字节流的概念与操作

1. 实验目的

在开始本实验之前，请认真阅读课程的相关内容。

（1）熟悉 Java 输入/输出流交互操作。

（2）掌握 java.io 包及其操作。

（3）掌握字节流的读/写操作。

2. 实验内容与步骤

请仔细阅读本实验中【知识准备】的内容，对其中的各个实例进行具体操作实现，从中体会 Java 程序设计，提高 Java 编程能力。

注意：完成每个实例操作后，请在对应的"实验确认"栏中打钩（√），并请实验指导老师指导并确认。

请问：你是否完成了上述各个实例的实验操作？如果不能顺利完成，请分析可能的原因是什么。

答：_____

_____

_____

_____

实验确认：□ 学生□ 教师

3. 实验总结

_____

_____

_____

_____

4. 实验评价（教师）

_____

_____

【作 业】

1. 所谓输入/输出（I/O）通常是指程序与（   ）或者计算机之间的交互操作。

A. 函数　　　　　　B. 外围设备　　　　C. 软件　　　　　D. 文档

2. 在 Java 中，将不同 I/O 设备之间的数据传输抽象为"流"（I/O 流），通过"流"的方式在输入/输出设备之间进行（   ）。

A. 数据传递　　　B. 命令传递　　　C. 程序传递　　　D. 数值传递

3. 按照操作数据的不同，I/O 流可以分为（   ），按照数据传输方向的不同又可以分为输入流和输出流。

A. 数据流和字符流　　　　　　　　B. 字节流和数据流

C. 字节流和字符流　　　　　　　　　　D. 数据流和数值流

4. 在计算机中，无论是文本、图片还是音频和视频，都是以（　　　）的形式存在的。

A. 字符　　　　　　B. 数字　　　　　　C. 位　　　　　　　D. 字节

5. JDK 中提供了两个顶级抽象父类（　　　）表示字节输入流和字节输出流。

A. OutputStream 和 InputStream　　　　B. OutputFlow 和 InputFlow

C. InputFlow 和 OutputFlow　　　　　　D. InputStream 和 OutputStream

6. 针对计算机硬盘文件的读/写，JDK 专门提供了两个类，分别是（　　　），可以完成最基本的文件读取与写出功能。

A. FileInputStream 和 FileOutputStream

B. FileInputFlow 和 FileOutputFlow

C. FileOutputStream 和 FileInputStream

D. FileOutputFlow 和 FileInputFlow

7. 单个字节的读/写效率非常低。为此可以定义一个（　　　）作为缓冲区，以有效地提高程序的执行效率。

A. 数值数组　　　B. 字节数组　　　C. 字符文件　　　D. 数据文件

8. BufferedInputStream 和 BufferedOutputStream 是（　　　）字节缓冲流，可以实现缓冲功能。

A. java.io 包中自带的　　　　　　　　B. JDK 固有的

C. 用户自己编写的　　　　　　　　　　D. 系统自动生成的

实验 4.2　熟悉 Java 字符流与文件类

【实验目标】

（1）熟悉 Java 字符流的概念，掌握 Java 字符流的读/写操作。

（2）熟悉 Java 文件流及其操作。

（3）掌握 Java 输入/输出程序设计方法。

【知识准备】字符流与文件类

字符流的目标通常是文本文件。Reader 和 Writer 是 java.io 包中所有字符流的抽象父类，定义了在 I/O 流中读/写字符数据的通用 API。在 Java 中，字符采用的是 Unicode 字符编码，常见的字符输入/输出流是由 Reader 和 Writer 抽象类派生出来的，处理数据时以字符为基本单位。

4.2.1　字符流及其读写操作

由于 InputStream 类和 OutputStream 类在读/写文件时操作的都是字节，如果希望在程序中操作字符，使用这两个类就不太方便，为此，JDK 提供了字符流。同字节流一样，字符流也有两个抽象的顶级父类，分别是 Reader 和 Writer。其中，Reader 是字符输入流，用于从某个源设备读取字符；Writer 是字符输出流，用于向某个目标设备写入字符。

作为字符流的顶级父类，Reader 和 Writer 也有许多子类，其继承体系如图 4-4 和图 4-5 所示。从图 4-4 和图 4-5 可以看到，字符流的继承关系与字节流的继承关系有些类似，很多子类都是成对（输入流和输出流）出现的，其中 FileReader 和 FileWriter 用于读/写文件，BufferedReader 和 BufferedWriter 是具有缓冲功能的流，使用它们可以提高读/写效率。

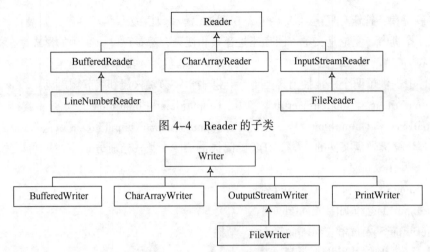

图 4-4　Reader 的子类

图 4-5　Writer 的子类

在程序开发中，经常需要读取文本文件的内容，如果要从文件中直接读取字符，便可以使用字符输入流 FileReader，通过此流可以从关联的文件中读取一个或一组字符。接下来在项目中创建文本文件 read.txt，并在其中输入字符 www.anfang.com，然后创建一个字符输入流 FileReader 读取文本文件中的内容。

程序文件 4-8　创建一个字符输入流 FileReader 读取文本文件中的内容。

```
1    package example;
2
3    import java.io.*;
4    public class Example4_8
5    {
6        public static void main(String[] args) throws Exception
7        {
8            // 创建一个 FileReader 对象用于读取文件中的字符
9            FileReader fileReader=new FileReader("read.txt");
10           int i;                        // 定义一个变量用于记录读取的字符
11           while((i=fileReader.read())!=-1) // 循环判断是否读取到文件的末尾
12           {
13               System.out.print((char) i);   // 不是字符流末尾就转为字符打印
14           }
15           fileReader.close();             // 关闭资源
16       }
17   }
```

请记录：上面代码的运行结果为

程序分析：

在程序中创建一个 FileReader 对象并指定 read.txt 文件，然后通过 while 循环每次从文件中读取单个字符并输出到控制台上，这样便实现了 FileReader 读取文本文件字符的操作。

实验确认：□ 学生 □ 教师

程序文件 4-9　使用 FileReader 读取文本文件中的字符，使用 FileWriter 类将字符写入文件。

FileWriter 是 Writer 的一个子类。

```
1   package example;
2
3   import java.io.*;
4   public class Example4_9
5   {
6       public static void main(String[] args) throws Exception
7       {
8           // 创建一个 FileWriter 对象用于向文件中写入数据
9           FileWriter fileWriter=new FileWriter("write.txt");
10          String s="你好, www.anfang.com";
11          fileWriter.write(s);            // 将字符数据写入到文本文件中
12          fileWriter.close();             // 关闭写入流，释放资源
13      }
14  }
```

请记录： 上面代码的运行结果为

程序分析：

程序运行结束后，会在当前目录下生成 write.txt 文件，打开此文件，查看其中的内容。

FileWriter 同 FileOutputStream 一样，如果指定的文件不存在，则会先创建文件，再写入数据，如果文件存在，则会先清空文件中的内容，再进行写入。若希望在已存在的文件内容之后增加新内容，只需要在字符输出流的末尾追加一个参数值 true 即可。

实验确认：□ 学生 □ 教师

4.2.2 字符缓冲流

字节缓冲流可以有效提高读/写数据的效率，而字符流同样提供了带缓冲区的输入流与输出流，分别是 BufferedReader 和 BufferedWriter，其中 BufferedReader 用于对字符输入流提供缓冲区，BufferedWriter 用于对字符输出流提供缓冲区，需要注意的是，在 BufferedReader 中有一个重要的方法 readline( )，该方法用于一次读取一行文本。

程序文件 4-10 使用字符缓冲流实现文本文件的复制。

```
1   package example;
2
3   import java.io.*;
4   public class Example4_10
5   {
6       public static void main(String[] args) throws Exception
7       {
8           // 创建一个 BufferedReader 缓冲对象
9           BufferedReader bufferReader=new BufferedReader(
10              new FileReader("read.txt"));
11          // 创建一个 BufferedReader 缓冲区对象
12          BufferedWriter bufferWriter=new BufferedWriter(
13              new FileWriter("dest.txt"));
14          String s=null;
15          // 每次读取一行文本，判断是否到文件末尾
```

```
16          while((s=bufferReader.readLine())!=null)
17          {
18              bufferWriter.write(s);
19              // 写入一个换行符，该方法会根据不同的操作系统生成相应的换行符
20              bufferWriter.newLine();
21          }
22          bufferReader.close();
23          bufferWriter.close();
24      }
25  }
```

请记录：上面代码的运行结果为

程序分析：

程序运行结束，请打开 dest.txt 文件核实。

需要注意的是，由于字符缓冲流内部使用了缓冲区，在循环中调用 BufferedWriter 的 write( )方法写入字符时，这些字符会写入缓冲区中，当缓冲区填充不下或者调用 close( )方法时，缓冲区中的字符才会一次性写入目标文件中。因此在循环结束时一定要调用 close( )方法，否则很容易会导致缓冲区的部分数据无法写入目标文件中。

实验确认：☐ 学生☐ 教师

4.2.3 转换流

在程序开发中，有时会遇到字节流和字符流之间需要进行转换的可能。在 java.io 包中提供了两个类可以将字节流转换为字符流，它们分别是 InputStreamReader 和 OutputStreamWriter。

OutputStreamWriter 是 Writer 的子类，能够将一个字节输出流转换成字符输出流，方便直接写入字符，而 InputStreamReader 是 Reader 的子类，能够将一个字节输入流转换成字符输入流，方便直接读取字符。

为了提高读/写效率，可通过字符缓冲流实现转换操作。

程序文件 4-11 将字节流转换为字符流。

```
1   package example;
2
3   import java.io.*;
4   public class Example4_11
5   {
6       public static void main(String[] args) throws Exception
7       {
8           // 创建字节输入流
9           FileInputStream input=new FileInputStream("read.txt");
10          // 将字节输入流转换成字符输入流
11          InputStreamReader streamReader=new InputStreamReader(input);
12          // 赋予字符输入流对象缓冲区
13          BufferedReader bufferReader=new BufferedReader(streamReader);
14          // 创建字节输出流
15          FileOutputStream output=new FileOutputStream("dest2.txt");
16          // 将字节输出流转换成字符输出流
17          OutputStreamWriter streamWriter=new OutputStreamWriter(output);
```

```
18              // 赋予字符输出流对象缓冲区
19              BufferedWriter bufferWriter=new BufferedWriter(streamWriter);
20              String line=null;
21              // 判断是否读到文件末尾
22              while((line=bufferReader.readLine())!=null)
23              {
24                  bufferWriter.write(line);                // 输出读取到的文件
25              }
26              bufferReader.close();
27              bufferWriter.close();
28          }
29      }
```
请记录：上面代码的运行结果为

程序分析：

程序运行结束后，打开 dest2.txt 文件核实内容。

程序中实现了字节流和字符流之间的转换，将字节流转换为字符流，从而实现直接对字符的读/写。需要注意的是，在使用转换流时，只能针对操作文本文件的字节流进行转换，如果字节流操作的是图片或者音频，此时转换为字符流就会造成数据丢失。

实验确认：□ 学生 □ 教师

4.2.4　格式化输出

可以使用 System.out.print(x) 将数值 x 输出到控制台上。这条命令将以 x 对应的数据类型所允许的最大非 0 数字位数打印输出 x。例如：

```
double x=10000.0/3.0;
System.out.print(x);
```
会打印输出

```
3333.3333333333335
```
例如，调用

```
System.out.printf("%8.2f", x);
```
可以用 8 个字符的宽度和小数点后两位数字的精度打印 x。也就是说，打印输出一个空格和 7 个字符，如下所示：

```
 3333.33
```
在 printf( )中，可以使用多个参数。例如：

```
System.out.printf("Hello, %s. Next year, you'll be %d", name, age);
```
其中每一个以%字符开始的格式说明符都用相应的参数替换。格式说明符尾部的转换符将指示被格式化的数值类型：f 表示浮点数，s 表示字符串，d 表示十进制整数。表 4-3 列出了所有转换符。

表 4-3　用于 printf( )的转换符

转　换　符	类　　　型	举　　例	转　换　符	类　　　型	举　　例
d	十进制整数	159	s	字符串	Hello
x	十六进制整数	9f	c	字符	H

续表

转 换 符	类 型	举 例	转 换 符	类 型	举 例
o	八进制整数	237	b	布尔	True
f	定点浮点数	15.9	h	散列码	4262b2
e	指数浮点数	1.59e+0.1	tx 或 Tx	日期时间（T 强制大写）	已经过时，现使用 java.time 类
a	十六进制浮点数	0x1.fccdp3	%	百分号	%

另外，还可以给出控制格式化的各种标志。表 4-4 列出了所有的标志。例如，逗号标志增加了分组的分隔符。即：

```
System.out.printf("%,.2f", 10000.0/3.0);
```

打印

```
3,333.33
```

可以使用多个标志，例如，"%,(.2f" 使用分组的分隔符并将负数括在括号内。

表 4-4　用于 printf( )的标志

标 志	目 的	举 例
+	打印整数和负数的符号	+3333.33
空格	在正数之前添加空格	| 3333.33|
0	数字前面补 0	003333.33
-	左对齐	|3333.33 |
(	将负数括在括号内	(3333.33)
,	添加分组分隔符	3,333.33
#（对于 f 格式）	包含小数点	3,333
#（对于 x 或 0 格式）	添加前缀 0x 或 0	0xcafe
$	给定被格式化的参数索引。例如，%1$d, %1$x 将以十进制和十六进制格式打印第 1 个参数	159 9f
<	格式化前面说明的数值。例如，%d%<x 以十进制和十六进制打印同一个数值	159 9F

至于 printf( )方法中日期与时间的格式化选项，应当使用 java.time 包的方法。

4.2.5　File 类及其常用方法

File 类提供了目录和文件管理的功能，主要用于文件命名、文件属性查看和文件目录管理、文件夹创建等操作。File 类同样位于 java.io 包中，但是 File 类不能对文件内容进行读/写操作。

File 类用于封装一个路径，这个路径可以指向一个文件，也可以指向一个目录。File 类常用的构造方法如表 4-5 所示。

表 4-5　File 类常用的构造方法

方　法　声　明	功　能　描　述
File(String pathname)	通过将给定路径名字符串转换为抽象路径名创建一个新 File 实例
File(String parent, String child)	根据 parent 路径名字符串和 child 路径名字符串创建一个新 File 实例
File(File parent, String child)	根据 parent 抽象路径名和 child 路径名字符串创建一个新 File 实例

在表 4-5 中，如果程序只处理一个目录或文件，并且知道该目录或文件的路径，则使用第一个构造方法更方便；如果程序处理的是一个公共目录中的若干子目录或者文件，那么使用第二或第三个构造方法更方便。

File 类中提供了一系列方法，用于操作其内部封装的路径指向的文件或者目录，如创建目录、删除目录、返回目录名称等，File 类中的常用方法如表 4-6 所示。

表 4-6　File 类的常用方法

方　法　声　明	功　能　描　述
boolean exists( )	判断 File 对象对应的文件或目录是否存在
boolean delete( )	删除 File 对象对应的文件或目录
boolean createNewFile( )	当 File 对象对应的文件不存在时，将创建一个此 File 对象指定的新文件
String getName( )	返回由此抽象路径名表示的文件或目录的名称
String getPath( )	将此抽象路径名转换为一个路径名字符串
String getParent( )	返回 File 对象对应目录的父目录（即返回的目录不包含最后一级子目录）
boolean isDirectory( )	测试此抽象路径名表示的文件是否是一个目录
long lastModified( )	返回此抽象路径名表示的文件最后一次被修改的时间
long length( )	返回由此抽象路径名表示的文件的长度
String[] list( )	列出指定目录的全部内容，仅列出名称
File[] listFiles( )	返回一个包含了 File 对象所有子文件和子目录的 File 数组

1. 遍历目录下的文件

在程序开发中，经常需要遍历某个指定目录下的所有文件的名称。

程序文件 4-12　利用 File 类进行遍历。

```
1    package example;
2
3    import java.io.File;
4    public class Example4_12
5    {
6        public static void main(String[] args) throws Exception
7        {
8            // 创建 File 对象
9            File f=new File("C:/Users/admin/workspace/chapter05");
10           if(f.isDirectory())                // 判断 File 对象对应的目录是否存在
11           {
12               String[] ss=f.list();          // 获得目录下的所有文件的文件名
13               for(String s:ss)
14               {
```

```
15            System.out.println(s);     // 循环遍历依次输出文件名
16         }
17      }
18    }
19  }
```

请记录：上面代码的运行结果为

_____

_____

_____

_____

_____

_____

_____

_____

_____

_____

_____

程序分析：

在程序中创建了一个 File 对象，并在对象中封装了一个路径，通过调用 File 对象的 isDirectory( ) 方法判断该路径是否存在，如果存在则调用 list( ) 方法并返回 String 类型的数组 ss，数组中包含该路径下所有文件的文件名。然后循环遍历数组 ss，依次输出每个文件的文件名到控制台上。

实验确认：□ 学生□ 教师

2. 删除文件及目录

在程序开发中，可能会遇到需要删除指定目录下的某个文件或者删除整个目录的情况，此时可以通过 File 对象的删除方法实现。首先在 C 盘的根目录下创建一个名称为 hello 文件夹，然后在该文件夹中创建任意数量的 Java 文件。

程序文件 4-13 删除指定目录下的所有 Java 文件。

```
1  package example;
2
3  import java.io.*;
4  public class Example4_13
5  {
6      public static void main(String[] args)
7      {
8          File folder=new File("c:/hello");      // 创建一个代表目录的 File 对象
9          File[] files=folder.listFiles();       // 得到 File 数组
10         for(File file:files)                    // 遍历所有的子目录和文件
11         {
12             if(file.getName().endsWith(".java"))// 筛选该目录下的所有 java 文件
13             {
```

```
14                    file.delete();        // 如果是以 java 为扩展名的文件, 则直接删除
15                }
16            }
17        }
18    }
```

程序分析:

运行后, 观察 hello 目录下的所有文件, 可以发现该目录下的所有 Java 文件都已经被成功删除。需要注意的是, 在使用 File 对象删除目录时, 是从 JVM 直接删除而不经过回收站, 因此文件一旦删除则无法恢复。

实验确认: □ 学生□ 教师

【编程训练】熟悉 Java 字符流与文件类

1. 实验目的

在开始本实验之前, 请认真阅读课程的相关内容。

（1）熟悉大数据可视化的基本概念和主要内容;

（2）通过绘制南丁格尔极区图, 尝试体验大数据可视化的设计与表现技术。

2. 实验内容与步骤

请仔细阅读本实验中【知识准备】的内容, 对其中的各个实例进行具体操作实现, 从中体会 Java 程序设计, 提高 Java 编程能力。

注意: 完成每个实例操作后, 请在对应的 "实验确认" 栏中打钩（√）, 并请实验指导老师指导并确认。

请问: 你是否完成了上述各个实例的实验操作? 如果不能顺利完成, 请分析可能的原因是什么。

答: _____

_____

_____

_____

实验确认: □ 学生□ 教师

3. 实验总结

_____

_____

_____

_____

4. 实验评价（教师）

_____

_____

【作　业】

1. 字符流的目标通常是（　　　）文件, 处理数据时以（　　　）为基本单位。

A. 字符, 文本　　　B. 文本, 字符　　　　　C. 数据, 数据　　　　　D. 字符, 字符

2. （　　　）是 java.io 包中所有字符流的抽象父类，定义了在 I/O 流中读/写字符数据的通用 API。

    A. Input 和 Output   B. Output 和 Input

    C. Writer 和 Reader   D. Reader 和 Writer

3. 在 Java 中，字符采用的是（　　　）字符编码。

    A. Unicode   B. ASCII   C. Big5   D. GBK

4. 为了方便在程序中操作字符，JDK 提供了字符流。与字节流类似，字符流的两个抽象的顶级父类是（　　　）。

    A. InputFlow 和 OutputFlow   B. OutputFlow 和 InputFlow

    C. Reader 和 Writer   D. Writer 和 Reader

5. 与字节流的继承关系类似，字符流的继承关系中很多子类都是成对（输入流和输出流）出现的，其中 FileReader 和 FileWriter 用于读/写文件，BufferedReader 和 BufferedWriter 是具有缓冲功能的流，使用它们可以（　　　）。

    A. 提高读/写效率   B. 加快计算速度

    C. 节约存储成本   D. 减少程序工作量

6. 在程序开发中，如果要从文件中直接读取字符，可以使用字符输入流（　　　），通过此流从关联的文件中读取一个或一组字符。

    A. FileReader   B. Reader   C. FileInput   D. InputReader

7. 与字节缓冲流类似，字符流同样提供了带缓冲区的输入流与输出流，分别是（　　　），以有效地提高读/写数据的效率。

    A. HuanchongReader 和 HuanchongWriter   B. BufferedReader 和 BufferedWriter

    C. Reader 和 Writer   D. Input 和 Output

8. 在循环中调用 BufferedWriter 的 write( )方法，会将字符写入缓冲区中，因此，在循环结束时一定要调用（　　　）方法，确保缓冲区的数据全部写入目标文件。

    A. close( )   B. end( )   C. write( )   D. oper( )

9. 在程序开发中，有时需要在字节流和字符流之间进行转换。java.io 包中，将字节流转换为字符流的分别是（　　　）。

    A. InputStream 和 OutputStream

    B. InputReader 和 OutputWriter

    C. InputStreamReader 和 OutputStrearnWriter

    D. StreamReader 和 StreamWriter

10. 位于 java.io 包中的 File 类提供的是（　　　）的功能。

    A. 将字符写入缓冲区   B. 转换字节流和字符流

    C. 文件内容进行读/写操作   D. 目录和文件管理

实验 5　异常处理与使用集合类

实验 5.1　异 常 处 理

【实验目标】

（1）熟悉异常的概念，了解异常类的层次结构。

（2）熟悉 Java 异常处理机制。

（3）掌握 Java 异常处理程序设计方法。

【知识准备】异常的判断与处理

到目前为止，我们所呈现的程序代码似乎都处在一个正确的状态中，然而现实世界却充斥着不良数据和有问题的程序代码，因此，有必要讨论 Java 语言处理这些问题的机制。

通常在程序运行期间，可能会由于程序的错误或一些外部环境的影响造成用户数据的丢失。为了避免这类事情的发生，至少应该做到以下几点：

- 向用户通告错误。
- 保存所有的工作结果。
- 允许用户以合适的方式退出程序。

程序运行期间出现的错误，如内存溢出、磁盘空间不足、网络中断、可能造成程序崩溃的错误输入等，这个错误可能是由于文件包含了错误信息，或者网络连接出现问题造成的，也有可能是因为使用了无效的数组下标，或者试图引用一个没有被赋值的对象而造成的。

Java 使用一种称为异常处理（exception handing）的错误捕获机制处理，以异常类的形式对这些不正常的情况进行封装，通过异常处理机制，对程序代码发生的各种问题进行有针对性的处理。

程序文件 5-1　演示出现算术异常。

```
1   package com.anfang.example1;
2
3   public class Example5_1
4   {
5       public static void main(String[] args)
6       {
7           int res=calculate(5, 0);  // 调用 calculate()方法
8           System.out.println(res);
9       }
10      // 下面的方法实现了两个参数相除
11      public static int calculate(int a, int b)
```

```
12       {
13           int res=a/b;              // 定义一个变量 res 记录两个数相除的结果
14           return res;
15       }
16   }
```

请记录：上面代码的运行结果为

程序分析：

从运行结果（见图 5-1）中可以看出，程序出现了算术异常（ArithmeticException），这个异常是由于第 7 行代码在调用 calculate( )方法时传入了参数 0，使运算时出现了被 0 除的情况。程序出现异常后导致程序立即结束，无法继续向下执行。

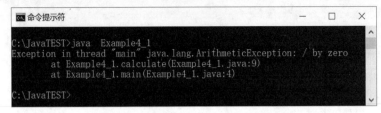

图 5-1　运行程序文件 5-1 的出错结果

实验确认：□ 学生□ 教师

5.1.1　处理错误

当出现错误时，用户期望程序能够采用一些理智的行为，例如程序应该返回到一种安全状态，并能够让用户执行一些其他的命令；或者允许用户保存所有操作的结果，并以妥善的方式终止程序。

要做到这些并不是一件很容易的事情。其原因是检测（或引发）错误条件的代码通常离那些能够让数据恢复到安全状态，或者能够保存用户的操作结果，并正常地退出程序的代码较远。异常处理的实验就是将控制权从错误产生的地方转移给能够处理这种情况的错误处理器。为了能够在程序中处理异常情况，必须研究程序中可能会出现的各种错误和问题以及哪类问题需要关注。

在 Java 中，如果某个方法不能够通过正常途径完成它的实验，可以通过另外一个路径退出方法。在这种情况下，方法并不返回任何值，而是抛出（throw）一个封装了错误信息的对象。需要注意的是，这个方法将会立刻退出，并不返回任何值。此外，调用这个方法的代码也将无法继续执行，取而代之的是，异常处理机制开始搜索能够处理这种异常状况的异常处理器（exception handler）。异常具有自己的语法和特定的继承结构。

5.1.2　异常分类

前面产生的 ArithmeticException 异常只是 Java 异常体系中的一种，Java 还提供了大量的异常类。在 java 中，所有异常对象都派生于 Throwable 类的一个实例。如果 Java 中内置的异常类不能够满足需求，用户可以创建自己的异常类。

图 5-2 是 Java 异常层次结构的一个示意图。

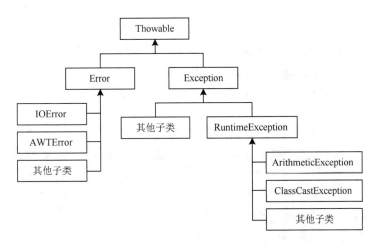

图 5-2 Throwable 体系架构

异常由 Throwable 继承而来,在下一层分解为两个分支:Error 和 Exception。

Error 类层次结构描述了 Java 运行时系统的内部错误和资源耗尽错误。如果出现了这样的内部错误,应用程序应通告给用户,并尽力使程序安全地终止。但这种情况很少出现。

在设计 Java 程序时,需要关注的是 Exception 层次结构。这个层次结构又分解为两个分支:一个分支派生于 RuntimeException;另一个分支包含其他异常。划分两个分支的规则是:由程序错误导致的异常属于 RuntimeException,而程序本身没有问题,但由于像 I/O 错误这类问题导致的异常属于其他异常。

派生于 RuntimeException 的异常包含下面几种情况:

- 错误的类型转换。
- 数组访问越界。
- 访问 null 指针。

不是派生于 RuntimeException 的异常包括:

- 试图在文件尾部后面读取数据。
- 试图打开一个不存在的文件。
- 试图根据给定的字符串查找 Class 对象,而这个字符串表示的类并不存在。

应该通过检测数组下标是否越界来避免 ArrayIndexOutOfBoundsException 异常;应该通过在使用变量之前检测是否为 null 来杜绝 NullPointerException 异常的发生,等等。

如何处理不存在的文件呢?是否考虑先检查文件是否存在再打开它呢?这个文件有可能在检查它是否存在之前就已经被删除了。因此,"是否存在"取决于环境,而不只是取决于代码。

Java 语言将派生于 Error 类或 RuntimeException 类的所有异常称为非受查(unchecked)异常,所有其他的异常称为受查(checked)异常。编译器将核查是否为所有的受查异常提供了异常处理器。其中,Error 表示程序代码中出现的错误,Exception 表示程序代码中出现的异常。二者的区别在于,错误是指系统内部错误或资源耗尽的错误,仅靠程序本身是不能恢复执行的;而异常表示程序本身可以处理的错误。

5.1.3　声明受查异常

如果遇到了无法处理的情况，那么 Java 的方法可以抛出一个异常。这个道理很简单：一个方法不仅需要告诉编译器将要返回什么值，还要告诉编译器有可能发生什么错误。例如，一段读取文件的代码知道有可能读取的文件不存在，或者内容为空，因此，试图处理文件信息的代码就需要通知编译器可能会抛出 IOException 类的异常。

方法应该在其首部声明所有可能抛出的异常。这样可以从首部反映出这个方法可能抛出哪类受查异常。例如，下面是标准类库中提供的 FileInputStream 类的一个构造器的声明。

```
public FileInputStream(String name) throws FileNotFoundException
```

这个声明表示这个构造器将根据给定的 String 参数产生一个 FileInputStream 对象，但也有可能抛出一个 FileNotFoundException 异常。如果发生了这种糟糕情况，构造器将不会初始化一个新的 FileInputStream 对象，而是抛出一个 FileNotFoundException 类对象。如果这个方法真的抛出了这样一个异常对象，运行时系统就会搜索异常处理器，以便知道如何处理 FileNotFoundException 对象。

在自己编写方法时，不必将所有可能抛出的异常都进行声明。至于什么时候需要在方法中用 throws 子句表明异常，什么异常必须使用 throws 子句声明，需要记住在遇到下面 4 种情况时应该抛出异常：

（1）调用一个抛出受查异常的方法，例如 FileInputStream 构造器。

（2）程序运行过程中发现错误，并且利用 throw 语句抛出一个受查异常。

（3）程序出现错误，例如，a[−1]=0 会抛出一个 ArrayIndexOutOfBoundsException 这样的非受查异常。

（4）Java 虚拟机和运行时库出现的内部错误。

如果出现前两种情况之一，则必须告诉调用这个方法的程序员有可能抛出异常。因为任何一个抛出异常的方法都有可能是一个死亡陷阱。如果没有处理器捕获这个异常，当前执行的线程就会结束。

总之，一个方法必须声明所有可能抛出的受查异常，而非受查异常要么不可控制（Error），要么就应该避免发生（RuntimeException）。如果方法没有声明所有可能发生的受查异常，编译器就会发出一个错误消息。除了声明异常之外，还可以捕获异常。

5.1.4　异常捕获 try … catch 和 finally

在程序文件 5–1 中，由于出现了异常而导致程序代码无法继续向下执行。为了解决这样的问题，Java 中提供了一种对异常进行处理的方式，即异常捕获。

异常捕获通常使用 try … catch 语句，语法格式如下：

```
try
{
    // 程序代码块
}
catch(异常类型(Excepting 类或其子类) 变量名)
{
    // 对异常的处理
}
```

　　在上述代码中，try 代码块用于编写可能发生异常的 Java 语句，catch 代码块用于编写针对异常进行处理的代码。当程序发生异常时，系统会将异常信息封装成一个对象传递给 catch 代码块，catch 代码块需要一个 Exception 类型的参数进行接收。

　　在处理异常时，我们偶尔也希望无论程序是否发生异常都要执行某个特定语句，此时就需要在 try … catch 后面加上一个 finally 语句，无论程序是否发生异常，finally 语句中的内容都会执行。接下来，使用 try … catch 和 finally 语句对文件 5-1 中出现的异常进行捕获。

程序文件 5-2　捕获异常。

```
1    package com.anfang.example1;
2
3    public class Example5_2
4    {
5        public static void main(String[] args)
6        {
7            // 下面的代码定义了一个 try … catch … finally 语句用于捕获异常
8            try
9            {
10               int res=calculate(5, 0);  // 调用 calculate()方法
11               System.out.println(res);
12           }
13           catch(Exception e)
14           {
15               System.out.println("捕获的异常是: "+e.getMessage());
16               return;
17           }
18           finally
19           {
20               System.out.println("finally 代码块");
21           }
22           System.out.println("程序代码继续执行…");
23       }
24
25       // 下面的方法实现了两个整数相除
26       public static int calculate(int a, int b)
27       {
28           int res=a/b;                 // 定义一个变量 res 记录两个数相除的结果
29           return res;                  // 将结果返回
30       }
31   }
```

请记录： 上面代码的运行结果为

_____

_____

程序分析：

　　程序的 catch 代码块中增加了一个 return 语句（第 16 行语句），用于终止当前方法的执行，此时程序的第 22 行语句就不会执行了，但 finally 中的代码仍会执行（见图 5-3），说明 finally 中的代码并不会被 return 语句影响。通常情况下，会在 finally 代码块中完成关闭系统资源等操作。

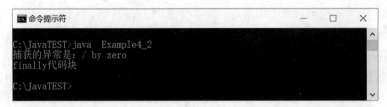

图 5-3　运行程序文件 5-2 的出错结果

实验确认：□ 学生□ 教师

5.1.5　抛出异常 throws

除了 try … catch 方法以外，在 Java 中还提供了另一种对异常的处理方式，即抛出异常。抛出异常使用 throws 关键字对外声明该方法有可能发生的异常，这样在调用方法时，就很清楚该方法是否有异常，必须对异常进行针对性的处理，否则编译失败。

语法格式如下：

修饰符 返回值类型 方法名([参数1,参数2…]) throws ExceptionType1[,ExceptionType2…]
{
}

从上述语法格式中可以看出，throws 关键字需要写在方法声明的后面，并且在 throws 后面需要声明方法中发生异常的类型，通常将这种做法称为方法声明抛出异常。

程序文件 5-3　修改程序文件 5-2，在 calculate( )方法上声明抛出异常。

```
1    package com.Anfang.example2;
2
3    public class Example5_3
4    {
5        public static void main(String[] args)
6        {
7            int res=calculate(6, 3);        // 调用 calculate() 方法
8            System.out.println(res);
9        }
10       // 下面的方法实现了两个整数相除，并使用 throws 关键字声明抛出异常
11       public static int calculate(int a, int b) throws Exception
12       {
13           int res=a/b;                    // 定义一个变量 res 记录两个数相除的结果
14           return res;                     // 将结果返回
15       }
16   }
```

请记录：上面代码的运行结果为

_____

_____

程序分析：
程序编译是系统报错，运行结果如图 5-4 所示。

图 5-4　编译结果

在图 5-3 中，第 7 行语句调用 calculate( )方法时，虽然程序在运行时不会出现被 0 除的异常，但是由于定义 calculate( )方法时声明抛出了异常，调用者在调用 calculate( )方法时就必须进行处理，否则就会出现编译报错。

实验确认：□ 学生 □ 教师

程序文件 5-4　对文件 5-3 进行修改。

```
1    package com.Anfang.example3;
2
3    public class Example5_4
4    {
5        public static void main(String[] args) throws Exception
6        {
7            int res=calculate(6, 3);       // 调用 calculate()方法
8            System.out.println(res);
9        }
10       // 下面的方法实现了两个整数相除，并使用 throws 关键字声明抛出异常
11       public static int calculate(int x, int y) throws Exception
12       {
13           int res=x/y;       // 定义一个变量 res 记录两个数相除的结果
14           return res;        // 将结果返回
15       }
16   }
```

请记录：上面代码的运行结果为

_____

程序分析：

在程序中使用 throws 关键字将异常抛出，使程序可以通过编译，运行后正确地输出运行结果"2"。

在程序开发中有两种常见异常：一种是编译时的异常；另一种是运行时的异常。二者的区别是编译时产生的异常必须进行处理，否则编译不通过；而运行时的异常是在程序运行中产生的，即使不进行异常处理也能通过编译。

实验确认：□ 学生 □ 教师

5.1.6　访问控制

Java 针对类、成员方法和属性提供了 4 种访问级别，分别是 private、default、protected 和 public。这 4 种访问级别控制了访问权限的大小，图 5-5 通过图例对这 4 种访问级别进行排序。

访问控制级别由小到大

图 5-5 访问级别

- private（类访问级别）：表示私有的，使用 private 修饰的成员只能被该类的其他成员访问，其他类无法直接访问。
- default（包访问级别）：若没有访问修饰符，则系统默认使用 default。该类可以被本类包中的所有类访问。
- protected（子类访问级别）：表示受保护的，该类可以被同一包下的其他类访问，也能被不同包下的子类访问。
- public（公共访问级别）：表示公有的，该类或者类中的成员可以被所有的类访问。

接下来通过一个表将这 4 种访问级别更加直观地表示出来（见表 5-1）。

表 5-1 访问控制级别

访问范围	private	default	protected	public
同一类中	√	√	√	√
同一包中		√	√	√
子类中			√	√
全局范围				√

5.1.7 创建异常类

在程序中，可能会遇到任何标准异常类都没有能够充分地描述清楚的问题。在这种情况下，就可以创建自己的异常类，需要做的只是定义一个派生于 Exception 的类，或者派生于 Exception 子类的类。例如，定义一个派生于 IOException 的类。习惯上，定义的类应该包含两个构造器：一个是默认的构造器；另一个是带有详细描述信息的构造器（超类 Throwable 的 toString()方法将会打印出这些详细信息，这在调试中非常有用）。

```java
class FileFormatException extends IOException
{
    public FileFormatException() {}
    public FileFormatException(String gripe)
    {
        super(gripe);
    }
}
```

现在，就可以抛出自己定义的异常类型了。

```java
String readDate(BufferedReader in) throws FileFormatException
{
    …
    while (…)
    {
```

```
        if(ch==-1)                                    // 遇到 EOF
        {
            if(n<len)
                throw new FileFormatException();
        }
        …
    }
    return s;
}
```

【编程训练】熟悉异常及其处理机制

1. 实验目的

在开始本实验之前，请认真阅读课程的相关内容。

（1）熟悉异常的概念、异常类的层次结构，掌握 Java 异常处理机制。

（2）掌握 Java 异常处理程序设计方法。

2. 实验内容与步骤

请仔细阅读本实验中【知识准备】的内容，对其中的各个实例进行具体操作实现，从中体会 Java 程序设计，提高 Java 编程能力。

注意：完成每个实例操作后，请在对应的"实验确认"栏中打钩（√），并请实验指导老师指导并确认。

请问：你是否完成了上述各个实例的实验操作？如果不能顺利完成，请分析可能的原因是什么。

答：_____

_____

_____

_____

实验确认：□ 学生 □ 教师

3. 实验总结

_____

_____

_____

4. 实验评价（教师）

_____

_____

【作　业】

1. 程序在运行过程中可能会发生异常情况，但下面（　　　）项不属于程序的异常情况。

A. 运行时内存溢出　　　　　　　　B. 磁盘空间不足

C. 网络中断　　　　　　　　　　　D. 运行时掉电

2. 在程序开发中有两种常见异常：一种是（　　　）时的异常；另一种是（　　　）时的异常。

前者必须进行处理，否则不能通过编译；而后者即使不进行异常处理也能通过编译。

　　A. 运行，编译　　　B. 执行，编程　　　　C. 编程，执行　　　　D. 编译，运行

3. 针对程序异常，Java 中提供了异常处理机制，以（　　　）的形式对不正常的情况进行封装，对程序代码发生的各种问题进行有针对性的处理。

　　A. 封装类　　　　　B. 异常类　　　　　　C. 特殊类　　　　　　D. 临时类

4. Throwable 有两个直接子类 Error 和 Exception，其中 Error 表示程序代码中出现的（　　　），Exception 表示程序代码中出现的（　　　），二者的区别在于，（　　　）仅靠程序本身不能恢复执行，而（　　　）是程序本身可以处理。

　　A. 异常，错误，异常，错误　　　　　　　B. 错误，异常，错误，异常

　　C. 异常，错误，错误，异常　　　　　　　D. 错误，异常，异常，错误

5. 为了解决程序中由于出现了异常导致程序代码无法继续执行这样的问题，Java 中提供了一种对异常进行处理的方式，即异常捕获。异常捕获通常使用（　　　）语句。

　　A. try … class　　B. class … catch　　　C. try … catch　　　　D. catch … try

6. 在处理异常时，（　　　）代码块用于编写可能发生异常的 Java 语句，（　　　）代码块用于编写针对异常进行处理的代码。

　　A. try，catch　　　B. catch，try　　　　　C. process，catch　　　D. try，Process

7. Java 中提供了"抛出异常"的异常处理方式，即使用（　　　）关键字对外声明该方法有可能发生的异常。

　　A. process　　　　B. throws　　　　　　C. class　　　　　　　D. delete

8. Java 针对类、成员方法和属性提供了 4 种访问级别，但以下（　　　）不属于其中。

　　A. private　　　　B. protected　　　　　C. public　　　　　　D. class

实验 5.2　使用集合类

【实验目标】

　　（1）了解 Java 语言集合类的知识概念。

　　（2）掌握 List、Set 和 Map 等接口的定义及其程序设计方法。

【知识准备】对多个对象存取操作的集合类

　　面向对象语言都是以对象的形式体现的，为了方便对多个对象进行存取操作，Java 语言中提供了集合类。

5.2.1　集合类概述

　　前面我们介绍过数组功能。数组可以用于保存多个对象，但在对象数目无法确定的情况下，数组是不适用的，因为数组的长度不可变。为了保存这些数目不确定的对象，JDK 中提供了集合类（又称容器类），这些类可以存储任意类型的对象，并且长度可变。所有的集合类都位于 java.util 包中。在使用时，需要导入 java.util 包，否则会出现异常。

　　集合按照存储结构可以分为两大类，分别是单列集合（Collection）和双列集合（Map）。这两种集合的特点包括：

- Collection 是单列集合类的根接口，用于存储一系列符合某种规则的元素，它有两个重要的子接口，分别是 List 和 Set。其中，List 的特点是元素有序，元素可重复；Set 的特点是元素无序，而且不可重复。List 接口的主要实现类有 ArrayList 和 LinkedList，Set 接口的主要实现类有 HashSet 和 TreeSet。
- Map 是双列集合类的根接口，用于存储具有键（Key）、值（Value）映射关系的元素，每个元素都包含一对键值，在使用 Map 集合时可以通过指定的 Key 找到对应的 Value，例如根据一个员工的工号就可以找到对应的员工。Map 接口的主要实现类有 HashMap 和 TreeMap。

图 5-6 描述了整个集合类的继承体系，从中可以清楚地了解集合之间的关系。其中，虚线框填写的是接口类型，而实线框填写的是具体的实现类。

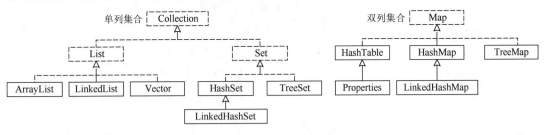

图 5-6 集合框架体系

Collection 是所有单列集合的父接口，因此 Collection 接口中定义了很多单列集合（List 和 Set）通用的方法，这些方法分别用于在集合中添加元素、删除元素、获取集合中元素的个数等（见表 5-2）。

表 5-2 Collection 接口的常用方法

方 法 声 明	功 能 描 述
boolean add(Object o)	向集合中添加一个元素
boolean addAll(collection c)	将指定 Collection 中的所有元素添加到该集合中
void clear( )	删除该集合中的所有元素
boolean remove(Object o)	删除该集合中指定的元素
boolean removeAll(Collection c)	删除指定集合中的所有元素
boolean isEmpty()	判断该集合是否为空
boolean contains(Object o)	判断该集合中是否包含某个元素
boolean containsAll(Collection c)	判断该集合中是否包含指定集合中的所有元素
Iterator iterator( )	返回在该集合的元素上进行迭代的迭代器（Iterator），用于遍历该集合所有元素
int size( )	获取该集合元素的个数

5.2.2 List 接口

List 接口继承自 Collection 接口，是单列集合的一个重要分支，习惯上将 List 接口的对象称为 List 集合。在 List 集合中可以出现相同的元素，所有的元素都以一种线性方式进行存储，因此，使用此集合能够精确地控制每个元素插入的位置，用户能够使用索引访问 List 中的元素。另外，List 集合还有一个特点就是元素有序，即元素的存入顺序和取出顺序一致。

与 Collection 不同的是，在 List 接口中大量扩充了 Collection 接口，拥有比 Collection 接口中更多的方法定义（见表 5-3）。

表 5-3　List 集合的常用方法

方 法 声 明	功 能 描 述
void add(int index,Object element)	将元素 element 插入到 List 集合的 index 处
boolean addAll(int index,Collection c)	将集合 c 所包含的所有元素插入到 List 集合的 index 处
Object get(int index)	返回集合索引 index 处的元素
Object remove(int index)	删除 index 索引处的元素
Object set(int index, Object element)	将索引 index 处元素替换成 element 对象，并将替换后的元素返回
int indexOf(Object o)	返回对象 o 在 List 集合中出现的位置索引
int lastIndexOf(Object o)	返回对象 o 在 List 集合中最后一次出现的位置索引
List subList(int fromIndex, int toIndex)	返回从索引 fromIndex（包括）到 toIndex（不包括）处所有元素集合组成的子集合

1. ArrayList 集合

ArrayList 是 List 接口的一个实现类，在程序开发中经常使用。在 ArrayList 内部封装了一个长度可变的数组，当存入的元素超过数组长度时，ArrayList 会在内存中分配一个更大的数组存储这些元素，因此可以将 ArrayList 集合看作一个长度可变的数组。

ArrayList 集合中大多数的方法都是从父接口 Collection 和 List 继承的，其中 add( )方法和 get( )方法用于实现元素的存取。

程序文件 5-5　演示 ArrayList 集合如何存取元素。

```
1    package com.anfang.example;
2
3    import java.util.*;
4    public class Example6_1
5    {
6        public static void main(String[] args)
7        {
8            ArrayList List=new ArrayList();        // 创建 Arraylist 集合
9            list.add("zhangsan");                  // 向集合中添加元素
10           list.add("lisi");
11           list.add("wangwu");
12           list.add("zhaoliu");
13           System.out.println("集合的长度是: "+list.size());
14           System.out.println("第 2 个元素是: "+list.get(2));
15       }
16   }
```

请记录：上面代码的运行结果为＿＿＿＿＿＿＿。

程序分析：

由于 ArrayList 集合的底层使用一个数组保存元素，在增加或删除指定位置的元素时，会导致创建新的数组，极大地降低了效率，因此该集合不适合进行大量的增删操作。但这种数组的结构允许程序通过索引的方式访问元素，因此 ArrayList 集合的优势是查找元素效率高。

实验确认：□ 学生□ 教师

2. Iterator 接口

在使用集合类时，通常都会遇到需要遍历所有元素的情况，为此，JDK 专门提供了一个接口 Iterator。Iterator 接口也是集合框架中的一员，它与 Collection 和 Map 接口不同的是，Collection 接口与 Map 接口主要用于存储元素，而 Iterator 主要用于遍历 Collection 和其子类中的元素，因此 Iterator 对象也称迭代器。

程序文件 5-6　演示如何使用 Iterator 迭代器遍历 ArrayList 集合中的元素。

```
1   package com.anfang.example;
2
3   import java.util.*;
4   public class Example5_6
5   {
6       public static void main(String[] args)
7       {
8           ArrayList List=new ArrayList();    // 创建 ArrayList 集合
9           list.add("zhangsan");              // 向该集合中添加元素
10          list.add("lisi");
11          list.add("wangwu");
12          list.add("zhaoliu");
13          Iterator it=list.iterator();       // 得到 Iterator 对象
14          while (it.hasNext())               // 判断 ArrayList 集合中是否有下一个元素
15          {
16              Object obj=it.next();          // 取出 ArrayList 集合中的元素
17              System.out.println(obj);
18          }
19      }
20  }
```

请记录：上面代码的运行结果为＿＿＿＿＿＿＿。

程序分析：

程序中在使用 Iterator 遍历集合的整个过程中，首先通过调用 ArrayList 集合的 iterator( )方法获得迭代器对象，然后使用 hasNext( )方法判断该集合中是否存在下一个元素，如果存在，则调用 next( )方法将元素取出；如果不存在，则跳出 while 循环停止遍历元素。

实验确认：□ 学生 □ 教师

3. foreach 循环

虽然 Iterator 可以用于遍历集合中的元素，但在写法上比较麻烦，为了能够简化书写，Java 还提供了 foreach 循环，这是一种更加简洁的 for 循环，也称增强 for 循环。

foreach 循环用于遍历集合或者数组中的元素，具体语法格式如下：

```
for(集合内储存类型 变量名:集合的变量名)
{
    执行语句部分
}
```

从上面的格式可以看出，与普通 for 循环相比，foreach 循环在遍历集合时，不需要知道集合的长度，也无须知道索引，foreach 能自动遍历集合中的每个元素。

程序文件 5-7　演示 foreach 循环。

```
1   package com.anfang.example1;
2
3   import java.util.*;
4   public class Example5_7
5   {
6       public static void main(String[] args)
7       {
8           ArrayList list=new ArrayList();      // 创建 ArrayList 集合
9           list.add("zhangsan");                // 向 ArrayList 集合中添加元素
10          list.add("lisi");
11          list.add("wangwu");
12          for(Object obj:list)                 // 使用 foreach 循环遍历 ArrayList 集合
13          {
14              System.out.println(obj);         // 取出并打印 ArrayList 集合中的元素
15          }
16      }
17  }
```

请记录：上面代码的运行结果为＿＿＿＿＿＿。

程序分析：

从程序文件 5-7 中可以看出，foreach 循环与普通的 for 循环遍历有所不同，它没有循环条件，也没有迭代语句，所有这些工作都交给 JVM 执行。foreach 循环的次数由集合中元素的个数决定，每次循环时，foreach 中通过变量记住当前循环的元素，从而将集合中的元素分别输出。

实验确认：□ 学生 □ 教师

5.2.3　泛型

集合可以存储任何类型的对象，但是存储一个对象到集合后，集合会"忘记"这个对象的类型，当该对象从集合中取出时，这个对象的编译类型就变成了 Object 类型。在取出元素时，如果进行强制类型转换就很容易抛出异常。

程序文件 5-8　演示集合中的类型转换异常。

```
1   package com.anfang.example;
2
3   import java.util.*;
4   public class Example5-8
5   {
6       public static void main(String[] args)
7       {
8           ArrayList list=new ArrayList();   // 创建 ArrayList 集合
9           list.add("zhangsan");             // 添加字符串
10          list.add("lisi");
11          list.add(18);                     // 添加 Integer 类型的数据
12          for(Object obj:list)              // 遍历集合
13          {
14              String str=(String) obj;      // 强制转换成 String 类型
15          }
16      }
```

```
17  }
```

请记录：上面代码的运行结果为＿＿＿＿＿＿＿＿＿。

程序分析：

程序中向 List 集合存入了三个元素，分别是两个字符串类型和一个 int 类型。在取出这些元素时，都将它们强制转换为 String 类型，由于 Integer 对象不能转换为 String 类型，因此在程序运行时抛出了类转换异常。

实验确认：□ 学生 □ 教师

为了解决这个问题，Java 引入了"参数化类型（parameterized type）"概念，即泛型，它可以限定方法操作的数据类型，在定义集合类时，使用"<参数化类型>"的方式指定该类中方法操作的数据类型，具体格式如下：

```
ArrayList<参数化类型> list=new ArrayList <参数化类型>();
```

接下来修改程序文件 5-8 中的第 8 行语句：

```
ArrayList<String> list=new ArrayList<String>();
                        // 创建集合对象并指定泛型为 String
```

上面这种写法限定了 ArrayList 集合只能存储 String 类型元素，改写后的程序在 Eclipse 中编译时会出现错误提示。

程序编译报错的原因是修改后的代码限定了集合元素的数据类型，ArrayList<String> 这样的集合只能存储 String 类型的元素，程序在编译时，编译器检查出 Integer 类型的元素与 List 集合的规定类型不匹配，编译不通过。这样就可以在编译时解决错误，避免程序在运行时发生错误。

需要注意的是，在使用泛型后，每次遍历集合元素时，可以指定元素类型为 String，而不是 Object，这样就避免了在程序中进行强制类型转换。

5.2.4　Set 接口

和 List 接口一样，Set 接口也继承自 Collection 接口，它与 Collection 接口中的方法基本一致，并没有对 Collection 接口进行功能上的扩充，只是比 Collection1 接口更加严格。与 List 接口不同的是，Set 接口中的元素无序，并且都会以某种规则保证存入的元素不会出现重复。

Set 接口主要有两个实现类，分别是 HashSet 和 TreeSet。其中，HashSet 是根据对象的哈希值[①]确定元素在集合中的存储位置，因此具有良好的存取和查找性能。TreeSet 是以二叉树方式存储元素，它可以实现对集合中的元素进行排序。下面以 HashSet 为例，对 Set 集合进行详细讲解。

HashSet 是 Set 接口的一个实现类，HashSet 按 Hash 算法存储集合中的元素，因此具有很好的存取和查找性能，并且存储的元素是无序的和不可重复的。

程序文件 5-9　演示 HashSet 集合的用法。

```
1  package com.anfang.example;
2
3  import java.util.*;
```

---

①哈希算法是将任意长度的二进制值映射为固定长度的较小二进制值，这个小的二进制值称为哈希值，它是一段数据唯一且极其紧凑的数值表示形式。如果散列一段明文且只更改其中的一个字母，随后都将产生不同的哈希值。要找到散列为同一个值的两个不同的输入，基本上是不可能的。消息身份验证代码（MAC）哈希函数通常与数字签名一起用于对数据的签名，而消息检测代码（MDC）哈希函数则用于数据完整性。

```
4   public class Example5_9
5   {
6       public static void main(String[] args)
7       {
8           HashSet hashSet=new HashSet();       // 创建 HashSet 集合
9           hashSet.add("zhangsan");             // 向该 HashSet 集合中添加元素
10          hashSet.add("lisi");
11          hashSet.add("wangwu");
12          hashSet.add("lisi");                 // 向该 HashSet 集合中添加重复元素
13          Iterator it=hashSet.iterator();      // 得到 Iterator 对象
14          while (it.hasNext())           // 通过 while 循环，判断集合中是否有元素
15          {
16              Object obj=it.next();      // 如果有元素，则使用迭代器的 next()方法获取元素
17              System.out.println(obj);
18          }
19      }
20  }
```

请记录：上面代码的运行结果为＿＿＿＿＿＿＿＿。

程序分析：

HashSet 集合之所以能确保不出现重复的元素，是因为在向 Set 中添加对象时，会先调用此对象所在类的 hashCode( )方法，计算此对象的哈希值，此哈希值决定了此对象在 Set 中的存储位置。若此位置之前没有对象存储，则将这个对象直接存储到此位置。若此位置已有对象存储，再通过 equals( )方法比较这两个对象是否相同，如果相同，则后一个对象就不能再添加进来。

实验确认：☐ 学生 ☐ 教师

5.2.5　Map 接口

Map 集合是一种双列集合，集合中的每个元素都包含一个键对象 Key 和一个值对象 Value，键和值是一一对应的关系，称为映射。也就是说，根据键就能找到对应的值，类似于生活中一张身份证对应一个人一样。

为了便于对 Map 集合的操作，Map 集合中提供了很多方法（见表 5-4）。

表 5-4　Map 集合中的方法

方 法 声 明	功 能 描 述
void add(int index, Object element)	将元素 element 插入到 List 集合的 index 处
boolean addAll(int index,Collection c)	将集合 c 所包含的所有元素插入到 List 集合的 index 处
Object get(int index)	返回集合索引 index 处的元素
Object remove(int index)	删除 index 索引处的元素
Object set(int index, Object element)	将索引 index 处元素替换成 element 对象，并将替换后的元素返回
int indexOf(Object o)	返回对象 o 在 List 集合中出现的位置索引
int lastIndexOf(Object o)	返回对象 o 在 List 集合中最后一次出现的位置索引
List subList(int fromIndex, int toIndex)	返回从索引 fromIndex（包括）到 toIndex（不包括）处所有元素集合组成的子集合

1. HashMap 集合

HashMap 集合是基于哈希表的 Map 接口的实现，它用于存储键值映射关系，但不保证映射的顺序。

程序文件 5-10　演示先遍历 Map 集合中所有的键，再根据键获取相应的值的方式。

```
1   package com.anfang.example;
2
3   import java.util.*;
4   public class Example5_10
5   {
6       public static void main(String[] args)
7       {
8           HashMap hashMap=new HashMap();          // 创建 HashMap 集合
9           hashMap.put("001", "zhangsan");         // 存储键和值
10          hashMap.put("002", "lisi");
11          hashMap.put("003", "wangwu");
12          Set keySet=hashMap.keySet();            // 获取键的集合
13          Iterator it=keySet.iterator();          // 迭代键的集合
14          while(it.hasNext())
15          {
16              Object key=it.next();
17              Object value=hashMap.get(key);      // 获取每个键所对应的值
18              System.out.println(key+"="+value);
19          }
20      }
21  }
```

请记录：上面代码的运行结果为_____。

程序分析：

在程序中首先调用 HashMap 集合的 KeySet( )方法，获得存储 Map 中所有键的 Set 集合，然后通过 Iterator 迭代 Set 集合的每一个元素，即每一个键，最后通过调用 get(String key)方法，根据键获取对应的值。

实验确认：□ 学生□ 教师

Map 集合的另外一种遍历方式是先获取集合中的所有映射关系，然后从映射关系中取出键和值。

程序文件 5-11　演示利用映射关系的遍历方式。

```
1   package com.anfang.example;
2
3   import java.util.*;
4   public class Example5_11
5   {
6       public static void main(String[] args)
7       {
8           HashMap hashMap=new HashMap();          // 创建 HashMap 集合
9           hashMap.put("001", "zhangsan");         // 存储键和值
10          hashMap.put("002", "lisi");
11          hashMap.put("003", "wangwu");
12          Set entrySet=hashMap.entrySet();
13          Iterator it=entrySet.iterator();        // 获取 Iterator 对象
```

```
14              while(it.hasNext())
15              {
16                  Map.Entry entry=(Map.Entry) it.next(); // 获取集合中键值对映射关系
17                  Object key=entry.getKey();              // 获取 Entry 中的键
18                  Object value=entry.getValue();          // 获取 Entry 中的值
19                  System.out.println(key+"="+value);
20              }
21          }
22  }
```

请记录：上面代码的运行结果为_____。

程序分析：

程序中首先调用 Map 对象的 entrySet( )方法获得存储在 Map 中所有映射的 Set 集合，这个集合中存放了 Map.Entry 类型的元素（Entry 是 Map 内部接口），每个 Map.Entry 对象代表 Map 中的一个键值对，然后迭代 Set 集合，获得每一个映射对象，并分别调用映射对象的 getKey( )和 getValue( )方法获取键和值。

实验确认：□ 学生□ 教师

2. Properties 集合

Properties 主要用于存储字符串类型的键和值，由于 Properties 类实现了 Map 接口，因此，Properties 类本质上是一种简单的 Map 集合。在实际开发中，经常使用 Properties 集合存取应用的配置项。假设有一个文本编辑工具，要求文本的字体为微软雅黑，字号为 20 px，字体颜色为 green，其配置项应该如下所示：

```
face=微软雅黑
size=20px
color=green
```

在程序中可以使用 Properties 集合对这些配置项进行存取。

程序文件 5-12   演示 Properties 集合的使用。

```
1   package com.anfang.example;
2
3   import java.util.Properties;
4   import java.util.Set;
5   public class Example5_12
6   {
7       public static void main(String[] args)
8       {
9           Properties p=new Properties();              // 创建 Properties 集合
10          p.setProperty("face", "微软雅黑");
11          p.setProperty("size", "20px");
12          p.setProperty("color", "green");
13          Set<String>names=p.stringPropertyName(); // 获取 Set 集合对象
14          for(String key:name)
15          {
16              String value=p.getProperty(key);
17              System.out.println(key+"="+value);
18          }
19      }
20  }
```

请记录：上面代码的运行结果为_____。

程序分析：

在程序的 Properties 类中，针对字符串的存取提供了两个专用的方法：setProperty( )和 getProperty( )。其中，setProperty( )方法用于将配置项的键和值添加到 Properties 集合中，getProperty( ) 方法用于根据键获取对应的值。在第 13 行代码中通过调用 Properties 的 stringPropertyNames( )方法 得到一个所有键的 Set<string>集合，然后在遍历所有的键时，通过调用 getProperty( )方法获得键所 对应的值。

实验确认：□ 学生□ 教师

【编程训练】熟悉集合类与接口

1. 实验目的

在开始本实验之前，请认真阅读课程的相关内容。

（1）熟悉 Java 语言的集合类。

（2）掌握 List 接口、Set 接口和 Map 接口的定义及其程序设计方法。

2. 实验内容与步骤

请仔细阅读本实验中【知识准备】的内容，对其中的各个实例进行具体操作实现，从中体会 Java 程序设计，提高 Java 编程能力。

注意：完成每个实例操作后，请在对应的"实验确认"栏中打钩（√），并请实验指导老 师指导并确认。

请问：你是否完成了上述各个实例的实验操作？如果不能顺利完成，请分析可能的原因是什么。

答：_____

_____

_____

_____

实验确认：□ 学生□ 教师

3. 实验总结

_____

_____

_____

_____

4. 实验评价（教师）

_____

_____

【作　业】

1. Java 语言中的集合类是为了（　　　）。

A. 方便对多个对象进行存取操作　　　　　B. 方便对多种方法进行程序设计

C. 组织程序的数据结构　　　　　　　　　D. 编写数据库管理程序

2. 在 Java 语言中，数组可以用于保存多个对象，但如果（　　　）数目无法确定，数组是不适用的。

A. 类　　　　　　　B. 对象　　　　　　　C. 函数　　　　　　　D. 方法

3. 为了保存数目不确定的对象，JDK 中提供了（　　　），这些类可以存储任意类型的对象，其长度可变，且都位于 java.util 包中。

A. 异常类　　　　　　B. 输入类　　　　　　C. 输出类　　　　　　D. 容器类

4. 集合按照存储结构可以分为两大类，即（　　　）。

A. 单组集合和双组集合　　　　　　　B. 单个集合和多个集合

C. 单列集合和双列集合　　　　　　　D. 单块结合和多块集合

5. 下面（　　　）选项是错误的。

A. Collection 是单列集合类的根接口，用于存储一系列符合某种规则的元素

B. Collection 有两个重要的子接口，分别是 List 和 Set

C. Map 有两个重要的子接口，分别是 List 和 Set

D. Map 是双列集合类的根接口，用于存储具有键、值映射关系的元素

6. 下面（　　　）选项是错误的。

A. List 集合中不会出现重复的元素，而 Set 接口中的可以出现相同的元素

B. 在 List 集合中可以出现相同的元素，所有的元素是以一种线性方式进行存储的

C. Set 接口中的元素无序，并且会以某种规则保证存入的元素不会出现重复

D. Map 集合是一种双列集合，集合中的每个元素都包含一个键对象 Key 和一个值对象 Value，键和值是一一对应的映射关系

实验 6 图形用户界面

实验 6.1 图形界面设计基础

【实验目标】

（1）熟悉 Java GUI 设计的基本概念，掌握 GUI 开发工具 AWT 组件的简单应用。

（2）了解 Swing GUI 程序开发工具。

（3）编写定义屏幕窗口大小和位置的程序，掌握在 GUI 组件中显示信息的方法。

【知识准备】Java 的图形用户界面

到目前为止，我们编写的程序都是通过键盘接收输入并在控制台屏幕上显示结果。在本实验中，我们来学习如何编写 Java 语言的图形用户界面（Graphical User Interface，GUI），熟悉 AWT 组件，了解 Swing 组件，使用这些技术编写一些有意思的小程序，来感受编程的乐趣和 Java 语言强大的程序设计能力。

6.1.1 命令提示符和图形用户界面

在使用图形用户界面之前，人们主要使用的是命令提示符界面。例如，在 Windows 10 "开始" 菜单的 "Windows 系统" 子菜单中单击 "命令提示符" 命令，打开命令提示符界面，如图 6-1 所示。

图 6-1 Windows 的命令提示符界面

在命令提示符状态下要通过输入字符命令来操作计算机，常用的命令如：

```
C> dir
```

列举、浏览 C 盘当前目录下的所有文件。

```
C> md newdir
```

在 C 盘当前目录下新建一个名字叫 newdir 的文件夹。

```
C> cd newdir
```

进入 C 盘当前目录下的 newdir 子文件夹。

以上通过输入字符命令的方式操作计算机，其功能仅仅是在 C 盘的当前目录中建立一个名为 newdir 的文件夹，然后进入这个文件夹。

与 GUI 相比，命令提示符方式比较烦琐和复杂，因此在计算机软件的发展历程中逐渐被取代。GUI 用图形的方式，例如按钮、文本框、复选框、菜单等，来引导用户通过鼠标单击和键盘按键的形式进行操作，使用户通过直观的可视化符号与软件进行交互。大家所熟悉的 Windows 操作系统就是一个典型的图形用户界面操作系统（见图 6-2）。

图 6-2　Windows 图形用户界面：控制面板

Java 的发展历程中总共形成了三套不同的图形界面组件：AWT、Swing 和 SWT。它们既独立又有联系，只要学会其中之一，就可以完成 Java 的图形界面编程。其中，AWT 和 Swing 是标准的 Java GUI 开发工具，只要安装了 JDK 就可以进行 AWT 或 Swing 编程；而 SWT 图形工具箱是 IBM 公司为其 Eclipse 集成开发环境项目所开发的 Java GUI 工具包，它与 AWT 类似，可以映射到不同平台的本地组件上，但普通 JDK 版本并不支持。

6.1.2　AWT 组件

1．AWT 组件概述

AWT（Abstract Windowing Toolkit，抽象窗口工具包）是 Java 早期提供的 GUI 开发工具。和 AWT 对应的是 java.awt 包，其中包含了 AWT 用来开发 GUI 程序的类，例如，Frame（窗体类）、Button（按钮类）、TextField（文本框类）、Label（标签类）、CheckBox（复选框类）和 List（列表类）等。

程序文件 6-1　创建一个空白的 AWT 窗体。

```
1    import java.awt.*;                             // 导入 awt 工具包
2
3    public class AWTFrame                          // 类名是 AWTFrame
4    {
5        public static void main(String[] args)     // main()方法
6        {
7            Frame frm=new Frame();                 // 声明并实例化了一个 Frame 对象
```

```
8        frm.setSize(400, 300);              // 把窗体宽度设为 400，高度为 300
9        frm.show();                         // 显示窗体
10    }
11 }
```

程序运行结果如图 6-3 所示。

图 6-3 一个空白的 AWT 窗体

提示：在编译上述程序时，系统会提示如下：

AWTFrame.java 使用或覆盖了已过时的 API。

有关详细信息，请使用-Xlint:deprecation 重新编译。

出现这个编译提示是因为在该程序中使用 JDK 类的时候，调用了已经过时的方法。所谓过时方法，是指那些没有真正实现或存在潜在问题的方法，这些方法一般情况下目前版本的 JDK 还支持，但在未来的某个版本中可能会被取消。

试一试：可以通过扩展 Frame 类的方法来实现自定义窗体类的目的。

程序文件 6-2 创建一个空白的扩展 AWT 窗体。

```
1   import java.awt.*;
2
3   public class AWTFrame extends Frame        // 扩展框架，继承自 Frame 类
4   {
5       public AWTFrame()
6       {
7           setSize(400, 300);
8       }
9
10      public static void main(String[] args)  // main()方法
11      {
12          AWTFrame frm=new AWTFrame();
13          frm.setSize(400, 300);
14          frm.show();
15      }
16  }
```

想一想：将程序文件 6-1 和程序文件 6-2 的程序仔细对照阅读，请描述一下代码的不同在哪里。

_____

_____

_____

_____

_____

实验确认：□ 学生□ 教师

可以在空白的窗体中加入一些组件，如按钮和文本框等。

程序文件 6-3　在空白的窗体中加入一个按钮。

```
1   import java.awt.*;                           // 导入 awt 工具包
2
3   public class AWTFrame                         // 类 AWTFrame
4   {
5       public static void main(String[] args)    // main()方法
6       {
7           // 声明并实例化一个 Frame 对象
8           Frame frm=new Frame();
9           // 把窗体宽度设为 400，高度为 300
10          frm.setSize(400, 300);
11          // 设置窗体布局空，必须要这个语句
12          frm.setLayout(null);
13          // 创建一个 Button 对象，按钮文字是 "一个按钮"
14          Button btn=new Button("一个按钮");
15          // 设置按钮的位置，左上角坐标是（100，100）
16          btn.setLocation(100, 100);
17          // 设置按钮的大小，宽为 80，高为 20
18          btn.setSize(80, 20);
19          frm.add(btn);                          // 把这个按钮加到 frm 窗体中
20          frm.show();                            // 显示窗体
21      }
22  }
```

程序分析：

运行该程序，可见在窗体中加入了一个按钮。其中第 12 行语句的作用是设置窗体的布局为自由布局，必须加入。

实验确认：□ 学生□ 教师

在窗体框架中加入一个按钮的过程非常简单，分为以下三步，缺一不可：

（1）创建一个 Button 对象。

（2）设置这个 Button 对象的大小和在窗体中的位置。

（3）把这个 Button 对象加入到窗体中。

程序文件 6-4　使用继承的方式来修改程序文件 6-3 的代码。

```
1   import java.awt.*;                           // 导入 awt 工具包
2
3   public class AWTFrame extends Frame
4   {
5       public AWTFrame()
```

```
6       {
7           setLayout(null);                          // 设置窗体布局空，必须要这条语句
8           // 创建一个 Button 对象，按钮文字是 "一个按钮"
9           Button btn=new Button("一个按钮");
10          // 设置按钮的位置，左上角坐标是（100，100）
11          btn.setLocation(100, 100);
12          // 设置按钮的大小，宽为 80，高为 20
13          btn.setSize(80, 20);
14          add(btn);                                 // 把这个按钮加到 frm 窗体中
15      }
16      public static void main(String[] args)   // main()方法
17      {
18          // 声明并实例化一个 AWTFrame 对象
19          AWTFrame frm=new AWTFrame();
20          // 把窗体宽度设为 400，高度为 300
21          frm.setSize(400, 300);
22          frm.show();                               // 显示窗体
23      }
24  }
```

想一想：请仔细阅读并分析程序文件 6-4 的程序执行流程，并描述如下。

_____

_____

_____

_____

实验确认：□ 学生 □ 教师

程序文件 6-5　在空白的窗体中加入一个文本框。操作步骤与加入一个按钮类似。

```
1   import java.awt.*;
2
3   public class AWTFrame extends Frame
4   {
5       public AWTFrame()
6       {
7           // 设置窗体布局为空，必须要有这条语句
8           setLayout(null);
9           // 创建一个 Button 对象，按钮文字是 "一个按钮"
10          Button btn=new Button("一个按钮");
11          // 设置按钮的位置，左上角坐标是（100，100）
12          btn.setLocation(100, 100);
13          // 设置按钮的大小，宽为 80，高为 20
14          btn.setSize(80, 20);
15          // 把这个按钮加到 frm 窗体中
16          add(btn);
17          // 创建一个 TextField 对象
18          TextField txt=new TextField();
19          // 设置文本框的位置，左上角坐标是（100，100）
20          txt.setLocation(200, 100);
21          // 设置文本框的大小，宽为 100，高为 20
22          txt.setSize(100, 20);
```

```
23          // 把这个文本框加到 frm 窗体中
24          add(txt);
25      }
26      public static void main(String[] args)                // main 方法
27      {
28          // 声明并实例化一个 AWTFrame 对象
29          AWTFrame frm=new AWTFrame();
30          // 把窗体对象的宽度设为 400，高度设为 300
31          frm.setSize(400, 300);
32          // 显示窗体
33          frm.show();
34      }
35  }
```

程序运行结果如图 6-4 所示。

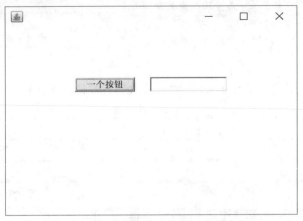

图 6-4　在空白窗体中加入一个文本框

想一想：请仔细阅读并分析文件 6-5 的程序执行流程，并描述如下。

_____

_____

_____

_____

实验确认：□ 学生 □ 教师

2. AWT 组件举例

前面介绍的按钮和文本框是图形用户界面中最常用的两个组件，下面继续介绍标签、复选框、组合框和列表组件。

（1）标签类（Label）。标签类用于显示一些不可编辑的信息，常用方法见表 6-1。

表 6-1　标签类的常用方法

构 造 方 法	
public Label( )	无参构造方法
public Label(String str)	参数 str 是标签上显示的文字

一 般 方 法	
public void setText(String str)	设置标签文字
public String getText()	获取标签文字
public void setSize(int w, int h)	设置标签的大小，w 是宽度，h 是高度
public void setLocation(int x, int y)	设置标签的位置，x 和 y 分别是横坐标和纵坐标

程序文件 6-6　在空白窗体中放置一个标签。

```
1    import java.awt.*;
2
3    public class AWTFrame extends Frame
4    {
5        public AWTFrame()
6        {
7            setLayout(null);
8            Label l=new Label();
9            l.setSize(100, 20);
10           l.setText("一个标签");
11           l.setLocation(100, 100);
12           add(l);
13       }
14       public static void main(String[] args)
15       {
16           AWTFrame frm=new AWTFrame();
17           frm.setSize(400, 300);
18           frm.setVisible(true);
19       }
20   }
```

程序运行结果如图 6-5 所示。

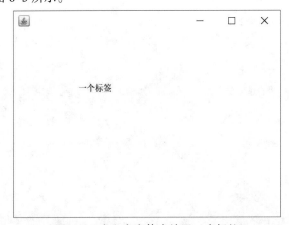

图 6-5　在空白窗体中放置一个标签

（2）复选框类（Checkbox）。复选框类可同时选中多项，提供了一种制造单一选择开关的方法，其常用方法如表 6-2 所示。

表 6-2 复选框的常用方法

构 造 方 法	
public Checkbox( )	无参构造方法
public Checkbox(String str)	参数 str 是复选框标签文字
一 般 方 法	
public void setLabel(String str)	设置复选框标签文字
public String getLabel()	获取复选框标签文字
public void setSize(int w, int y)	设置复选框的大小，w 是宽度，h 是高度
public void setLocation(int x, int y)	设置复选框的位置，x 和 y 分别是横坐标和纵坐标
public void setState(boolean boo)	设置复选框的选中状态
public boolean getLocation()	得到复选框的选中状态

程序文件 6-7 在空白窗体中放置一个复选框。

```
1    import java.awt.*;
2
3    public class AWTFrame extends Frame
4    {
5        public AWTFrame()
6        {
7            setLayout(null);
8            Checkbox cb=new Checkbox();
9            cb.setSize(100, 20);
10           cb.setLabel("一个复选框");
11           cb.setLocation(100, 100);
12           cb.setState(true);
13           add(cb);
14       }
15       public static void main(String[] args)
16       {
17           AWTFrame frm=new AWTFrame();
18           frm.setSize(400, 300);
19           frm.setVisible(true);
20       }
21   }
```

程序运行结果如图 6-6 所示。

图 6-6 在空白窗体中放置一个复选框

（3）组合框类（Choice）。其作用是提供一个弹出式选择菜单，菜单的内容是设置好的，常用方法如表 6-3 所示。

表 6-3 组合框的常用方法

构 造 方 法	
public Choice( )	无参构造方法
一 般 方 法	
public void add(String str)	添加组合框菜单项
public void select(int i)	选中菜单中的第 i 项
public int getSelectIndex( )	得到当前选中项的坐标值
public String setSelectItem( )	得到当前选中项的值
public void setSize(int w, int h)	设置组合框的大小，w 是宽度，h 是高度
public void getLocation(int x, int y)	设置组合框的位置，x 和 y 分别是横坐标和纵坐标

程序文件 6-8 在空白窗体中放置一个组合框。

```
1    import java.awt.*;
2
3    public class AWTFrame extends Frame
4    {
5        public AWTFrame()
6        {
7            setLayout(null);
8            Choice ch=new Choice();
9            ch.setSize(100, 20);
10           ch.add("1");
11           ch.add("2");
12           ch.add("3");
13           ch.add("4");
14           ch.select(3);
15           ch.setLocation(100, 100);
16           add(ch);
17       }
18       public static void main(String[] args)
19       {
20           AWTFrame frm=new AWTFrame();
21           frm.setSize(400, 300);
22           frm.setVisible(true);
23       }
24   }
```

程序运行结果如图 6-7 所示。

图 6-7　在空白窗体中放置一个组合框

（4）列表类（List）。列表类提供一个列表显示设置好的菜单，常用方法如表 6-4 所示。

表 6-4　列表的常用方法

构 造 方 法	
public List( )	无参构造方法
一 般 方 法	
public void add(String str)	添加列表框菜单项
public void select(int i)	选中菜单中的第 i 项
public int getSelectIndex( )	得到当前选中项的坐标值
public String getSelectItem( )	得到当前选中项的值
public void setSize(int w, int h)	设置列表的大小，w 是宽度，h 是高度
public void setLocation(int x, int y)	设置列表的位置，x 和 y 分别是横坐标和纵坐标

程序文件 6-9　在空白窗体中放置一个列表。

```
1    import java.awt.*;
2
3    public class AWTFrame extends Frame
4    {
5        public AWTFrame()
6        {
7            setLayout(null);
8            List l=new List();
9            l.setSize(100, 100);
10           l.add("1");
11           l.add("2");
12           l.add("3");
13           l.add("4");
14           l.select(2);
15           l.setLocation(100, 100);
16           add(l);
17       }
```

```
18      public static void main(String[] args)
19      {
20          AWTFrame frm=new AWTFrame();
21          frm.setSize(400, 300);
22          frm.setVisible(true);
23      }
24  }
```

程序运行结果如图 6-8 所示。

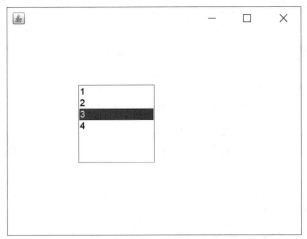

图 6-8　在空白窗体中放置一个列表

想一想：为什么图中显示当前选中的是 3?

试一试：请仔细分析程序文件 6-1～程序文件 6-9 的执行流程，尝试将这些程序组织整合成为一个程序，以在一个框架中同时显示窗体、按钮、文本框、标签、复选框、组合框、列表等交互元素。

记录并保存：请将你完成的上述程序的源代码另外用纸记录下来，并粘贴在下方。

——————————————— 源程序代码粘贴于此———————————————

实验确认：□ 学生□ 教师

6.1.3　Swing 组件概述

基本 AWT 库采用将处理 GUI 元素的任务交给目标平台（Windows、Solaris、Macintosh 等）的方式，由本地 GUI 工具箱负责 GUI 元素的创建和动作。例如，如果使用最初的 AWT 在 Java 窗口中放置一个文本框，就会有一个低层的"对等体"文本框，用来实际处理文本输入。从理论上说，结果程序可以运行在任何平台上，但其运行效果却依赖于目标平台。

对于简单的应用程序来说，基于对等体方法的效果还是不错的。但是，要想编写依赖于本地 GUI 元素的高质量、可移植的图形库就会暴露出一些缺陷。例如，在不同的平台上，菜单、滚动条和文本域这些 GUI 元素的操作行为存在着一些微妙的差别，不能给与用户一致、可预见的界面操作方式。

1996 年，Netscape 创建了一种称为 IFC（Internet Foundation Class）的 GUI 库，与 AWT 不同，它将按钮、菜单等用户界面元素绘制在空白窗体上，而对等体只需要创建和绘制窗体。因此，IFC 组件在程序运行的所有平台上外观和动作都一样。以此为基础，Sun 与 Netscape 合作创建了一个名为 Swing 的用户界面库，成为 Java 基础类库（Java Foundation Class，JFC）的一部分。完整的 JFC 十分庞大，其中包含的内容远远大于 Swing GUI 工具箱，不仅包含 Swing 组件，而且包含一个可访问性 API、一个 2D API 和一个可拖放 API。

Swing 没有完全替代 AWT，而是在 AWT 架构基础上提供了功能更加强大的 GUI 组件。尤其是在采用 Swing 编写的程序中，还需要使用基本的 AWT 处理事件，即 Swing 是指"被绘制的"用户界面类，AWT 是指像事件处理这样的窗体工具箱的底层机制。

6.1.4 创建框架

在 Java 中，顶层窗口（就是没有包含在其他窗口中的窗口）称为框架（frame）。在 AWT 库中，Frame 类用于描述顶层窗口，这个类的 Swing 版本名为 JFrame，JFrame 是极少数几个不绘制在画布上的 Swing 组件之一，它的修饰部件（按钮、标题栏、图标等）由用户的窗口系统绘制，而不是由 Swing 绘制。

绝大多数 Swing 组件类都以 J 开头，例如，JButton、JFrame 等。如果将 Swing 和 AWT 组件混合在一起使用，有可能会导致视觉和行为不一致。

程序文件 6-10 在屏幕中显示一个空框架。

```
1    package simpleframe;
2
3    import java.awt.*;
4    import javax.swing.*;              // javax是Java扩展包，Swing类是一个扩展
5
6    public class simpleFrameTest
7    {
8        public static void main(String[] args)
9        {
10           // 事件分派线程中的代码
11           EventQueue.invokeLater(()->
12             {
13                 simpleFrame frame=new simpleFrame();
14                 frame.setDefaultCloseOperation(JFrame.EXIT_ON_CLOSE);
15                 frame.setVisible(true);
16             });
17       }
18   }
19
20   class simpleFrame extends JFrame
21   {
22       private static final int DEFAULT_WIDTH=300;
23       private static final int DEFAULT_HEIGHT=200;
24       public simpleFrame()
25       {
26           setSize(DEFAULT_WIDTH, DEFAULT_HEIGHT);
```

```
27      }
28  }
```

程序分析：

程序运行结果是在屏幕中显示了一个空框架。这只是一个顶层窗口，在图中看到的标题栏和外框装饰（比如，重置窗口大小的拐角）都是由操作系统绘制的。如果在 Windows、GTK 或 Mac 平台下运行同样的程序，将会得到不同的框架装饰。Swing 库负责绘制框架内的所有内容。在这个程序中，只用默认的背景色填充了框架。

实验确认：□ 学生□ 教师

在默认情况下，框架的大小为 0×0 像素，没有实际意义。这里定义了一个子类 SimpleFrame，它的构造器将框架大小设置为 300×200 像素。这是 SimpleFrame 和 JFramc 之间唯一的差别。

SimpleFrameTest 类的 main( )方法中构造了一个 SimpleFrame 对象，使它可见。

在 Swing 程序中，有两个技术问题需要强调。

（1）所有 Swing 组件必须由事件分派线程（event dispatch thread）进行配置。线程将鼠标点击和按键控制转移到用户接口组件。程序中第 10 ～ 16 行是事件分派线程中的代码。

（2）程序中定义了一个用户关闭这个框架时的响应动作（第 14 行）。对于这个程序而言，只让程序简单退出即可。

提示：

frame.setDefaultCloseOperation( )是设置用户在 frame 窗体上发起 close 时默认执行的操作。必须指定以下选项之一：

- DO_NOTHING_ON_CLOSE（在 WindowConstants 中定义）：不执行任何操作，要求程序在已注册的 WindowListener 对象的 windowClosing 方法中处理该操作。
- HIDE_ON_CLOSE（在 WindowConstants 中定义）：调用任意已注册的 WindowListener 对象后自动隐藏该窗体。
- DISPOSE_ON_CLOSE（在 WindowConstants 中定义）：调用任意已注册 WindowListener 的对象后自动隐藏并释放该窗体。
- EXIT_ON_CLOSE（在 JFrame 中定义）：使用 System.exit( )方法退出应用程序，仅在应用程序中使用。

默认情况下，该值被设置为 HIDE_ON_CLOSE。

（3）简单构造框架，框架起初是不可见的。这就使得程序员可以在框架第一次显示之前往其中添加组件。为了显示框架，main( )方法需要调用框架的 setVisible( )方法（第 15 行）。

在初始化语句结束后，main( )方法退出。注意到退出 main( )并没有终止程序，终止的只是主线程。事件分派线程保持程序处于激活状态，直到关闭框架或调用 System.exit( )方法终止程序。

在包含多个框架的程序中，不能在用户关闭其中的一个框架时就让程序退出。默认情况下用户关闭窗口时只是将框架隐藏起来，而程序并没有终止（在最后一个框架不可见之后，程序再终止）。

也就是说，没有设置的话，默认单"关闭"时只是隐藏窗体，在后台进程中还可以看到，如果有多个窗口，只是销毁调用 dispose 的窗口，其他窗口仍然存在，整个应用程序还是处于运行状态。System.exit(0)是退出整个程序，如果有多个窗口，将全部销毁退出。

6.1.5 框架定位

JFrame 类本身只包含若干改变框架外观的方法，但它通过继承，从 JFrame 的各个超类中继承了许多用于处理框架大小和位置的方法。其中最重要的是：

- setLocation 和 setBounds：设置框架的位置。
- setIconImage：告诉窗口系统在标题栏、实验切换窗口等位置显示哪个图标。
- setTitle：改变标题栏的文字。
- setResizable：利用一个 boolean 值确定框架的大小是否允许用户改变。

图 6-9 所示为 JFrame 类的继承层次。

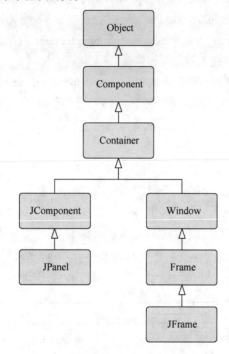

图 6-9　JFrame 类的继承层次

对 Component 类（所有 GUI 对象的祖先）和 Window 类（Frame 类的超类）需要仔细研究，从中找到缩放和改变框架的方法。例如，Component 类中的 setLocation()方法可以重定位组件。如果调用

```
setLocation(x, y)
```

则窗口将放置在左上角水平 x 像素、垂直 y 像素的位置，坐标（0,0）位于屏幕的左上角。同样，Component 中的 setBounds 方法可以实现一步重定位组件（特别是 JFrame）大小和位置的操作，例如：

```
setBounds(x, y, width, height)
```

可以让窗口系统控制窗口的位置，如果在显示窗口之前调用

```
setLocationByPlatform(true);
```

则窗口系统会选用窗口的位置（而不是大小），通常是距最后一个显示窗口很少偏移量的位置。

1. 框架属性

组件类的很多方法是以获取/设置方法对的形式出现的。例如，Frame 类的下列方法：

```
public string getTitle()
public void setTitle(String title)
```

这样一个获取/设置方法对称为一种属性。属性包含属性名和类型。将 get 或 set 之后的第一个字母改为小写字母，就可以得到相应的属性名。例如，Frame 类有一个名为 title 且类型为 String 的属性。

从概念上讲，title 是框架的一个属性。当设置这个属性时，希望这个标题能够改变用户屏幕上的显示。当获取这个属性时，希望能够返回已经设置的属性值。

针对 get/set 约定有一个例外：对于类型为 boolean 的属性，获取方法由 is 开头。例如，下面两个方法定义了 locationByPlatform 属性：

```
public boolean isLocationByPlatform()
public void setLocationByPlatform(boolean b)
```

2. 确定合适的框架大小

如果没有明确指定框架的大小，则所有框架的默认值为 0×0 像素。这里，我们将框架的大小重置为大多数情况下都可以接受的显示尺寸。对于专业或专门的应用程序来说，应该检查屏幕的分辨率，根据其分辨率编写代码重置框架的大小。

程序文件 6-11　确定合适的框架大小。

```
1   import java.awt.*;4
2   import javax.swing.*;
3
4   public class SizedFrameTest
5   {
6      public static void main(String[] args)
7      {
8         EventQueue.invokeLater(()->
9            {
10                JFrame frame=new sizedFrame();
11                frame.setTitle("SizedFrame");
12                frame.setDefaultCloseOperation(JFrame.EXIT_ON_CLOSE);
13                frame.setVisible(true);
14           });
15      }
16  }
17
18  class sizedFrame extends JFrame
19  {
20    public sizedFrame()
21    {
22         // 获得屏幕尺寸
23         Toolkit kit=Toolkit.getDefaultToolkit();
24         Dimension screenSize=kit.getScreenSize();
25         int screenHeight=screenSize.height;
26         int screenWidth=screenSize.width;
27         // 设置框架宽度、高度，让平台选择屏幕位置
```

```
28          setSize(screenWidth/2, screenHeight/2);
29          setLocationByPlatform(true);
30          //设置框架图标
31          Image img=new ImageIcon("icon.gif").getImage();
32          setIconImage(img);
33      }
34  }
```

程序运行结果如图 6-10 所示。

图 6-10   确定合适的框架大小

程序分析：

为了得到屏幕的大小，需要按照下列步骤操作：

（1）调用 Toolkit 类的静态方法 getDefaultToolkit( )得到一个 Toolkit 对象（Toolkit 类包含很多与本地窗口系统打交道的方法），见程序文件 6-11 的第 23 行。

（2）调用 getScreenSize( )方法，以 Dimension 对象的形式返回屏幕的大小。Dimension 对象同时用公有实例变量 width 和 height 保存着屏幕的宽度和高度。见程序文件 6-11 中的第 24～26 行。

再将框架大小设定为上面取值的 50%，然后告知窗口系统定位框架。见程序文件 6-11 的第 28、29 行。

另外，还提供一个图标。由于图像的描述与系统有关，所以需要再次使用工具箱加载图像。然后，将这个图像设置为框架的图标见程序文件 6-11 的第 31、32 行。

对于不同的操作系统，所看到的图标显示位置有可能不同。例如，在 Windows 中，图标显示在窗口的左上角，按 Alt+Tab 组合键，可以在活动实验的列表中看到相应程序的图标。

想一想：请仔细阅读并分析程序文件 6-11 的执行流程，并描述如下。

_____

_____

_____

_____

实验确认：□ 学生 □ 教师

下面给出处理框架的一些提示：

- 如果框架中只包含标准的组件，如按钮和文本框，那么可以通过调用 pack( )方法设置框架大小。框架将被设置为刚好能够放置所有组件的大小。在通常情况下，将程序的主框架尺寸设置为最大。可以通过调用下列方法将框架设置为最大。

```
frame=setExtendedState(Frame.MAXIMIZED_BOTH);
```

- 应该记住用户定位应用程序的框架位置、重置框架大小，并且在应用程序再次启动时恢复这些内容。
- GraphicsDevice 类允许以全屏模式执行应用。

6.1.6 在组件中显示信息

虽然也可以将消息字符串直接绘制在框架中，但这并不是一种好的编程习惯。

在 Java 中，框架被设计为放置组件的容器，可以将菜单栏和其他的 GUI 元素放置在其中。在通常情况下，应该在另一组件上绘制信息，并将这个组件添加到框架中。

JFrame 的结构比较复杂（见图 6-11），有 4 层窗格。其中的根窗格、层级窗格和玻璃窗格人们不太关心，它们是用来组织菜单栏和内容窗格（content pane）以及实现视觉效果的。Swing 程序员最关心的是内容窗格。

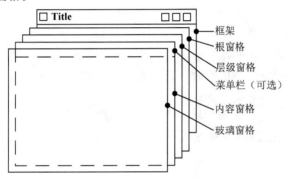

图 6-11　JFrame 的内部结构

程序文件 6-12　在组件中显示信息。

```
1    package nothelloworld;
2
3    import javax.swing.*;
4    import java.awt.*;
5
6    public class NotHelloWorld
7    {
8        public static void main(String[] args)
9        {
10           EventQueue.invokeLater(()->
11           {
12               JFrame frame=new NotHelloWorldFrame();
13               frame.setTitle("NotHelloWorld");
14               frame.setDefaultCloseOperation(JFrame.EXIT_ON_CLOSE);
15               frame.setVisible(true);
16           });
17       }
```

```
18    }
19
20    /**
21     * 包含消息面板的框架
22     */
23    class NotHellOWOrldFrame extends JFrame
24    {
25        public NotHelloWorldFrame()
26        {
27            add(new NotHelloWorldComponent());
28            pack();
29        }
30    }
31
32    /**
33     * 显示消息的组件
34     */
35    class NotHelloWorldComponent extends JComponent
36    {
37        public static final int MESSAGE_X=75;
38        public static final int MESSAGE_Y=100;
39
40        private static final int DEFAULT_WIDTH=300;
41        private static final int DEFAULT_HEIGHT=200;
42
43        public void paintComponent(Graphics g)
44        {
45            g.drawString("Not a Hello, World program", MESSAGE_X, MESSAGE_Y);
46        }
47
48        public Dimension getPreferredSize()
49            {return new Dimension(DEFAULT_WIDTH, DEFAULT_HEIGHT); }
50    }
```

程序运行结果如图 6-12 所示。

图 6-12　在组件中显示信息

程序分析：

程序中，在原始窗口水平 1/4、垂直 1/2 的位置显示字符串 "Not a Hello, World program"。现在，尽管不知道应该如何度量这个字符串的大小，但可以将字符串的开始位置定义在坐标（75，100）。这就意味着字符串中的第一个字符位于从左向右 75 个像素、从上向下 100 个像素的位置（实际上，文本的基线位于像素 100 的位置）。因此，paintComponent( )方法的程序代码见第 35～50 行语句，组件要告诉用户它应该有多大。覆盖 getPreferredSize( )方法，返回一个有首选宽度和高度的 Dimension 类对象。

在框架中填入一个或多个组件时，如果只想使用它们的首选大小，可以调用 pack( )方法而不是 setSize( )方法（见第 25～29 行语句）。

想一想：请仔细阅读并分析程序文件 6-12 的执行流程，并描述如下。

_____

_____

_____

_____

_____

实验确认：□ 学生 □ 教师

【编程训练】熟悉 Java GUI 基础

1. 实验目的

在开始本实验之前，请认真阅读课程的相关内容。

（1）熟悉 Java GUI 设计的基本概念。

（2）掌握 Java GUI 开发工具 AWT 组件的简单应用。

（3）编写定义屏幕窗口大小和位置的程序。

2. 实验内容与步骤

请仔细阅读本实验中【知识准备】的内容，对其中的各个实例进行具体操作实现，从中体会 Java 程序设计，提高 Java 编程能力。

注意：完成每个实例操作后，请在对应的"实验确认"栏中打钩（√），并请实验指导老师指导并确认。

请问：你是否完成了上述各个实例的实验操作？如果不能顺利完成，请分析可能的原因是什么。

答：_____

_____

_____

实验确认：□ 学生 □ 教师

3. 实验总结

_____

_____

_____

_____

4. 实验评价（教师）

【作 业】

1. 在命令提示符界面，人们是通过在（   ）状态下，通过输入字符命令的方式来操作计算机的。

A. 命令提示符   B. 点   C. 图标提示符   D. 小圆点

2. 下列（   ）不是命令命令提示符界面下的常用命令。

A. dir   B. cls   C. diy   D. md

3. 下面的（   ）不是 Java 发展历程形成的三套不同的图形界面组件之一。

A. AWT   B. Swing   C. SWT   D. GUI

4. AWT 是 Java 早期就提供的图形界面程序开发工具，对应的包是 java.awt。但（   ）不是其中的用来开发图形界面程序的类。

A. Frame、Button   B. TextField、Label

C. Main、Class   D. CheckBox、List

5. 在 AWT 窗体中增加一个按钮的过程很简单，但以下（   ）不是其中必需的步骤。

A. 创建一个 Button 对象

B. 描述这个 Button 对象的颜色和造型

C. 设置这个 Button 对象的大小和在窗体中的位置

D. 把这个 Button 对象加入到窗体中

6. 基本 AWT 库采用将处理用户界面元素的实验交给目标平台（如 Windows、Solaris、Macintosh 等）的方式，由本地 GUI 工具箱负责用户界面元素的创建和动作。下面关于 AWT 库的描述错误的是（   ）。

A. GUI 运行的效果依赖于目标平台

B. 结果程序可以运行在任何平台上

C. 对于简单的应用程序来说，基于 AWT 的对等体方法的效果还是不错的

D. 可以用于编写依赖于本地用户界面元素的高质量、可移植的图形库

7. Swing 是在 IFC 的 GUI 库基础上创建的用户界面库。下面关于 Swing 库的描述错误的是（   ）。

A. Swing 可以完全替代 AWT

B. Swing 是 Java 基础类库（JFC）的一部分

C. Swing 是在 AWT 架构基础上提供了能力更加强大的用户界面组件

D. 在采用 Swing 编写的程序中，还需要使用基本的 AWT 处理事件

8. 绝大多数 Swing 组件类都以 J 开头。JFrame 类本身只包含若干改变框架外观的方法，但它通过（   ），从 JFrame 的各个超类中继承了许多用于处理框架大小和位置的方法。

A. 重载   B. 重复   C. 继承   D. 调用

9. 在 Java 中，框架被设计为放置组件的容器，可以将菜单栏和其他用户界面元素放置在其中。在通常情况下，（   ）。

A. 应该将消息字符串直接绘制在框架中

B. 应该在一个组件上绘制信息，并将这个组件添加到框架中

C. JFrame 的结构比较复杂，Swing 程序员最关心的是其中的根窗格、层级窗格和玻璃窗格

D. 只要窗口需要重绘，事件处理器会通告组件，从而自动执行组件的 paintComponent( )方法

实验 6.2　Java 事件处理机制

【实验目标】

（1）熟悉 Java 的事件处理机制。

（2）掌握按键、鼠标的事件处理方法。

（3）掌握菜单和按钮等 GUI 元素的程序设计方法。

【知识准备】熟悉事件处理机制

我们已经学习了创建窗体、在窗体中添加控件等方法。对于 GUI 程序来说，事件处理是十分重要的。在本实验中，我们来学习 Java 的事件处理机制，了解如何处理按键、点击鼠标这样的事件，熟悉如何捕获 GUI 组件和输入设备产生的事件。

6.2.1　事件处理基础

任何支持 GUI 的操作环境都要不断地监视按键或点击鼠标这样的事件，操作环境将这些事件报告给正在运行的应用程序。如果有相关事件产生，应用程序将决定如何做出响应。对此，Java 程序设计环境既有强大的处理功能，又有一定的复杂性。

在 AWT 所知道的事件范围内，完全可以控制事件从事件源（event source，如按钮或滚动条），到事件监听器（event listener）的传递过程，并将任何对象指派给事件监听器。Java 将事件信息封装在一个事件对象（event object）中，所有事件对象最终都派生于 java.util.EventObject 类。当然，每个事件类型还有子类，例如，ActionEvent 和 WindowEvent。

AWT 事件处理的机制是：

- 监听器对象是一个实现了特定监听器接口（listener interface）的类的实例。
- 事件源是一个能够注册监听器对象并发送事件对象的对象。
- 当事件发生时，事件源将事件对象传递给所有注册的监听器。
- 监听器对象利用事件对象中的信息决定如何对事件做出响应。

图 6-13 所示为事件源和监听器之间的关系。

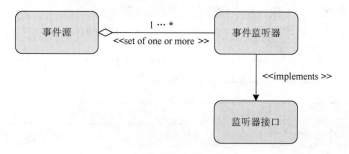

图 6-13　事件源和监听器之间的关系

下面通过一个简单例子来理解 AWT 事件机制。与 AWT 事件相关的包是 java.awt.event 包，要使用 AWT 事件，必须先引入这个包。

程序文件 6-13　对程序文件 6-5 中代码的修改一。

```java
1   import java.awt.*;                                    // 导入 awt 工具包
2
3   public class AWTFrame extends Frame
4   {
5       Frame frm;
6       Button btn;
7       TextField txt;
8       public AWTFrame()
9       {
10          // 设置窗体布局为空，必须要有这条语句
11          setLayout(null);
12          btn=new Button("一个按钮");
13          // 设置按钮的位置，左上角坐标是（100, 100）
14          btn.setLocation(100, 100);
15          // 设置按钮的大小，宽为 80，高为 20
16          btn.setSize(80, 20);
17          // 把这个按钮加到 frm 窗体中
18          add(btn);
19          txt=new TextField();
20          // 设置文本框的位置，左上角坐标是（100, 100）
21          txt.setLocation(200, 100);
22          // 设置文本框的大小，宽为 100，高为 20
23          txt.setSize(100, 20);
24          // 把这个文本框加到 frm 窗体中
25          add(txt);
26      }
27
28      public static void main(String[] args)           // main()方法
29      {
30          AWTFrame frm=new AWTFrame();
31          // 把窗体对象的宽度设为 400，高度设为 300
32          frm.setSize(400, 300);
33          frm.show();
34      }
35  }
```

程序运行结果与图 6-4 一致，单击按钮时程序执行还没有反应。

想一想：请仔细阅读程序文件 6-5 和程序文件 6-13，了解和思考其中的不同之处并记录。

_____

_____

_____

_____

　　　　　　　　　　　　　　　　　　　　　　　实验确认：□ 学生□ 教师

为了使"单击按钮"这个功能起作用，必须为按钮添加一个处理单击事件的方法，希望在单击按钮之后输出一段"你单击了按钮"的信息。

程序文件 6-14 对程序文件 6-5 中的修改二。

```
1   import java.awt.*;                              // 导入 awt 工具包
2   import java.awt.event.*;                        // 导入 awt 事件包
3
4   public class AWTFrame extends Frame
5   {
6       Frame frm;
7       Button btn;
8       TextField txt;
9       public AWTFrame()
10      {
11          // 设置窗体布局为空，必须要有这条语句
12          setLayout(null);
13          btn=new Button("一个按钮");
14          // 设置按钮的位置，左上角坐标是（100，100）
15          btn.setLocation(100, 100);
16          // 设置按钮的大小，宽为 80，高为 20
17          btn.setSize(80, 20);
18          // 定义一个处理事件的类
19          class BtnClick implements ActionListener
20          {
21              public void actionPerformed(ActionEvent e)
22              {
23                  // 单击按钮后执行这段代码
24                  System.out.println("你单击了按钮");
25              }
26          }
27          // 创建一个处理事件的对象
28          BtnClick bc=new BtnClick();
29          // 把处理事件的对象设置给按钮
30          btn.addActionListener(bc);
31          // 把这个按钮加到 frm 窗体中
32          add(btn);
33          txt=new TextField();
34          // 设置文本框的位置，左上角坐标是（100，100）
35          txt.setLocation(200, 100);
36          // 设置文本框的大小，宽为 100，高为 20
37          txt.setSize(100, 20);
38          // 把这个文本框加到 frm 窗体中
39          add(txt);
40      }
41      public static void main(String[] args)         // main()方法
42      {
43          AWTFrame frm=new AWTFrame();
44          // 把窗体对象的宽度设为 400，高度设为 300
45          frm.setSize(400, 300);
46          frm.show();
47      }
48  }
```

程序运行时，单击按钮，将会在程序运行窗口输出"你单击了按钮"。

程序分析：

下面对程序中与事件处理相关联的代码做一些解释：

（1）第 2 行语句：导入与事件相关联的包。

（2）第 19～26 行语句：定义一个事件处理类，这符合 Java 中处理问题的原则：总是以类和对象的方式解决问题。Java 处理事件也是以类和对象的方式。

（3）第 30 行语句：为按钮增加一个处理事件的对象。如果没有这条语句，前面的工作都失去了作用。

这里涉及了接口的概念：接口是一种只有方法，没有对象的特殊类。

想一想： 程序中单击按钮后，在后台输出"你单击了按钮"。现在要把此功能改成单击按钮后，在文本框中显示"你单击了按钮"，应该做些什么变动呢？

实验确认：□ 学生 □ 教师

可见，Java 事件处理机制包括以下三个步骤，缺一不可：

（1）定义处理事件的类。

（2）创建以上定义的类的一个对象。

（3）把创建的对象设置给控件。

程序文件 6-15 单击按钮后，在文本框中显示"你单击了按钮"。

```
1    import java.awt.*;                                    // 导入 awt 工具包
2    import java.awt.event.*;
3
4    public class AWTFrame extends Frame
5    {
6        Frame frm;
7        Button btn;
8        TextField txt;
9        public AWTFrame()
10       {
11           // 设置窗体布局为空，必须要有这个语句
12           setLayout(null);
13           btn=new Button("一个按钮");
14           // 设置按钮的位置，左上角坐标是（100，100）
15           btn.setLocation(100, 100);
16           // 设置按钮的大小，宽为 80，高为 20
17           btn.setSize(80, 20);
18           class BtnClick implements ActionListener        // 定义一个事件类
19           {
20               public void actionPerformed(ActionEvent e)
21               {
22                   txt.setText("你单击了按钮");
23               }
24           }
25           // 创建一个处理事件的对象
26           BtnClick bc=new BtnClick();
27           // 把处理事件的对象设置给按钮
```

```
28          btn.addActionListener(bc);
29          // 把这个按钮加到 frm 窗体中
30          add(btn);
31          txt=new TextField();
32          // 设置文本框的位置，左上角坐标是（100，100）
33          txt.setLocation(200, 100);
34          // 设置文本框的大小，宽为 100，高为 20
35          txt.setSize(100, 20);
36          // 把这个文本框加到 frm 窗体中
37          add(txt);
38      }
39
40      public static void main(String[] args)              // main()方法
41      {
42          AWTFrame frm=new AWTFrame();
43          // 把窗体对象的宽度设为 400，高度设为 300
44          frm.setSize(400, 300);
45          frm.show();
46      }
47  }
```

程序运行结果如图 6-14 所示。

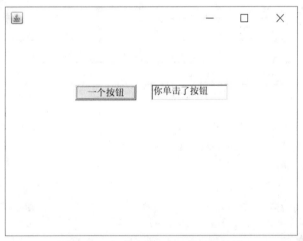

图 6-14　程序文件 6-15 的运行结果

试一试：请仔细阅读分析程序文件 6-15 中的代码，看看与程序文件 6-14 中的程序相比有什么改动。

实验确认：□ 学生 □ 教师

AWT 的事件有很多种，几乎每一个控件都对应一些事件，而每一个事件都对应一个接口（Listener），如表 6-5 所示。

表 6-5　AWT 事件监听接口

事　件	Listener	方　法	对 应 操 作
按钮单击或菜单单击	ActionListener	actionPerformed(ActionEvent e)	按钮单击
列表选项改变	ItemListener	itemStateChanged(ItemEvent e)	列表选项改变

续表

事　件	Listener	方　法	对 应 操 作
鼠标事件	MouseListener	mousePressed(MouseEvent e)	鼠标按住
		mouseReleased(MouseEvent e)	鼠标释放
		mouseEntered(MouseEvent e)	鼠标移入
		mouseExited(MouseEvent e)	鼠标移出
		mouseClicked(MouseEvent e)	鼠标单击
键盘事件	KeyListener	keyPressed(KeyEvent e)	键盘按键
		keyReleased(KeyEvent e)	键盘按键释放
		keyTyped(KeyEvent e)	键盘输入
窗口事件	WindowListener	windowClosing(WindowEvent e)	窗口正在关闭
		windowOpened(WindowEvent e)	窗口已经打开
		windowIconified(WindowEvent e)	
		windowDeiconified(WindowEvent e)	
		windowClosed(WihdowEvent e)	窗口已经关闭
		windowActivated(WindowEvent e)	窗口获得光标
容器事件	ContainerListener	componentAdded(ContainerEvent e)	容器中加入控件
		componentRmoved(ContainerEvent e)	容器中移除控件
文本框事件	TextListener	textValueChanged(TextEvent e)	文本框文字改变

例如：

（1）按钮单击事件对应 ActionListener 接口，且单击按钮唯一对应 actionPerformed( )方法。

（2）窗口事件对应 WindowListener 接口。窗口操作包括窗口最大化、最小化、关闭、打开等操作，每个操作对应不同的方法。

（3）鼠标单击事件对应 MouseListener 接口，包括鼠标按下、移动、弹起等操作，对应了 MouseListener 中的不同方法。

6.2.2　处理按钮事件

下面，以一个简单示例来进一步说明响应按钮点击事件。这个示例中，在一个面板中放置三个按钮，添加三个监听器对象用作按钮的动作监听器，只要用户单击面板上的任何一个按钮，相关的监听器对象就会接收到一个 Action Event 对象，监听器对象将改变面板的背景颜色。

程序文件 6-16　单击按钮，对应的动作监听器会修改面板背景色。

```
1    import java.awt.*;
2    import java.awt.event.*;
3    import javax.swing.*;
4
5    /**
6     * 带有按钮面板的框架
7     */
8    public class ButtonFrame extends JFrame
```

```
9   {
10      private JPanel buttonPanel;
11      private static final int DEFAULT_WIDTH=300;
12      private static final int DEFAULT_HEIGHT=200;
13
14      public ButtonFrame()
15      {
16          setSize(DEFAULT_WIDTH, DEFAULT_HEIGHT);
17
18          // 创建按钮
19          JButton yellowButton=new JButton("Yellow");
20          JButton blueButton=new JButton("Blue");
21          JButton redButton=new JButton("Red");
22
23          buttonPanel=new JPanel();
24
25          // 将按钮添加到面板
26          buttonPanel.add(yellowButton);
27          buttonPanel.add(blueButton);
28          buttonPanel.add(redButton);
29
30          // 将面板添加到框架
31          add(buttonPanel);
32
33          // 创建按钮操作
34          ColorAction yellowAction=new ColorAction(Color.YELLOW);
35          ColorAction blueAction=new ColorAction(Color.BLUE);
36          ColorAction redAction=new ColorAction(Color.RED);
37
38          // 将动作与按钮关联
39          yellowButton.addActionListener(yellowAction);
40          blueButton.addActionListener(blueAction);
41          redButton.addActionListener(redAction);
42      }
43
44      /**
45       * 设置面板背景颜色的动作监听器
46       */
47      private class ColorAction implements ActionListener
48      {
49          private Color backgroundColor;
50
51          public ColorAction(Color c)
52          {
53              backgroundColor=c;
54          }
55
56          public void actionPerformed(ActionEvent event)
57          {
58              buttonPanel.setBackground(backgroundColor);
```

```
59              }
60        }
61
62        public static void main(String[] args)          // 定义main()方法
63        {
64            EventQueue.invokeLater(()->
65                {
66                    ButtonFrame frm=new ButtonFrame();
67                    frm.setDefaultCloseOperation(JFrame.EXIT_ON_CLOSE);
68                    frm.setVisible(true);
69                });
70        }
71  }
```

运行程序，单击按钮时，对应的动作监听器会修改面板背景色（见图6-15）。

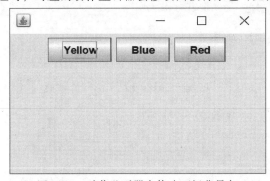

图 6-15　动作监听器会修改面板背景色

程序运行结果：

（1）仔细阅读程序代码，了解该程序的算法流程，弄懂每组语句所实现的功能。请勾选记录阅读程序情况：

☐ 完全看懂了　　　☐ 有点勉强　　　☐ 基本没有看懂

（2）手工录入、调试程序，运行程序时单击每个按钮，熟悉程序的运行结果，对照运行结果理解程序各段代码对应实现的功能。请记录程序运行情况：

_____

_____

_____

程序分析：

（1）通过在按钮构造器中指定一个标签字符串、一个图标，或两项都指定来创建一个按钮。将按钮添加到面板中需要调用 add()方法，见程序文件 6-16 第 26～28 行。

（2）需要增加让面板监听这些按钮的代码——一个实现了 ActionListener 接口的类，其中包含一个 actionPerformed( )方法，见程序文件 6-16 第 56 行。actionPerformed( )方法接收一个 ActionEvent 类型的对象作为参数，这个事件对象包含了事件发生时的相关信息。

（3）当按钮被单击时，将面板的背景颜色设置为指定的颜色。这个颜色存储在监听器类中（参见程序文件 6-16 第 47～60 行）。

（4）为每种颜色构造一个对象，并将这些对象设置为按钮监听器（参见程序文件 6-16 第 33～

60 行）。例如，如果一个用户在标有 Yellow 的按钮上单击，yellowAction 对象的 actionPerformed( )
方法就会被调用。这个对象的 backgroundColor 实例域被设置为 ColorYELLOW，将面板的背景色
设置为黄色。

（5）将 ColorAction 类放置在 ButtonFrame 类内（参见程序文件 6-16 第 47～60 行）。

实验确认：□ 学生□ 教师

6.2.3　动作

通常，激活一个命令可以有多种方式，用户可以通过菜单、按键或工具栏中的按钮选择功能。
在 AWT 事件模型中实现这些非常容易：将所有事件连接到同一个监听器上。例如，假设 blueAction
是一个动作监听器，它的 actionPerformed( )方法可以将背景颜色改变成蓝色，为此，将一个监听
器对象加到几个事件源上：

- 标记为 Blue 的工具栏按钮。
- 标记为 Blue 的菜单项。
- 按 Ctrl+B 组合键。

然后，无论改变背景颜色的命令是通过哪种方式下达的，是单击按钮、菜单选择还是按键，
其处理都是一样的。

Swing 包提供了一种实用的机制来封装命令，并将它们连接到多个事件源，这就是 Action 接
口。一个动作是一个封装下列内容的对象：

- 命令的说明（一个文本字符串和一个可选图标）。
- 执行命令所需要的参数（例如，请求改变的颜色）。

Action 接口包含下列方法：

（1）void actionPerformed(ActionEvent event)
（2）void setEnabled(boolean b)
（3）boolean isEnabled()
（4）void putValue(String key, Object value)
（5）Object getValue(String key)
（6）void addPropertyChangeListener(PropertyChangeListener listener)
（7）void removePropertyChangeListener(PropertyChangeListener listener)

方法（1）是 ActionListener 接口中最常用的一个。Action 接口扩展自 ActionListener 接口，因
此，可以在任何需要 ActionListener 对象的地方使用 Action 对象。

方法（2）和（3）允许启用或禁用这个动作，并检查这个动作当前是否启用。当一个连接到
菜单或工具栏上的动作被禁用时，这个选项就会变成灰色。

方法（4）和（5）允许存储和检索动作对象中的任意名/值。有两个重要的预定义字符串：
ActionNAME 和 Action.SMALL_ICON，用于将动作的名字和图标存储到一个动作对象中：

```
action.putValue(Action.NAME, "Blue");
action.putValue(Action.SMALL_ICON, new ImageIcon("blue-ball.gif"));
```

表 6-6 列出了所有预定义的动作表名称。如果动作对象添加到菜单或工具栏上，它的名称和
图标就会被自动地提取出来，并显示在菜单项或工具栏项中。SHORT_DESCRIPTION 值变成了工
具提示。

表 6-6　预定义动作表名称

名　称	值
NAME	动作名称，显示在按钮和菜单上
SMALL_ICON	存储小图标的地方，显示在按钮、菜单项或工具栏中
SHORT_DESCRIPTION	图标的简要说明，显示在工具提示中
LONG_DESCRIPTION	图标的详细说明，使用在在线帮助中。没有 Swing 组件使用这个值
MNEMONIC_KEY	快捷键缩写，显示在菜单项中
ACCELERATOR_KEY	存储加速击键的地方，Swing 组件不使用这个值
ACTION_COMMAND_KEY	历史遗留，仅在旧版本的方法中使用
DEFAULT	可能有用的综合属性，Swing 组件不使用这个值

方法（6）和（7）能够让其他对象在动作对象的属性发生变化时得到通告，尤其是菜单或工具栏触发的动作。例如，如果增加一个菜单作为动作对象的属性变更监听器，而这个动作对象随后被禁用，菜单就会被调用，并将动作名称变为灰色。属性变更监听器是一种常用的构造形式，它是 JavaBeans 组件模型的一部分。

注意：Action 是一个接口而不是一个类。实现这个接口的所有类都必须实现上面讨论的 7 个方法。不过有一个类实现了这个接口除 actionPerformed 方法之外的所有方法，它就是 AbstractAction。这个类存储了所有名/值对，并管理着属性变更监听器。可以直接扩展 AbstractAction 类，并在扩展类中实现 actionPerformed( )方法。

用同一个动作响应按钮、菜单项或按键的方式包括：

（1）实现一个扩展于 AbstractAction 类的类，多个相关的动作可以使用同一个类。

（2）构造一个动作类的对象。

（3）使用动作对象创建按钮或菜单项。构造器将从动作对象中读取标签文本和图标。

（4）为了能够通过按键触发动作，必须额外执行几步操作：

① 定位顶层窗口组件，例如，包含所有其他组件的面板。

② 得到顶层组件的 WHEN_ANCESTOR_OF_FOCUS_COMPONENT 输入映射。为需要的按键创建一个 KeyStroke 对象。创建一个描述动作字符串这样的动作键对象。将（按键、动作键）对添加到输入映射中。

③ 得到顶层组件的动作映射。将（动作键，动作对象）添加到映射中。

程序文件 6-17　构造一个用于执行改变颜色命令的动作对象，单击按钮或按 Ctrl+Y、Ctrl+B 或 Ctrl+R 组合键改变面板颜色。

```
1    import java.awt.*;
2    import java.awt.event.*;
3    import javax.swing.*;
4
5    /**
6     * 带有显示颜色变化操作的面板的框架
7     */
8    public class ActionFrame extends JFrame
9    {
```

```
10      private JPanel buttonPanel;
11      private static final int DEFAULT_WIDTH=300;
12      private static final int DEFAULT_HEIGHT=200;
13
14      public ActionFrame()
15      {
16          setSize(DEFAULT_WIDTH, DEFAULT_HEIGHT);
17          buttonPanel=new JPanel();
18
19          // 定义操作
20          Action yellowAction=new ColorAction("Yellow",
21              new ImageIcon("yellow- ball.gif"), Color.YELLOW);
22          Action blueAction=new ColorAction("blue",
23              new ImageIcon("blue-ball. gif"), Color.BLUE);
24          Action redAction=new ColorAction("Red",
25              new ImageIcon("red-ball.gif"), Color.RED);
26
27          // 为这些操作添加按钮
28          buttonPanel.add(new JButton(yellowAction));
29          buttonPanel.add(new JButton(blueAction));
30          buttonPanel.add(new JButton(redAction));
31
32          // 将面板添加到框架
33          add(buttonPanel);
34
35          // 将 Y、B、和 R 键与名称关联
36          InputMap imap=buttonPanel.getInputMap(JComponent
37              .WHEN_ANCESTOR_ F_FOCUSED_COMPONENT);
38          imap.put(KeyStroke.getKcyStroke("ctrl Y"), "panel.yellow");
39          imap.put(KeyStroke.getKeyStroke("ctrl B"), "panel.blue");
40          imap.put(KeyStroke.getKeyStroke("ctrl R"), "panel.red");
41
42          // 将名称与操作关联
43          ActionMap amap=buttonPanel.getActionMap();
44          amap.put("panel.yellow", yellowAction);
45          amap.put("panel.blue", blueAction);
46          amap.put("panel.red", redAction);
47      }
48
49      public class ColorAction extends AbstractAction
50      {
51          /**
52           * 构造颜色动作
53           * @ 显示在按钮上的名称
54           * @ 显示图标按钮上要显示的图标
55           * @ 背景颜色进行调色
56           */
57          public ColorAction(String name, Icon icon, Color c)
58          {
59              putValue(Action.NAME, name);
```

```
60              putValue(Action.SMALL_ICON, icon);
61              putValue(Action.SHORT_DESCRIPTION,
62                 "Set panel color to "+name.toLowerCase());
63              putValue("color", c);
64          }
65
66      public void actionPerformed(ActionEvent event)
67          {
68              Color c=(Color) getValue("color");
69              buttonPanel.setBackground(c);
70          }
71      }
72
73      /**
74       * 下面是两段分别定义的运行本程序的main()方法
75       * 请调整注释语句，并分别执行
76       */
77      public static void main(String[] args)              // 定义 main()方法一
78      {
79          ActionFrame frm=new ActionFrame();
80          frm.show();
81      }
82
83  //      public static void main(String[] args)          // 定义 main()方法二
84  //      {
85  //          EventQueue.invokeLater(()->
86  //          {
87  //              ActionFrame frm=new ActionFrame();
88  //              frm.setDefaultCloseOperation(JFrame.EXIT_ON_CLOSE);
89  //              frm.setVisible(true);
90  //          });
91  //      }
92  }
```

程序运行结果如图 6-16 所示。

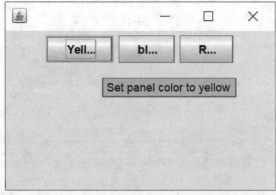

图 6-16　将按钮和按键映射到动作对象

（1）仔细阅读程序代码，了解该程序的算法流程，弄懂每组语句所实现的功能。请勾选记录阅读程序情况：

□ 完全看懂了　　□ 有点勉强　　　□ 基本没有看懂

（2）手工录入、调试程序，运行程序时单击按钮或按 Ctrl+Y、Ctrl+B 或 Ctrl+R 组合键改变面板颜色，熟悉程序的运行结果，对照运行结果理解程序各段代码对应实现的功能。请记录程序运行情况：

_____

（3）程序清单中定义了两段执行程序的 main( )方法。请通过调整对应的注释语句，分别执行这两段 main( )方法，记录并分析执行情况。

_____
_____
_____
_____

程序分析：

首先是存储这个命令的名称、图标和需要的颜色。将颜色存储在 AbstractAction 类提供的名/值对表中。

第 49～64 行语句是 ColorAction 类的代码，构造器设置名/值对；而 actionPerfomed( )方法执行改变颜色的动作（见第 66～70 行语句）。

实验确认：□ 学生□ 教师

6.2.4　鼠标事件

如果只希望用户能够单击按钮或菜单，那就不需要显式地处理鼠标事件。鼠标操作将由用户界面中的各种组件内部处理。然而，如果希望用户使用鼠标画图，就需要捕获鼠标移动、点击和拖动事件。

下面展示一个简单的图形编辑器应用程序（程序文件 6-18 和程序文件 6-19），它允许用户在画布上放置（单击）、移动（拖）和擦除（双击）图形方块（见图 6-17）。

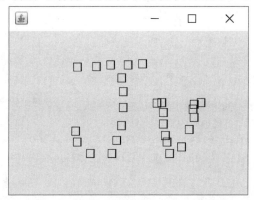

图 6-17　测试鼠标事件的图形编辑器程序

程序文件 6-18　简单的鼠标图形编辑器程序。

可将本程序放在当前目录下，与程序文件 6-19 的存放目录呼应。

```
1    import java.awt.*;
2    import java.awt.event.*;
```

```
3    import javax.swing.*;
4
5    import mouse.*                              // 呼应程序文件 6-19 的第一条语句
6
7    /**
8     * 包含用于测试鼠标操作的面板的框架
9     */
10   public class MouseFrame extends JFrame
11   {
12      public MouseFrame()
13      {
14         add(new MouseComponent());
15         pack();
16      }
17
18      public static void main(String[] args)       // 定义 main() 方法
19      {
20         EventQueue.invokeLater(()->
21            {
22               MouseFrame frm=new MouseFrame();
23               frm.setDefaultCloseOperation(JFrame.EXIT_ON_CLOSE);
24               frm.setVisible(true);
25            });
26      }
27   }
```

程序文件 6-19　将 MouseComponent.java 程序放在当前目录下面的 mouse 子目录中。

```
1    package mouse;
2
3    import java.awt.*;
4    import java.awt.event.*;
5    import java.awt.geom.*;
6    import java.util.*;
7    import javax.swing.*;
8
9    /**
10    * 具有鼠标操作的组件，用于添加和删除方块
11    */
12   public class MouseComponent extends JComponent
13   {
14      private static final int DEFAULT_WIDTH=300;
15      private static final int DEFAULT_HEIGHT=200;
16
17      private static final int SIDELENGTH=10;
18      private ArrayList<Rectangle2D> squares;
19      private Rectangle2D current;   //包含光标的正方形
20
21      public MouseComponent()
22      {
23         squares=new ArrayList<>();
24         current=null;
```

```
25
26          addMouseListener(new MouseHandler());
27          addMouseMotionListener(new MouseMotionHandler());
28      }
29
30      public Dimension getPreferredSize()
31          {return new Dimension(DEFAULT_WIDTH, DEFAULT_HEIGHT);}
32      public void paintComponent(Graphics g)
33      {
34          Graphics2D g2=(Graphics2D) g;
35
36          // 绘制所有正方形
37          for(Rectangle2D r : squares)
38              g2.draw(r);
39      }
40
41      /**
42       * 找到包含点的第一个方块
43       * @ param p 一个点
44       * @ 返回包含 p 的第一个方块
45       */
46      public Rectangle2D find(Point2D p)
47      {
48          for(Rectangle2D r :squares)
49          {
50              if(r.contains(p)) return r;
51          }
52          return null;
53      }
54
55      /**
56       * 在集合中添加一个正方形
57       * @param p 方块的中心
58       */
59      public void add(Point2D p)
60      {
61          double x=p.getX();
62          double y=p.getY();
63          current=new Rectangle2D.Double(x-SIDELENGTH/2,
64              y-SIDELENGTH/2, SIDELENGTH, SIDELENGTH);
65          squares.add(current);
66          repaint();
67      }
68
69      /**
70       * 从集合中删除一个正方形
71       * @ param 是要移除的方块
72       */
73      public void remove(Rectangle2D s)
74      {
```

```
75              if(s==null) return;
76              if(s==current) current=null;
77              squares.remove(s);
78              repaint();
79          }
80
81      private class MouseHandler extends MouseAdapter
82      {
83          public void mousePressed(MouseEvent event)
84          {
85              // 如果光标不在正方形内，则添加一个新的正方形
86              current=find(event.getPoint());
87              if(current==null) add(event.getPoint());
88          }
89
90          public void mouseClicked(MouseEvent event)
91          {
92              // 双击时删除当前方块
93              current=find(event.getPoint());
94              if(current != null && event.getClickCount()>=2) remove(current);
95          }
96      }
97      private class MouseMotionHandler implements MouseMotionListener
98      {
99          public void mouseMoved(MouseEvent event)
100         {
101             // 如果鼠标位于矩形内，则将鼠标光标设置为交叉图形
102             if(find(event.getPoint())==null)
103                 setCursor(Cursor.getDefaultCursor());
104             else setCursor(Cursor.getPredefinedCursor(Cursor.
105                 CROSSHAIR_ CURSOR));
106         }
107         public void mouseDragged(MouseEvent event)
108         {
109             if(current!=null)
110             {
111                 int x=event.getX();
112                 int y=event.getY();
113                 // 拖动当前矩形使其居中于（x，y）
114                 current.setFrame(x-SIDELENGTH/2, y-SIDELENGTH/2,
115                     SIDELENGTH, SIDELENGTH);
116                 repaint();
117             }
118         }
119     }
120 }
```

（1）仔细阅读程序代码，了解该程序的算法流程，弄懂每组语句所实现的功能。请勾选记录阅读程序情况：

□ 完全看懂了　　　□ 有点勉强　　　□ 基本没有看懂

（2）通过操纵鼠标单击、移动、双击等操作，在画布（窗口）上绘制简单图形，仔细观察和熟悉程序的运行结果，对照理解程序各段代码对应实现的功能。请记录程序运行情况：

_____

_____

_____

程序分析：

当用户点击鼠标按钮时，会调用三个监听器方法：鼠标第一次被按下时调用 mousePressed( )；鼠标被释放时调用 mouseReleased( )；最后调用 mouseClicked( )。如果只对最终的点击事件感兴趣，就可以忽略前两个方法。用 MouseEvent 类对象作为参数，调用 getX( )和 getY( )方法可以获得鼠标被按下时鼠标指针所在的 x 和 y 坐标。要想区分鼠标的单击和双击，可使用 getClickCount( )方法，getModifiersEx( )方法能够准确地报告鼠标事件的鼠标按钮和键盘修饰符。

在示例中，提供了 mousePressed（见第 83～88 行语句）和 mouseClicked（见第 90～95 行语句）方法。当鼠标单击在所有小方块的像素之外时，就会绘制一个新的小方块。这个操作是在 mousePressed( )方法中实现的，这样可以让用户的操作立即得到响应，而不必等到释放鼠标按键。如果用户在某个小方块中双击鼠标，就会将它擦除。由于需要知道点击次数，所以这个操作将在 mouseClicked 方法中实现。

当鼠标指针在窗口上移动时，窗口将会收到一连串的鼠标移动事件。注意有两个独立的接口 MouseListener 和 MouseMotionListener。这样做有利于提高效率。当用户移动鼠标时，只关心鼠标点击（clicks）的监听器就不会被多余的鼠标移动（moves）所困扰。

这里给出的测试程序将捕获鼠标动作事件，以便在鼠标指针位于一个小方块之上时变成另外一种形状（十字图标，对应 CROSSHAIR_CURSOR 常量）。实现这项操作需要使用 Cursor 类中的 getPredefinedCursor 方法。

只有鼠标在一个组件内部停留才会调用 mouseMoved( )方法。然而，即使鼠标拖动到组件外面，mouseDragged( )方法也会被调用。示例程序中 MouseMotionListener 类的 mouseMoved( )方法见第 99～106 行语句。如果用户在移动鼠标的同时按下鼠标，就会调用 mouseMoved( )而不是调用 mouseDragged( )（见第 107～118 行语句）。

在测试程序中，用户可以用鼠标指针拖动小方块。在程序中，仅仅用拖动的矩形更新当前鼠标指针位置。然后，重新绘制画布，以显示新的鼠标位置。

还有两个鼠标事件方法：mouseEntered( )和 mouseExited( )，是在鼠标指针进入或移出组件时被调用。

最后，看看如何监听鼠标事件。鼠标点击由 mouseClicked 过程报告，它是 MouseListener 接口的一部分。由于大部分应用程序只对鼠标点击感兴趣，而对鼠标移动并不感兴趣，但鼠标移动事件发生的频率又很高，因此将鼠标移动事件与拖动事件定义在一个名为 MouseMotionListener 的独立接口中。

本示例程序为两种鼠标事件类型都定义了内部类：MouseHandler 和 MouseMotionHandler。MouseHandler 类扩展于 MouseAdapter 类，这是因为它只定义了 5 个 MouseListener( )方法中的两个方法。MouseMotionHandler 实现了 MouseMotionListener 接口，并定义了这个接口中的两个方法。

实验确认：□ 学生 □ 教师

【编程训练】掌握 Java 的事件处理机制

1. 实验目的

在开始本实验之前，请认真阅读课程的相关内容。

（1）熟悉 Java 图形用户界面设计的基本概念。

（2）掌握 Java 图形界面程序开发工具 AWT 组件的简单应用。

（3）编写定义屏幕窗口大小和位置的程序。

2. 实验内容与步骤

请仔细阅读本实验中【知识准备】的内容，对其中的各个实例进行具体操作实现，从中体会 Java 程序设计，提高 Java 编程能力。

注意：完成每个实例操作后，请在对应的"实验确认"栏中打钩（✓），并请实验指导老师指导并确认。

请问：你是否完成了上述各个实例的实验操作？如果不能顺利完成，请分析可能的原因是什么。

答：_____

_____

_____

实验确认：□ 学生 □ 教师

3. 实验总结

_____

_____

_____

_____

4. 实验评价（教师）

_____

_____

【作 业】

1. 对于图形用户界面的程序来说，事件处理是十分重要的。但下面（　　）不属于事件处理。

A. 处理按键 　　　　　　　　　　　　B. 点击鼠标

C. Javac 编译程序 　　　　　　　　　D. 捕获用户界面组件和输入设备产生的信号

2. 监听器对象是一个实现了特定监听器（　　）的类的实例。

A. 接口 　　　　　B. 函数 　　　　　C. 部件 　　　　　D. 组件

3. （　　）是一个能够注册监听器对象并发送事件对象的对象。当事件发生时，它负责将事件对象传递给所有注册的监听器。

A. 接口 　　　　　B. 事件源 　　　　　C. 事件类 　　　　　D. 注册器

4. 与 AWT 事件相关的包是（　　）包，要使用 AWT 事件，必须先引入这个包。

A. java.awt.event 　　B. java.awt.* 　　C. javax.swing.* 　　D. java.awt.io.*

5. 所谓"接口"，是一种（　　）的特殊类。

A. 只有对象没有方法 　　　　　　　　B. 只有类没有对象

C. 只有对象没有类 　　　　　　　　　D. 只有方法，没有对象

6. Java 事件处理机制包括三个步骤，缺一不可。但是，以下（　　）与此无关。

A. 定义处理事件的类 　　　　　　　　B. 创建所定义类的一个对象

C. 为所定义类创建一个接口 　　　　　D. 把创建的对象设置给控件

7. AWT 的几乎每一个控件都对应一些事件，而每一个事件都对应一个接口，但以下错误的是（　　）。

A. 按钮单击事件对应 ActionListener 接口 　　B. 鼠标双击事件对应 Mouse2Listener 接口

C. 窗口事件对应 WindowListener 接口 　　　　D. 鼠标单击事件对应 MouseListener 接口

8. 每个接口会有一些不同的方法，分别对应不同的操作。但是，以下（　　）是错误的。

A. 按钮事件的接口有两个方法 　　　　B. 窗口事件的接口有很多方法

C. 按钮事件的接口只有一个方法 　　　D. 鼠标事件的接口有多个方法

9. 激活一个命令可以有多种方式，例如菜单、按键或工具栏上的按钮等。这些在 AWT 事件模型中实现起来很容易，即将所有事件连接到同一个（　　）监听器上。

A. 连接器 　　　　B. 监听器 　　　　C. 对象 　　　　　D. 接收器

10. Swing 包提供了一种实用机制来封装命令，并将它们连接到多个事件源，这就是（　　）接口。

A. Windows 　　　B. Mouse 　　　　C. Action 　　　　D. Listener

11. Action 是一个接口，实现这个接口的所有类都必须实现 7 个方法。不过有一个类实现了这个接口除 actionPerformed( )方法之外的所有方法，它就是（　　）。

A. ActionEvent 　　B. ItemEvent 　　　C. MouseEvent 　　　D. AbstractAction

实验 6.3　Swing 设计模式与文本输入

【实验目标】

（1）熟悉 GUI 设计布局管理的概念，了解模型-视图-控制器（MVC）设计模式。

（2）掌握边框布局和网格布局程序设计方法。

（3）掌握文本输入界面程序设计方法。

【知识准备】熟悉 Swing 设计布局与文本输入

通过前面的学习，我们已经了解了构造 GUI 的基本方法。在本实验中，我们来学习构造功能更加齐全的 GUI 所需要的一些重要工具。

6.3.1　模型-视图-控制器设计模式

模式已经成为探讨设计方案的一种有效方法，而设计模式是指一种以结构化方式展示专家解决问题经验的方法。在"模型-视图-控制器（Model View Controller，MVC）"模式[①]中，背景是显示信息和接收用户输入的用户界面系统。对于同一数据来说，可能需要同时更新多个可视化表示。例如，为了

---

①MVC 模式是一种软件设计典范，用一种业务逻辑、数据、界面显示分离的方法组织代码，其将业务逻辑聚集到一个部件里面，在改进和个性化定制界面及用户交互的同时，不需要重新编写业务逻辑。MVC 被独特的发展起来用于映射传统的输入、处理和输出功能在一个逻辑的图形化用户界面的结构中。

适应各种视觉效果标准，可能需要改变可视化表示形式；又如，为了支持语音命令，可能需要改变交互机制。而解决方案是将这些功能分布到三个独立的交互组件：模型、视图和控制器。

除了模型-视图-控制器模式，在 AWT 和 Swing 设计使用的另外几种模式包括：

- 容器和组件——组合（composite）模式。
- 带滚动条的面板——装饰器（decoratory）模式。
- 布局管理器——策略（strategy）模式。

构成 GUI 组件的各个组成部分，例如，按钮、复选框、文本框或者复杂的树状组件等。每个组件都有三个要素：

- 内容，如按钮的状态（是否按下），或者文本框的文本。
- 外观（颜色、大小等）。
- 行为（对事件的反应）。

这三个要素之间的关系是相当复杂的，即使对于最简单的组件（如按钮）来说也是如此。很明显，按钮的外观显示取决于它的视觉效果设计。另外，外观显示还要取决于按钮的状态：当按钮被按下时，按钮需要被重新绘制成另一种不同的外观。而状态取决于按钮接收到的事件。当用户在按钮上点击时，按钮就被按下。

模型-视图-控制器模式告诉我们如何实现这种设计，即实现三个独立的类：

- 模型（model）：存储内容。
- 视图（view）：显示内容。
- 控制器（controller）：处理用户输入。

模型存储内容，它没有用户界面。按钮的内容非常简单，只有几个用来表示当前按钮是否按下、是否处于活动状态的标志等。文本框内容稍微复杂一些，它是保存当前文本的字符串对象。这与视图显示的内容并不一致——如果内容的长度大于文本框的显示长度，用户就只能看到文本框可以显示的那一部分。

模型必须实现改变内容和查找内容的方法。例如，一个文本模型中的方法有在当前文本中添加或者删除字符以及把当前文本作为一个字符串返回等，而显示存储在模型中的数据是视图的工作。

在 MVC 模式中，一个模型可以有多个视图，其中每个视图可以显示全部内容的不同部分或不同形式。例如，一个 HTML 编辑器常常为同一内容在同一时刻提供两个视图：一个 WYSIWYG（所见即所得）视图和一个"原始标记"视图。当通过某一个视图的控制器对模型进行更新时，模式会把这种改变通知给两个视图。视图得到通知以后就会自动地刷新。当然，对于一个简单的用户界面组件来说，如按钮，不需要为同一模型提供多个视图。

控制器负责处理用户输入事件，如点击鼠标和敲击键盘。然后决定是否把这些事件转化成对模型或视图的改变。例如，如果用户在一个文本框中按下了一个字符键，控制器调用模型中的"插入字符"命令，然后模型告诉视图进行更新。但是如果用户按下了一个光标键，那么控制器会通知视图进行卷屏，卷动视图对实际文本不会有任何影响。

图 6-18 给出了模型、视图和控制器对象之间的交互。

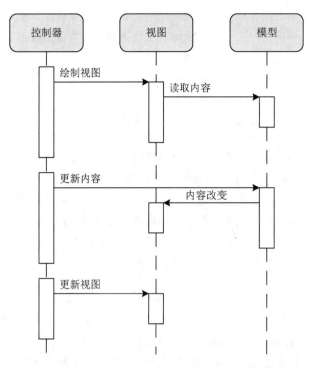

图 6-18　模型、视图和控制器对象之间的交互

　　程序员在使用 Swing 组件时，通常不需要考虑 MVC 体系结构。每个 GUI 元素都有一个包装器类（如 JButton 或 JTextField）来保存模型和视图。当需要查询内容（如文本域中的文本）时，包装器类会向模型询问并返回所要的结果。当想改变视图时（例如，在一个文本域中移动光标位置），包装器类会把此请求转发给视图。

　　对于大多数 Swing 组件来说，模型类将实现一个名字以 Model 结尾的接口，例如，按钮就实现了 ButtonModel 接口。实现了此接口的类可以定义各种按钮的状态。实际上，按钮并不复杂，在 Swing 库中有一个名为 DefaultButtonModel 的类就实现了这个接口。

　　每个 JButton 对象都存储了一个按钮模型对象，可以用下列方式得到其引用。

```
JButton button=new JButton("Blue");
ButtonModel model=button, getModel();
```

　　需要注意的是，同样的模型（即 DefaultButtonModel）可用于下压按钮、单选按钮、复选框、甚至是菜单项。当然，这些按钮都有各自不同的视图和控制器。例如，JButton 类用 BasicButtonUI 类作为其视图，用 ButtonUIListener 类作为其控制器。通常，每个 Swing 组件都有一个相关的后缀为 UI 的视图对象，但并不是所有的 Swing 组件都有专门的控制器对象。

　　事实上，JButton 只是一个继承了 JComponent 的包装器类，它包含一个 DefaultButtonModel 对象、一些视图数据（例如按钮标签和图标）和一个负责按钮视图的 BasicButtonUI 对象。

6.3.2　边框布局

　　在前面的实验中，我们设计了几个按钮，单击这些按钮可以改变框架的背景颜色（参见图 6-15）。这几个按钮被放置在一个 JPanel 对象中，且用默认的流布局管理器（flow layout manager）

管理，在向面板中添加多个按钮后，当一行的空间不够时，将会显示在新的一行上。另外，按钮总是位于面板的中央，即使用户对框架进行缩放也是如此。通常，组件放置在容器中，布局管理器决定容器中的组件具体放的位置和大小。

按钮、文本域和其他用户界面元素都继承于 Component 类，组件可以放置在面板这样的容器中。由于 Container 类继承于 Component 类，所以容器也可以放置在另一个容器中。

每个容器都有一个默认的布局管理器，但可以重新进行设置。例如，使用下列语句：

```
Panel.setLayout(new CridLayout(4, 4));
```

这个面板将用 GridLayout 类布局组件。可以往容器中添加组件。容器的 add()方法将把组件和放置的方位传递给布局管理器。

边框布局管理器（border layout manager）是每个 JFrame 的内容窗格的默认布局管理器。流布局管理器完全控制每个组件的放置位置，边框布局管理器则不然，它允许为每个组件选择一个放置位置。可以选择把组件放在内容窗格的中部、北部、南部、东部或者西部（见图 6-19）。

图 6-19   边框布局

例如：

```
frame.add(component, BorderLayout.SOUTH);
```

先放置边缘组件，剩余的可用空间由中间组件占据。当容器被缩放时，边缘组件的尺寸不会改变，而中部组件的大小会发生变化。在添加组件时可以指定 BorderLayout 类中的 CENTER、NORTH、SOUTH、EAST 和 WEST 常量。如果没有提供任何值，系统默认为 CENTER。

与流布局不同，边框布局会扩展所有组件的尺寸以便填满可用空间（流布局将维持每个组件的最佳尺寸）。当将一个按钮添加到容器中时会出现问题：

```
frame.add(yellowButton, BorderLayout, SOUTH);        // 不应如此操作
```

按钮扩展至填满框架的整个南部区域。而且，如果再将另外一个按钮添加到南部区域，就会取代第一个按钮。解决这个问题的常见方法是使用另外一个面板（panel）。例如，多个按钮全部包含在一个放置在内容窗格南部的面板中。

要想得到这种配置效果，首先需要创建一个新的 JPanel 对象，然后逐一将按钮添加到面板中。面板的默认布局管理器是 FlowLayout，这恰好符合我们的需求。随后使用在前面已经看到的 add()方法将每个按钮添加到面板中。每个按钮的放置位置和尺寸完全处于 FlowLayout 布局管理器的控制之下。这意味着这些按钮将置于面板的中央，并且不会扩展至填满整个面板区域。最后，将这个面板添加到框架的内容窗格中。

```
JPanel panel=new JPanel();
panel.add(yellowButton);
panel.add(blueButton);
```

边框布局管理器将会扩展面板大小，直至填满整个南部区域。

6.3.3   网格布局

网格布局像电子数据表一样，按行列排列所有的组件。不过，它的每个单元大小都是一样的。图 6-20 显示的计算器程序就使用了网格布局来排列计算器按钮。当缩放窗口时，计算器按钮将随之变大或变小，但所有的按钮尺寸始终保持一致。

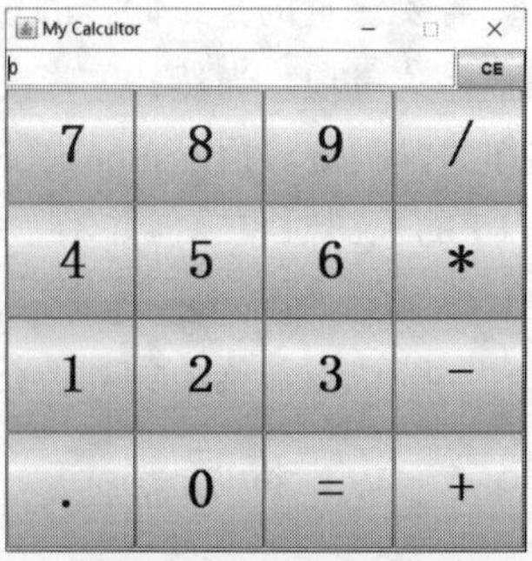

图 6-20   计算器

程序文件 6-20 一个常规的计算器程序。

```
1    import java.awt.BorderLayout;
2    import java.awt.Font;
3    import java.awt.GridLayout;
4    import java.awt.event.ActionEvent;
5    import java.awt.event.ActionListener;
6    import java.awt.event.WindowAdapter;
7    import java.awt.event.WindowEvent;
8
9    import javax.swing.JButton;
10   import javax.swing.JFrame;
11   import javax.swing.JPanel;
12   import javax.swing.JTextField;
13
14   public class Calculator extends JFrame implements ActionListener
15   {
16       // 窗口关闭时会发生操作
17       private class WindowCloser extends WindowAdapter
18       {
19           public void windowClosing(WindowEvent we)
20           {
21               System.exit(0);
22           }
23       }
24
25       // 按钮上显示的字符串
26       private final String[] str={"7", "8", "9", "/", "4", "5", "6", "*",
27           "1", "2", "3", "-", ".", "0", "=", "+"};
28       // Swing 中的按钮
29       private JButton[] buttons=new JButton[str.length];
30
31       // 复位按钮
32       private JButton reset=new JButton("CE");
33       private JTextField resultToDisplay=new JTextField("0");
34       private boolean isFirstDigit=true;
35       private String operator="=";
36       private double result=0;
37
38       // 构造方法
39       public Calcultor()
40       {
41           super("My Calcultor");
42           JPanel panelButton=new JPanel(new GridLayout(4, 4));
43           for (int i=0; i<str.length; i++)
44           {
45               buttons[i]=new JButton(str[i]);
46               buttons[i].setFont(new Font("宋体", Font.BOLD, 40));
47               panelButton.add(buttons[i]);
48           }
49
```

```
50          // 面板显示结果
51          JPanel panelResult=new JPanel(new BorderLayout());
52
53          // 添加结果和重置按钮的 TestField
54          panelResult.add("Center", resultToDisplay);
55          panelResult.add("East", reset);
56
57          // 将两个面板添加到一个面板
58          getContentPane().setLayout(new BorderLayout());
59          getContentPane().add("North", panelResult);
60          getContentPane().add("Center", panelButton);
61
62          // 添加动作监听器
63          for(int i=0; i<str.length; i++)
64          {
65              buttons[i].addActionListener(this);
66          }
67          reset.addActionListener(this);
68          resultToDisplay.addActionListener(this);
69          addWindowListener(new WindowCloser());
70          setSize(400, 400);
71          setVisible(true);
72          setResizable(false);
73          //pack();
74      }
75
76      // 实现方法 actionPerformed()
77      public void actionPerformed(ActionEvent e)
78      {
79          Object monitoredObject=e.getSource();
80          String commandString=e.getActionCommand();
81          if(monitoredObject==reset)
82          {
83              handleReset();
84          } else if("0123456789.".indexOf(commandString)>0)
85          {
86              handleDigit(commandString);
87          } else {
88              handleOperator(commandString);
89          }
90      }
91
92      public void handleReset()
93      {
94          resultToDisplay.setText("0");
95          isFirstDigit=true;
96          operator="=";
97      }
98
99      public void handleDigit(String digit)
```

```
100     {
101         if(isFirstDigit)
102         {
103             resultToDisplay.setText(digit);
104         }
105         else if(digit.equals(".")&&(resultToDisplay.getText()
106             .indexOf(".")<0))
107         {
108             resultToDisplay.setText(resultToDisplay.getText()+".");
109         }
110         else if(!digit.equals("."))
111         {
112             resultToDisplay.setText(resultToDisplay.getText()+digit);
113         }
114         isFirstDigit=false;
115     }
116
117     public void handleOperator(String operator)
118     {
119         if(!operator.equals("="))
120         {
121             result=Double.valueOf(resultToDisplay.getText());
122             this.operator=operator;
123         }
124         else
125         {
126             if(this.operator.equals("+"))
127                 result+=Double.valueOf(resultToDisplay.getText());
128             else if(this.operator.cquals("-"))
129                 result-=Double.valueOf(resultToDisplay.getText());
130             else if(this.operator.equals("*"))
131                 result*=Double.valueOf(resultToDisplay.getText());
132             else if(this.operator.equals("/"))
133                 result/=Double.valueOf(resultToDisplay.getText());
134             else {}
135         }
136         resultToDisplay.setText(String.valueOf(result));
137         isFirstDigit=true;
138     }
139
140     public static void main(String[] args)
141     {
142         new Calculator();
143     }
144 }
```

程序运行结果：请描述该程序的实际运行结果。

程序分析：

在网格布局对象的构造器中，需要指定行数和列数（第 42 行语句）：

```
JPanel panelButton = new JPanel(new GridLayout(4, 4));
```

这个程序中，在将组件添加到框架之后，可以调用 pack( )方法，以求使用所有组件的最佳大小来计算框架的高度和宽度。

当然，极少有像计算器这样整齐的布局。实际上，在组织窗口的布局时小网格（通常只有一行或者一列）比较有用。例如，如果想放置一行尺寸都一样的按钮，就可以将这些按钮放置在一个面板里，这个面板使用只有一行的网格布局进行管理。

实验确认：□ 学生 □ 教师

6.3.4　文本输入

用于用户输入和编辑文本功能的 Swing GUI 组件主要有三个：文本域（JTextField）组件接收单行文本的输入；文本区（JTextArea）组件接收单行文本的输入；密码域（JPassword）组件接收单行文本的输入，但不会将输入的内容显示出来。

这三个类都继承于 JTextComponent 类。由于 JTextComponent 是一个抽象类，所以不能够构造这个类的对象。另外，在 Java 中常会看到这种情况。在查看 API 文档时，发现自己正在寻找的方法实际上来自父类 JTextComponent，而不是来自派生类自身。例如，在一个文本域和文本区内获取（get）、设置（set）文本的方法实际上都是 JTextComponent 类中的方法。

1. 文本域

把文本域添加到窗口的常用办法是将它添加到面板或者其他容器中，这与添加按钮完全一样：

```
JPanel panel=new JPanel();
JTextField textField=new JTextField("Default input", 20);
Panel.add(textField);
```

这段代码将添加一个文本域，同时通过传递字符串 Default input 进行初始化。构造器的第二个参数设置了文本域的宽度。在这个示例中，宽度值为 20"列"。不过，这里所说的列不是一个精确的测量单位。一列是指在当前使用的字体下一个字符的宽度。如果希望文本域最多能够输入 n 个字符，就应该把宽度设置为 n 列。在实际中，这样做效果并不理想，应该将最大输入长度再多设 1~2 个字符。列数只是给 AWT 设定首选（preferred）大小的一个提示。如果布局管理器需要缩放这个文本域，它会调整文本域的大小。

在 JTextField 的构造器中设定的宽度并不是用户能输入的字符个数的上限。用户可以输入一个更长的字符串，当文本长度超过文本域长度时输入就会滚动。用户通常不喜欢滚动文本域，因此应该尽量把文本域设置得宽一些。如果需要在运行时重新设置列数，可以使用 setColumns( )方法。

使用 setColumns 方法改变了一个文本域的大小之后，需要调用包含这个文本框的容器的 revalidate( )方法。

```
textField.setColumns(10);
panel.revalidate();
```

revalidate( )方法会重新计算容器内所有组件的大小，并且对它们重新进行布局。调用 revalidate( )方法以后，布局管理器会重新设置容器的大小，然后就可以看到改变尺寸后的文本域了。

revalidate( )方法是 JComponent 类中的方法。它并不是马上就改变组件大小，而是给这个组件加一个需要改变大小的标记，这样就避免了多个组件改变大小时带来的重复计算。

通常情况下，希望用户在文本域中输入文本（或者编辑已经存在的文本）。文本域一般初始为空白。只要不为 JTextField 构造器提供字符串参数，就可以构造一个空白文本域：

```
JTextField textField=new JTextField(20);
```

可以在任何时候调用 setText( )方法改变文本域中的内容。这个方法是从前面提到的 JTextComponent 中继承而来的。例如：

```
textField.setText("Hello!");
```

并且在前面已经提到，可以调用 getText( )方法来获取用户输入的文本。这个方法返回用户输入的文本。如果想要将 getText( )方法返回的文本域中的内容的前后空格去掉，可以调用 trim( )方法：

```
String text=textField.getText(), trim();
```

如果想要改变显示文本的字体，就调用 setFont( )方法。

2. 标签和标签组件

标签是容纳文本的组件，它们没有任何的修饰（例如没有边缘），也不响应用户输入。例如：与按钮不同，文本域没有标识它们的标签。要想用标识符标识这种不带标签的组件，应该：

（1）用相应的文本构造一个 JLabel 组件。

（2）将标签组件放置在距离需要标识的组件足够近的地方，以便用户可以知道标签所标识的组件。

JLabel 的构造器允许指定初始文本和图标，也可以选择内容的排列方式。可以用 Swing Constants 接口中的常量来指定排列方式。在这个接口中定义了几个很有用的常量，如 LEFT、RIGHT、CENTER、NORTH、EAST 等。JLabel 是实现这个接口的一个 Swing 类。因此，可以指定右对齐标签：

```
JLabel label=new JLabel("User name: ", SwingConstants.RIGHT);
```

或者

```
JLabel label=new JLabel("User name: ", JLabel.RIGHT);
```

利用 setText( )和 setIcon( )方法可以在运行期间设置标签的文本和图标。与其他组件一样，标签也可以放置在容器中任何需要的地方。

3. 密码域

密码域是一种特殊类型的文本域。为了避免有不良企图的人看到密码，用户输入的字符不显示出来。每个输入的字符都用回显字符（echo character，例如*）表示。Swing 提供了 JPasswordField 类来实现这样的文本域。

密码域是另一个应用模型–视图–控制器体系模式的例子，它采用与常规的文本域相同的模型来存储数据，但是，它的视图却改为显示回显字符，而不是实际字符。

4. 文本区

当在程序中放置一个文本区组件 JTextArea 时，用户就可以输入多行文本，并用回车键换行。每行都以一个 "\n" 结尾。图 6-21 显示了一个工作的文本区（参见程序文件 6-21）。

在 JTextArea 组件的构造器中，可以指定文本区的行数和列数。例如：

```
textArea=new JTextArea(8, 40);
                        // 8 行，40 列
```

与文本域一样。出于稳妥的考虑，参数 columns 应该设置大一些。另外，用户并不受限于输入指定的行数和列数。当输入过长时，文本会滚动。还可以用 setColumns( )方法改变列数，用 setRows( )方法改变行数。这些数值只是首选大小——布局管理器可能会对文本区进行缩放。

图 6-21   文本组件

如果文本区的文本超出显示的范围，那么剩下的文本就会被裁剪掉。可以通过开启换行特性来避免裁剪过长的行：

```
textArea.setLineWrap(true);                    // 长线被包裹着
```

换行只是视觉效果；文档中的文本没有改变，在文本中并没有插入 "\n" 字符。

5. 滚动窗格

在 Swing 中，文本区没有滚动条。如果需要滚动条，可以将文本区插入到滚动窗格（scroll pane）中。

```
textArea=new JTextArea(8, 40);
JScrollPane scrollPane=new JScrollPane(textArea);
```

现在滚动窗格管理文本区的视图。如果文本超出了文本区可以显示的范围，滚动条就会自动出现，并且在删除部分文本后，当文本能够显示在文本区范围内时，滚动条又会自动消失。滚动是由滚动窗格内部处理的，编写程序时无须处理滚动事件。

这是一种为任意组件添加滚动功能的通用机制，而不是文本区特有的。也就是说，要想组件添加滚动条，只需将它们放入一个滚动窗格中即可。

程序文件 6-21   简单展示了带一个文本域、一个密码域和一个带滚动条的文本区。文本域和密码域都使用了标签，单击 Insert 会将组件中的内容插入到文本区中。

```
1    import java.awt.*;
2    //import java.awt.BorderLayout;        // 想想，这里为什么可以注释掉？
3    //import java.awt.GridLayout;
4
5    import javax.swing.*
6    //import javax.swing.JButton;          // 想想，这里为什么可以注释掉？
7    //import javax.swing.JFrame;
8    //import javax.swing.JLabel;
9    //import javax.swing.JPanel;
10   //import javax.swing.JPasswordField;
11   //import javax.swing.JScrollPane;
12   //import javax.swing.JTextArea;
13   //import javax.swing.JTextField;
14   //import javax.swing.SwingConstants;
15
```

```
16  /**
17   * 带有示例文本组件的框架
18   */
19  public class TextComponentFrame extends JFrame
20  {
21      public static final int TEXTAREA_ROWS=8;
22      public static final int TEXTAREA_COLUMNS=20;
23
24      public TextComponentFrame()
25      {
26          JTextField textField=new JTextField();
27          JPasswordField passwordField=new JPasswordField();
28
29          JPanel northPanel=new JPanel();
30          northPanel.setLayout(new GridLayout(2, 2));
31          northPanel.add(new JLabel("User name: ", SwingConstants.RIGHT));
32          northPanel.add(textField);
33          northPanel.add(new JLabel("Password: ", SwingConstants.RIGHT));
34          northPanel.add(passwordField);
35
36          add(northPanel, BorderLayout.NORTH);
37
38          JTextArea textArea=new JTextArea(TEXTAREA_ROWS, TEXTAREA_COLUMNS);
39          JScrollPane scrollPane=new JScrollPane(textArea);
40
41          add(scrollPane, BorderLayout.CENTER);
42
43          // 添加按钮以将文本附加到文本区域
44          JPanel southPanel=new JPanel();
45
46          JButton insertButton=new JButton("Insert");
47          southPanel.add(insertButton);
48          insertButton.addActionListener(event ->
49              textArea.append("User name: "+textField.getText()+"Password: "
50                  +new String(passwordField.getPassword())+"\n"));
51
52          add(southPanel, BorderLayout.SOUTH);
53          pack();
54      }
55  }
```

程序运行结果：请对照源代码分析程序运行结果，并记录如下。

_____

_____

_____

实验确认：□ 学生□ 教师

【编程训练】熟悉 Swing GUI 设计方法

1. 实验目的

在开始本实验之前，请认真阅读课程的相关内容。

（1）熟悉用户界面设计布局管理的概念，了解模型–视图–控制器设计模式。

（2）掌握边框布局和网格布局程序设计方法。

（3）掌握文本输入界面程序设计方法。

2. 实验内容与步骤

请仔细阅读本实验中【知识准备】的内容，对其中的各个实例进行具体操作实现，从中体会 Java 程序设计，提高 Java 编程能力。

注意：完成每个实例操作后，请在对应的"实验确认"栏中打钩（√），并请实验指导老师指导并确认。

请问：你是否完成了上述各个实例的实验操作？如果不能顺利完成，请分析可能的原因是什么。

答：_____

_____

_____

_____

实验确认：□ 学生□ 教师

3. 实验总结

_____

_____

_____

4. 实验评价（教师）

_____

_____

【作 业】

1. 设计模式是指一种以结构化方式展示专家解决问题经验的方法，在 AWT 和 Swing 设计中使用了多种模式，但以下（　　）不在其中。

A. 模型–视图–控制器（MVC）模式　　　　B. 设计器–类–对象（DCO）模式

C. 容器和组件（组合）模式　　　　　　　D. 布局管理器（策略）模式

2. 下面（　　）不是构成用户界面组件的各个组成部分（如按钮、复选框、文本框或者复杂的树状组件）的三个要素。

A. 内容　　　　　　B. 外观　　　　　　C. 接口　　　　　　D. 行为

3. 为完成模型–视图–控制器模式设计，要实现三个独立的类，下面（　　）不在其中。

A. 接口　　　　　　B. 模型　　　　　　C. 视图　　　　　　D. 控制器

4. 模型–视图–控制器模式的一个优点是一个模型可以有（　　）视图。

A. 1 个　　　　　　B. 2 个　　　　　　C. 5 个　　　　　　D. 多个

5. 在模型–视图–控制器模式中，控制器负责处理（　　），然后决定是否把这些事件转化成对模型或视图的改变。

A. 用户输入事件　　　　　　　　　　　　B. 进程控制过程

C.　程序出错处理　　　　　　　　　　　　D.　窗体面积大小

6.　对于大多数 Swing 组件来说，模型类将实现一个名字以（　　　　）结尾的接口。

A.　Model　　　　　　B.　Class　　　　　　C.　Object　　　　　　D.　Panel

7.　边框布局管理器是每个 JFrame 内容窗格的默认布局管理器，它允许选择把组件放在内容窗格的（　　　　）。

A.　上部、下部、左边、右边或者中间　　　　B.　左上角、左下角、右上角、右下角或者中间

C.　中部、北部、南部、东部或者西部　　　　D.　左半边、右半边、上半边、下半边或者中间

8.　流布局将（　　　　），边框布局会（　　　　）。

A.　扩展所有组件的尺寸以便填满可用空间，维持每个组件的最佳尺寸

B.　维持每个组件的最佳尺寸，扩展所有组件的尺寸以便填满可用空间

C.　缩小所有组件的尺寸以便填满可用空间，维持每个组件的最佳尺寸

D.　扩展所有组件的尺寸以便填满可用空间，压缩每个组件的规格尺寸

9.　网格布局像电子数据表一样，按（　　　　）排列所有的组件，它的每个单元大小都是一样的。

A.　横竖　　　　　　B.　上下　　　　　　C.　左右　　　　　　D.　行列

10.　具有用户输入和编辑文本功能的 Swing GUI 组件有三个，但下面（　　　　）不在其中。

A.　记事本（JNotepad）　　　　　　　　　B.　文本域（JTextField）

C.　文本区（JTextArea）　　　　　　　　　D.　单行文本（JPassword）

实验 6.4　Swing 选择组件

【实验目标】

（1）进一步熟悉 GUI 程序设计知识。

（2）掌握 Swing 选择组件的知识与设计方法。

【知识准备】Swing GUI 选择组件

Swing 用 Java 语言写成，提供了许多比 AWT 更好的屏幕显示元素，如文本框、按钮、分隔窗格和表等。Swing 组件的缺点是执行速度较慢，优点是可以在所有平台上采用统一的行为。

在本实验中，我们来学习如何编写程序，实现复选框、单选按钮、选项列表以及滑块。

6.4.1　复选框

如果想要接收的输入只是"是"或"非"，就可以使用复选框组件。复选框自动带有标识标签，用户通过单击某个复选框来选择相应的选项，再次单击则取消选取。当复选框获得焦点时，用户也可以通过按空格键来切换选择。

图 6-22 所示有两个复选框，其中一个用于控制加粗属性，而另一个用于打开或关闭字体斜体属性。注意，第一个复选框有焦点，这一点可以由它周围的矩形框看出。只要用户单击某个复选框，程序就会刷新屏幕以便应用新的字体属性。

图 6-22　复选框

可以使用 setSelected( )方法来选定或取消选定复选框。例如：

bold.setSelected(true);

isSelected( )方法将返回每个复选框的当前状态。如果没有选取则为 false，否则为 true。

当用户单击复选框时将触发一个动作事件。通常，可以为复选框设置一个动作监听器。在下面程序中，两个复选框使用了同一个动作监听器。

```
ActionListener listener=…
bold.addActionListener(listener);
italic.addActionListener(listener);
```

程序文件 6-22 复选框示例。

```
1    import java.awt.*;
2    import java.awt.event.*;
3    import javax.swing.*;
4
5    /**
6     * 用于选择字体属性的示例文本标签和复选框的框架
7     */
8    public class CheckBoxFrame extends JFrame
9    {
10       private JLabel label;
11       private JCheckBox bold;
12       private JCheckBox italic;
13       private static final int FONTSIZE=24;
14
15       public CheckBoxFrame()
16       {
17          // 添加示例文本标签（译文）：敏捷的棕毛狐狸从懒狗身上跃过。
18          label=new JLabel("The quick brown fox jumps over the lazy dog.");
19          label.setFont(new Font("Serif", Font.BOLD, FONTSIZE));
20          add(label, BorderLayout.CENTER);
21
22          // 此监听器将标签的字体属性设置为复选框状态
23          ActionListener listener=event ->
24             {
25                int mode=0;
26                if(bold.isSelected()) mode+=Font.BOLD;
27                if(italic.isSelected()) mode+=Font.ITALIC;
28                label.setFont(new Font("Serif", mode, FONTSIZE));
29             };
30
31          // 添加复选框
32          JPanel buttonPanel=new JPanel();
33
34          bold=new JCheckBox("Bold");              // 在构造器中指定标签文本，注明其用途
35          bold.addActionListener(listener);
36          bold.setSelected(true);
37          buttonPanel.add(bold);
38
39          italic=new JCheckBox("Italic");
40          italic.addActionListener(listener);
```

```
41              buttonPanel.add(italic);
42
43              add(buttonPanel, BorderLayout.SOUTH);
44              pack();
45      }
46
47      public static void main(String[] args)    // 定义 main()方法
48      {
49          EventQueue.invokeLater(() ->
50              {
51                  CheckBoxFrame frm=new CheckBoxFrame();
52                  frm.setDefaultCloseOperation(JFrame.EXIT_ON_CLOSE);
53                  frm.setVisible(true);
54              });
55      }
56  }
```

程序运行结果：请对照源代码分析程序运行结果，并记录如下。

程序分析：

actionPerformed( )方法查询 Bold 和 Italic 两个复选框的状态，并且把面板中的字体设置为常规、加粗、倾斜或者粗斜体，见程序文件第 23～29 行。

实验确认：□ 学生 □ 教师

6.4.2 单选按钮

对于两个复选框，用户既可以选择一个、两个，也可以两个都不选。在很多情况下，我们需要用户只选择几个选项当中的一个。当用户选择另一项的时候，前一项就自动取消选择。这样一组选框通常称为单选按钮组（radio button group）。图 6-23 给出了一个典型的例子。这里允许用户在多个选择中选择字体的大小，即小、中、大和超大，但是，每次用户只能选择一个。

图 6-23 单选按钮组

在 Swing 中，实现单选按钮组非常简单。为单选按钮组构造一个 ButtonGroup 的对象。然后再将 JRadioButton 类型的对象添加到按钮组中。按钮组负责在新按钮被按下时取消前一个被按下的按钮的选择状态。

仔细看一下图 6-22 和图 6-23 会发现，单选按钮与复选框的外观不一样。复选框为正方形，并且如果被选择，这个正方形中会出现一个对钩。单选按钮是圆形，选择以后圈内出现一个圆点。

单选按钮的事件通知机制与其他按钮一样。当用户单击一个单选按钮时，这个按钮将产生一个动作事件。在示例中，定义了一个动作监听器用来把字体大小设置为特定值：

```
ActionListener listener=event ->
    Label.setFont(new Font("Serif", Font.PLAIN, size));
```

用这个监听器与复选框中的监听器做一个对比。每个单选按钮都对应一个不同的监听器对象。每个监听器都非常清楚所要做的事情——把字体尺寸设置为一个特定值。在复选框示例中，使用的是一种不同的方法，两个复选框共享一个动作监听器。这个监听器调用一个方法来检查两个复选框的当前状态。然而，使用各自独立的动作监听器，可以将尺寸值与按钮紧密地绑定在一起。

程序文件 6-23 选择字体大小的程序，演示了单选按钮的工作过程。

```
1    import java.awt.*;
2    import java.awt.event.*;
3    import javax.swing.*;
4
5    /**
6     * 用于选择字体大小的示例文本标签和单选按钮的框架
7     */
8    public class RadioButtonFrame extends JFrame
9    {
10       private JPanel buttonPanel;
11       private ButtonCroup group;
12       private JLabel label;
13       private static final int DEFAULT_SIZE=36;
14
15       public RadioButtonFrame()
16       {
17          // 添加示例文本标签
18          label=new JLabel("The quick brown fox jumps over the lazy dog.");
19          label.setFont(new Font("Serif", Font.PLAIN, DEFAULT_SIZE));
20          add(label, BorderLayout.CENTER);
21
22          // 添加单选按钮
23          buttonPanel=new JPanel();
24          group=new ButtonGroup();
25
26          addRadioButton("small", 8);
27          addRadioButton("Medium", 12);
28          addRadioButton("Large", 18);
29          addRadioButton("Extra large", 36);
30
31          add(buttonPanel, BorderLayout.SOUTH);
32          pack();
33       }
34
35       /**
36        * 添加一个单选按钮，用于设置示例文本的字体大小
37        * @ 要显示在按钮上的字符串的参数名称
38        * @ 设置字体大小
39        */
40       public void addRadioButton(String name, int size)
41       {
42          boolean selected=size==DEFAULT_SIZE;
```

```
43          JRadioButton button=new JRadioButton(name, selected);
44          group.add(button);
45          buttonPanel.add(button);
46
47          // 此监听器设置标签字体大小
48          ActionListener listener=event ->
49              label.setFont(new Font("Serif", Font.PLAIN, size));
50          button.addActionListener(listener);
51      }
52
53      public static void main(String[] args)          // 定义main()方法
54      {
55          EventQueue.invokeLater(() ->
56              {
57                  RadioButtonFrame frm=new RadioButtonFrame();
58                  frm.setDefaultCloseOperation(JFrame.EXIT_ON_CLOSE);
59                  frm.setVisible(true);
60              });
61      }
62  }
```

程序运行结果：请对照源代码分析程序运行结果，并记录如下。

实验确认：□ 学生□ 教师

6.4.3　边框

如果在一个窗口中有多组单选按钮，就需要指明哪些按钮属于同一组。Swing 提供了一组很有用的边框（borders）来解决这个问题。可以在任何继承了 JComponent 的组件上应用边框。最常用的用途是在一个面板周围放置一个边框，然后用其他用户界面元素（如单选按钮）填充面板。

有几种不同的边框可供选择，使用它们的步骤完全一样。

（1）调用 BorderFactory 的静态方法创建边框。下面是几种可选的风格（见图 6-24）：凹斜面、凸斜面、蚀刻、直线、蒙版、空（只是在组件外围创建一些空白空间）。

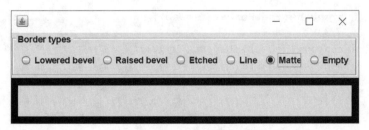

图 6-24　测试边框类型

（2）可以给边框添加标题，方法是将边框传递给 BroderFactory.createTitledBorder。

（3）如果想把一切凸显出来，可以调用下列方法将几种边框组合起来使用：BorderFactory.create CompoundBordcr。

（4）调用 JComponent 类中 setBorder( )方法将结果边框添加到组件中。

例如，下面程序中第 27～29 行语句说明了如何把一个带有标题的蚀刻边框添加到一个面板上。

程序文件 6-24 各种边框的外观。

```
1   import java.awt.*;
2   import javax.swing.*;
3   import javax.swing.border.*;
4
5   /**
6    * 带有单选按钮以选择边框样式的框架
7    */
8   public class BorderFrame extends JFrame
9   {
10      private JPanel demoPanel;
11      private JPanel buttonPanel;
12      private ButtonGroup group;
13
14      public BorderFrame()
15      {
16          demoPanel=new JPanel();
17          buttonPanel=new JPanel();
18          group=new ButtonGroup();
19
20          addRadioButton("Lowered bevel", BorderFactory.
21             createLoweredBevelBorder());
22          addRadioButton("Raised bevel", BorderFactory.
23             createRaisedBevelBorder());
24          addRadioButton("Etched", BorderFactory.createEtchedBorder());
25          addRadioButton("Line", BorderFactory.
26             createLineBorder(Color.BLUE));
27          addRadioButton("Matte", BorderFactory.
28             createMatteBorder(10, 10, 10, 10, Color.BLUE));
29          addRadioButton("Empty", BorderFactory.createEmptyBorder());
30
31          Border etched=BorderFactory.createEtchedBorder();
32          Border titled=BorderFactory.createTitledBorder(etched,
33             "Border types");
34          buttonPanel.setBorder(titled);
35
36          setLayout(new GridLayout(2, 1));
37          add(buttonPanel);
38          add(demoPanel);
39          pack();
40      }
41
42      public void addRadioButton(String buttonName, Border b)
43      {
44          JRadioButton button=new JRadioButton(buttonName);
45          button.addActionListener(event -> demoPanel.setBorder(b));
46          group.add(button);
```

```
47              buttonPanel.add(button);
48      }
49  }
```

程序运行结果：请对照源代码分析程序运行结果，并记录如下。

_____

_____

_____

程序分析：

运行程序可以看到各种边框的外观。不同的边框有不同的用于设置边框宽度和颜色的选项。SoftBevelBorder 类用于构造具有柔和拐角的斜面边框，LineBorder 类能够构造圆拐角。这些边框只能通过类中的某个构造器构造，而没有 BorderFactory( )方法。

实验确认：□ 学生□ 教师

6.4.4　组合框

如果有多个选择项，可以选择组合框。当用户单击这个组件时，会打开下拉列表，用户可以从中选择一项（见图 6-25）。

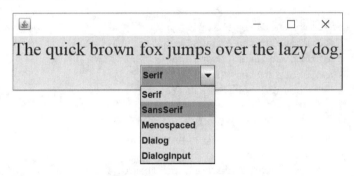

图 6-25　组合框

如果下拉列表框被设置成可编辑（editable），就可以像编辑文本一样编辑当前的选项内容。鉴于这个原因，这种组件被称为组合框（combo box），它将文本域的灵活性与一组预定义的选项组合起来。JComboBox 类提供了组合框的组件。

调用 setEditable( )方法可以让组合框可编辑。编辑只会影响当前项，而不会改变列表内容。

可以调用 getSelcctedItem( )方法获取当前的选项，如果组合框是可编辑的，当前选项则是可以编辑的。不过，对于可编辑组合框，其中的选项可以是任何类型，这取决于编辑器（即由编辑器获取用户输入并将结果转换为一个对象）。如果组合框不是可编辑的，最好调用：

```
combo.getItemAt(combo.getSelectedIndex())
```

这会为所选选项提供正确的类型。

程序文件 6-25　组合框的应用。

```
1   import java.awt.BorderLayout;
2   import java.awt.Font;
3
4   import javax.swing.JComboBox;
5   import javax.swing.JFrame;
```

```
6   import javax.swing.JLabel;
7   import javax.swing.JPanel;
8
9   /**
10   * 带有示例文本标签的框架和用于选择字体的组合框
11   */
12  public class ComboBoxFrame extends JFrame
13  {
14      private JComboBox<String> faceCombo;
15      private JLabel label;
16      private static final int DEFAULT_SIZE=24;
17
18      public ComboBoxFrame()
19      {
20          // 添加示例文本标签
21          label=new JLabel("The quick brown fox jumps over the lazy dog.");
22          label.setFont(new Font("Serif", Font.PLAIN, DEFAULT_SIZE));
23          add(label, BorderLayout.CENTER);
24
25          // 创建一个组合框并添加名称
26          faceCombo=new JComboBox<>();
27          faceCombo.addItem("Serif");
28          faceCombo.addItem("SansSerif");
29          faceCombo.addItem("Menospaced");
30          faceCombo.addItem("Dialog");
31          faceCombo.addItem("DialogInput");
32
33          // 组合框监听器将标签字体更改为选定的名称
34          faceCombo.addActionListener(event ->
35              label.setFont(
36                  new Font(faceCombo.getItemAt(faceCombo.getSelectedIndex()),
37                      Font.PLAIN, DEFAULT_SIZE)));
38
39          // 将组合框添加到框架南部边界的面板
40          JPanel comboPanel=new JPanel();
41          comboPanel.add(faceCombo);
42          add(comboPanel, BorderLayout.SOUTH);
43          pack();
44      }
45
46      public static void main(String[] args)          // 定义 main()方法
47      {
48          EventQueue.invokeLater(() ->
49              {
50                  ComboBoxFrame frm=new ComboBoxFrame();
51                  frm.setDefaultCloseOperation(JFrame.EXIT_ON_CLOSE);
52                  frm.setVisible(true);
53              });
54      }
55  }
```

程序运行结果：请对照源代码分析程序运行结果，并记录如下。

_____

_____

_____

_____

程序分析：

在程序中，用户可以从字体列表（Serif, SansSerif, Menospaced 等）中选择一种字体，用户也可以输入其他字体。

可以调用 addItem( ) 方法增加选项。在示例程序中，只在构造器中调用了 addItem( ) 方法，实际上，可以在任何地方调用它。

当用户从组合框中选择一个选项时，组合框就将产生一个动作事件。

实验确认：□ 学生 □ 教师

6.4.5　滑动条

组合框可以让用户从一组离散值中进行选择，而滑动条允许选择连续值（例如 1~100 之间）中的任意数值。

通常，可以使用下列方式构造滑动条：

```
JSlider slider=new JSlider(min, max, initialValue);
```

如果省略最小值、最大值和初始值，其默认值分别为 0、100 和 50。或者如果需要垂直滑动条，可以按照下列方式调用构造器：

```
JSlider slider=new JSlider(SwingConstants, VERTICAL, min, max, initialValue);
```

这些构造器构造了一个无格式的滑动条，如图 6-26 最上面的滑动条所示。

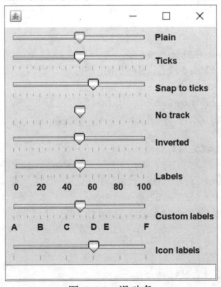

图 6-26　滑动条

程序文件 6-26　创建用图标作为标尺标签的滑动条。程序演示了所有不同视觉效果的滑动条。每个滑动条都安装了一个改变事件监听器，负责把当前的滑动条值显示到框架底部的文本域中。

```
1    import java.awt.*;
2    import java.util.*;
3    import javax.swing.*;
4    import javax.swing.event.*;
5
6    /**
7     * 包含许多滑块的框架和用于显示滑块值的文本字段
8     */
9    public class SliderFrame extends JFrame
10   {
11       private JPanel sliderPanel;
12       private JTextField textField;
13       private ChangeListener listener;
14
15       public SliderFrame()
16       {
17           sliderPanel=new JPanel();
18           sliderPanel.setLayout(new GridBagLayout());
19
20           // 所有滑块的常见监听器
21           listener=event ->
22           {
23               // 滑块值更改时更新文本字段
24               JSlider source=(JSider) event.getSource();
25               textField.setText(""+source.getValue());
26           };
27           // 添加一个普通滑块
28           JSlider slider=new JSlider();
29           addSlider(slider, "Plain");
30
31           // 添加一个带有主要和次要刻度的滑块
32           slider=new JSlider();
33           slider.setPaintTicks(true);
34           slider.setMajorTickSpacing(20);
35           slider.setMinorTickSpacing(5);
36           addSlider(slider, "Ticks");
37
38           // 添加一个捕捉到刻度线的滑块
39           slider=new JSlider();
40           slider.setPaintTicks(true);
41           slider.setSnapToTicks(true);
42           slider.setMajorTickSpacing(20);
43           slider.setMinorTickSpacing(5);
44           addSlider(slider, "Snap to ticks");
45
46           // 添加一个没有轨道的滑块
47           slider=new JSlider();
48           slider.setPaintTicks(true);
49           slider.setMajorTickSpacing(20);
50           slider.setMinorTickSpacing(5);
51           slider.setPaintTrack(false);
```

```
52          addSlider(slider, "No track");
53
54          // 添加一个倒置滑块
55          slider=new JSlider();
56          slider.setPaintTicks(true);
57          slider.setMajorTickSpacing(20);
58          slider.setMinorTickSpacing(5);
59          slider.setInverted(true);
60          addSlider(slider, "Inverted");
61
62          // 添加一个带有数字标签的滑块
63          slider=new JSlider();
64          slider.setPaintTicks(true);
65          slider.setPaintLabels(true);
66          slider.setMajorTickSpacing(20);
67          slider.setMinorTickSpacing(5);
68          addSlider(slider, "Labels");
69
70          //添加一个带字母标签的滑块
71          slider=new JSlider();
72          slider.setPaintLabels(true);
73          slider.setPaintTicks(true);
74          slider.setMajorTickSpacing(20);
75          slider.setMinorTickSpacing(5);
76
77          Dictionary<Integer, Component> labelTable=new Hashtable<>();
78          labelTable.put(0, new JLabel("A"));
79          labelTable.put(20, new JLabel("B"));
80          labelTable.put(40, new JLabel("C"));
81          labelTable.put(60, new JLabel("D"));
82          labelTable.put(70, new JLabel("E"));
83          labelTable.put(100, new JLabel("F"));
84
85          slider.setLabelTable(labelTable);
86          addSlider(slider, "Custom labels");
87
88          // 添加一个带图标标签的滑块
89          slider=new JSlider();
90          slider.setPaintTicks(true);
91          slider.setPaintLabels(true);
92          slider.setSnapToTicks(true);
93          slider.setMajorTickSpacing(20);
94          slider.setMinorTickSpacing(20);
95
96          labelTable=new Hashtable<Integer, Component>();
97
98          // 添加卡片图片
99          labelTable.put(0, new JLabel(new ImageIcon("nine.gif")));
100         labelTable.put(20, new JLabel(new ImageIcon("ten.gif")));
101         labelTable.put(40, new JLabel(new ImageIcon("jack.gif")));
102         labelTable.put(60, new JLabel(new ImageIcon("queen.gif")));
```

```
103        labelTable.put(80, new JLabel(new ImageIcon("king.gif")));
104        labelTable.put(100, new JLabel(new ImageIcon("ace.gif")));
105
106        slider.setLabelTable(labelTable);
107        addSlider(slider, "Icon labels");
108
109        // 添加显示滑块值的文本字段
110        textField=new JTextField();
111        add(sliderPanel, BorderLayout.CENTER);
112        add(textField, BorderLayout.SOUTH);
113        pack();
114    }
115
116    /**
117     * 向滑块面板添加滑块并挂接监听器
118     * @ param 是滑块
119     * @ param 描述滑块描述
120     */
121    public void addSlider(JSlider s, String description)
122    {
123        s.addChangeListener(listener);
124        JPanel panel=new JPanel();
125        panel.add(s);
126        panel.add(new JLabel(description));
127        panel.setAlignmentX(Component.LEFT_ALIGNMENT);
128        GridBagConstraints gbc=new GridBagConstraints();
129        gbc.gridy=sliderPanel.getComponentCount();
130        gbc.anchor=GridBagConstraints.WEST;
131        sliderPanel.add(panel, gbc);
132    }
133
134    public static void main(String[] args)      // 定义 main()方法
135    {
136        EventQueue.invokeLater(() ->
137            {
138                SliderFrame frm=new SliderFrame();
139                frm.setDefaultCloseOperation(JFrame.EXIT_ON_CLOSE);
140                frm.setVisible(true);
141            });
142    }
143 }
```

程序运行结果：请对照源代码分析程序运行结果，并记录如下。

程序分析：

看一下如何为滑动条添加装饰。

当用户移动滑动条时，滑动条的值会在最小值和最大值之间变化。当值发生变化时，ChangeEvent 就会发送给所有变化的监听器。为了得到这些改变的通知，需要调用

addChangeListener( )方法并且安装一个实现了 ChangeListener 接口的对象。这个接口只有一个方法 StateChanged( )。在这个方法中，可以获取滑动条的当前值（参见第 21~26 行语句）。

可以通过显示标尺（tick）对滑动条进行修饰。例如，在示例程序中第一个滑动条使用的设置（见第 34、35 行语句）。滑动条在每 20 个单位的位置显示一个大标尺标记，每 5 个单位的位置显示一个小标尺标记。所谓单位是指滑动条值，而不是像素。

这些代码只设置了标尺标记，要想将它们显示出来，还需要调用（例如，见第 56 行语句）:

```
slider.setPaintTicks(true);
```

大标尺和小标尺标记是相互独立的。例如，可以每 20 个单位设置一个大标尺标记，同时每 7 个单位设置一个小标尺标记，但是这样设置，滑动条看起来会显得非常凌乱。

可以强制滑动条对齐标尺。这样一来，用户完成拖放滑动条的操作后，滑动条会自动地移到最接近的标尺处（见第 92 行语句）。

提示：

"对齐标尺"的行为与想象的工作过程并不太一样。在滑动条真正对齐之前，改变监听器报告的滑动条值并不是对应的标尺值。如果单击了滑动条附近，滑动条将会向单击的方向移动一小段距离，"对齐标尺"的滑块并不移动到下一个标尺处。

可以调用下列方法为大标尺添加标尺标记标签（见第 65 行语句）:

```
slider.setPaintLabels(true);
```

例如，对于一个范围为 0~100 的滑动条，如果大标尺的间距是 20，每个大标尺的标签就应该分别是 0、20、40、60、80 和 100。

还可以提供其他形式的标尺标记，如字符串或者图标，但这样做有些烦琐。首先需要填充一个键为 Integer 类型且值为 Component 类型的散列表。然后再调用 setLabelTable( )方法，组件就会放置在标尺标记处。通常组件使用的是 JLabel 对象。第 78~83 行语句说明了如何将标尺标签设置为 A、B、C、D、E 和 F。

```
Hashtable<Integer, Commnent> labelTable=new Hashtable<Integer, Component>();
```

提示：如果标尺的标记或者标签不显示，请检查是否调用了 setPaintTicks(true) 和 setPaintLabels(true)。

在图 6-26 中，第 4 个滑动条没有轨迹。要想隐藏滑动条移动的轨迹，可以调用：

```
slider=setPaintTrack(false);
```

图 6-26 中第 5 个滑动条是逆向的，调用下列方法可以实现这个效果：

```
slider.setInverted(true);
```

实验确认：□ 学生□ 教师

【编程训练】掌握 Java GUI 设计方法（一）

1. 实验目的

在开始本实验之前，请认真阅读课程的相关内容。

（1）进一步熟悉 GUI 程序设计方法。

（2）掌握 Swing 选择组件设计方法。

2. 实验内容与步骤

请仔细阅读本实验中【知识准备】的内容，对其中的各个实例进行具体操作实现，从中体会

Java 程序设计，提高 Java 编程能力。

注意：完成每个实例操作后，请在对应的"实验确认"栏中打钩（√），并请实验指导老师指导并确认。

请问：你是否完成了上述各个实例的实验操作？如果不能顺利完成，请分析可能的原因是什么。

答：_____

_____

_____

_____

实验确认：□ 学生□ 教师

3. 实验总结

_____

_____

_____

4. 实验评价（教师）

_____

_____

【作　业】

1. Swing 的选择组件包括（　　）。

A. 复选框　　　　　B. 单选按钮　　　　　C. 滑动条　　　　　D. A、B、C

2. 如果想要接收的输入只是"是"或"非"，可以使用（　　）组件。

A. 复选框　　　　　B. 单选按钮　　　　　C. 滑块　　　　　D. A、B、C

3. 当用户选择另一项的时候，前一项就自动取消选择。这样一组选框通常称为（　　）。

A. 复选框　　　　　B. 单选按钮　　　　　C. 组合按钮　　　　　D. 滑块按钮

4. 如果在一个窗口中有多组单选按钮，就需要指明哪些按钮属于同一组。Swing 提供了一组很有用的（　　）来解决这个问题。

A. 框架　　　　　B. 组合　　　　　C. 复合框　　　　　D. 边框

5. 如果有多个选择项，可以选择（　　）。当用户单击这个组件时，会打开（　　）。

A. 复合框，数据列表　　　　　　　　B. 选择框，组合列表

C. 组合框，下拉列表　　　　　　　　D. 组合框，组合列表

6. 滑动条允许选择（　　）中的任意数值。

A. 连续值　　　　　B. 离散值　　　　　C. 任意值　　　　　D. 数据值

实验 6.5　Swing 菜单与对话框

【实验目标】

（1）进一步熟悉用户界面设计布局管理的知识。

（2）掌握下拉式菜单和弹出菜单的程序设计方法。

（3）掌握工具栏与对话框的程序设计方法。

【知识准备】熟悉 Swing 菜单与对话框

前面介绍了按钮、文本域以及组合框等窗口组件，Swing 还提供了一些其他 GUI 元素，下拉式菜单就是 GUI 应用程序中很常见的一种。

位于窗口顶部的菜单栏（menu bar）包括了下拉菜单的名字。单击一个名字就可以打开包含菜单项（menu items）和子菜单（submemu）的菜单。当用户单击菜单项时，所有菜单都会被关闭并且将一条消息发送给程序。图 6-27 显示了一个带有子菜单的菜单。

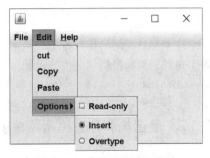

图 6-27　带有子菜单的菜单

6.5.1　创建菜单

菜单栏是一个可以添加到任何位置的组件，通常放置在框架的顶部。创建菜单首先要创建一个菜单栏（见程序文件 6-27 的第 120 行语句）。可以调用 setJMenuBar( )方法将菜单栏添加到框架上（见程序文件 6-27 第 121 行语句）。

需要为每个菜单建立一个菜单对象（第 82 行语句），然后将顶层菜单添加到菜单栏中（第 119 行语句）。

接着，向菜单对象中添加菜单项、分隔符和子菜单：

```
JMenuItem pasteItem=new JMenuItem("Paste");
editMenu.add(pasteItem);
editMenu.addSeparator();
JMenu optionMenu= …;                           // 一个子菜单
editMenu.add(optionMenu);
```

可以看到，图 6-27 中的分隔符位于 Paste 和 Options 菜单项之间。

当用户选择菜单时，将触发一个动作事件。这里需要为每个菜单项安装一个动作监听器。

```
ActionListener listener= …;
pasteItem.addActionListener(listener);
```

可以使用 **JMenu.add(String s)**方法将菜单项插入到菜单的尾部，例如：

```
editMenu.add("Paste");
```

add( )方法返回创建的子菜单项。可以采用下列方式获取它，并添加监听器：

```
JMenuItem pasteItem=editMenu.add("Paste");
pasteItem.addActionListener(listener);
```

在通常情况下，菜单项触发的命令也可以通过其他用户界面元素（如工具栏上的按钮）激活，前面我们已经看到如何通过 Action 对象来指定命令。通常，采用扩展抽象类 AbstractAction 来定义一个实现 Action 接口的类。这里需要在 AbstractAction 对象的构造器中指定菜单项标签并且覆盖 actionPerfomed( )方法来获得菜单动作处理器。例如：

```
Action exitAction=new AbstractAction("Exit")    // 菜单项文字在这里
    {
        public void actionPerformed(ActionEvent event)
        {
            // 动作代码在这里
```

```
            System.exit(0);
        }
    };
```

然后将动作添加到菜单中：

```
JMenuItem exitItem=fileMenu.add(exitAction);
```

这个命令利用动作名将一个菜单项添加到菜单中。这个动作对象将作为它的监听器。上面这条语句是下面两条语句的快捷形式：

```
JMenuItem exitItem=new JMenuItem(exitAction);
fileMenu.add(exitItem);
```

6.5.2　复选框和单选按钮菜单项

复选框和单选按钮菜单项在文本旁边显示了一个复选框或一个单选按钮（参见图 6-19）。当用户选择一个菜单项时，菜单项就会自动地在选择和未选择间进行切换。

除了按钮装饰外，同其他菜单项的处理一样。例如，下面是创建复选框菜单项的代码：

```
JCheckBoxMenuItem readonlyItem=new JCheckBoxMenuItem("Read-only");
optionMenu=add(readonlyItem);
```

单选按钮菜单项与普通单选按钮的工作方式一样，必须将它们加入到按钮组中。当按钮组中的一个按钮被选中时，其他按钮都自动地变为未选择项。见程序文件 6-27 中第 73～81 行语句和第 103、104 行语句。

使用这些菜单项，不需要立刻得到用户选择菜单项的通知。而是使用 isSelected( )方法来测试菜单项的当前状态（当然，这意味着应该保留一个实例域保存这个菜单项的引用）。使用 setSelected( )方法设置状态。

6.5.3　弹出菜单

弹出菜单（pop-up menu）是不固定在菜单栏中随处浮动的菜单（见图 6-28）。

创建一个弹出菜单与创建一个常规菜单的方法类似，但是弹出菜单没有标题。

```
JPopupMenu popup=new JPopupMenu();
```

然后用常规的方法添加菜单项：

```
JMenuItem item=new JMenu
```

弹出菜单并不像常规菜单栏那样总是显示在框架的顶部，必须调用 show( )方法菜单才能显示出来。调用时需要给出父组件以及相对父组件坐标的显示位置。例如：

```
popup.show(panel, x, y);
```

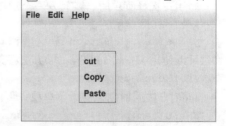

图 6-28　弹出菜单

通常，当用户单击某个鼠标键时弹出菜单。这就是所谓的弹出式触发器（pop-up trigger）。在 Windows 或者 Linux 中，弹出式触发器是鼠标右键。要想在用户右击某一个组件时弹出菜单，需要按照下列方式调用方法：

```
Component.setComponentPopupMenu(popup);
```

偶尔会遇到在一个含有弹出菜单的组件中放置一个组件的情况。这个子组件可以调用下列方法继承父组件的弹出菜单。

```
Child.setInheritsPopupMenu(true);
```

对于有经验的用户来说，通过快捷键来选择菜单项会感觉更加便捷。可以通过在菜单项的构造器中指定一个快捷字母来为菜单项设置快捷键：

```
JMenuItem aboutItem=new JMenuItem("About", 'A');
```

快捷键会自动地显示在菜单项中，并带有一条下画线（如图 6-29）。

加速器是在不打开菜单的情况下选择菜单项的快捷键。例如：很多程序把加速键 Ctrl+O 和 Ctrl+S 关联到 File 菜单中的 Open 和 Save 菜单项（见图 6-30）。可以使用 setAccelerator( )方法将加速键关联到一个菜单项上。这个方法使用 KeyStroke 类型的对象作为参数。例如：下面的调用将加速键 Ctrl+O 关联到 OpenItem 菜单项。

图 6-29　键盘快捷键

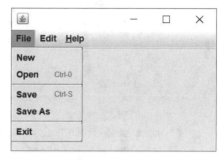

图 6-30　加速键

```
openItem.setAccelerator(KeyStroke.getKeyStroke("ctrl o")):
```

当用户按下加速器键时，就会自动地选择相应的菜单项，同时激活一个动作事件，这与手工选择这个菜单项一样。

程序文件 6-27　创建一组菜单的示例程序。其中演示了嵌套菜单、禁用菜单项、复选框和单选按钮菜单项、弹出菜单以及快捷键和加速键。

```
1    import java.awt.*;
2    import java.awt.event.*;
3    import javax.swing.*;
4
5    /**
6     * 带有示例菜单栏的框架
7     */
8    public class MenuFrame extends JFrame
9    {
10       private static final int DEFAULT_WIDTH=300;
11       private static final int DEFAULT_HEIGHT=200;
12       private Action saveAction;
13       private Action saveAsAction;
14       private JCheckBoxMenuItem readonlyItem;
15       private JPopupMenu popup;
16
17       /**
18        * 将操作名称输出到 System.out 的示例操作
19        */
20       class TestAction extends AbstractAction
21       {
22          public TestAction(String name)
23          {
```

```
24              super(name);
25          }
26
27      public void actionPerformed(ActionEvent event)
28      {
29          System.out.println(getValue(Action.NAME)+" selected.");
30      }
31  }
32  public MenuFrame()
33  {
34      setSize(DEFAULT_WIDTH, DEFAULT_HEIGHT);
35
36      JMenu fileMenu=new JMenu("File");
37      fileMenu.add(new TestAction("New"));
38
39      // 演示加速键
40      JMenuItem openItem=fileMenu.add(new TestAction("Open"));
41      openItem.setAccelerator(KeyStroke.getKeyStroke("ctrl O"));
42
43      fileMenu.addSeparator();
44
45      saveAction=new TestAction("Save");
46      JMenuItem saveItem=fileMenu.add(saveAction);
47      saveItem.setAccelerator(KeyStroke.getKeyStroke("ctrl S"));
48
49      saveAsAction=new TestAction("Save As");
50      fileMenu.add(saveAsAction);
51      fileMenu.addSeparator();
52
53      fileMenu.add(new AbstractAction("Exit")
54          {
55              public void actionPerformed(ActionEvent event)
56              {
57                  System.exit(0);
58              }
59          });
60
61      // 演示复选框和单选按钮菜单
62      readonlyItem=new JCheckBoxMenuItem("Read-only");
63      readonlyItem.addActionListener(new ActionListener()
64          {
65              public void actionPerformed(ActionEvent event)
66              {
67                  boolean saveOk=!readonlyItem.isSelected();
68                  saveAction.setEnabled(saveOk);
69                  saveAsAction.setEnabled(saveOk);
70              }
71          });
72
```

```
73        ButtonGroup group=new ButtonGroup();
74
75        JRadioButtonMenuItem insertItem=
76            new JRadioButtonMenuItem("Insert");
77        insertItem.setSelected(true);
78        JRadioButtonMenuItem overtypeItem=
79            new JRadioButtonMenuItem("Overtype");
80        group.add(insertItem);
81        group.add(overtypeItem);
82        // 展示图标
83        Action cutAction=new TestAction("cut");
84        cutAction.putValue(Action.SMALL_ICON, new ImageIcon("cut.gif"));
85        Action copyAction=new TestAction("Copy");
86        copyAction.putValue(Action.SMALL_ICON, new ImageIcon("copy.gif"));
87        Action pasteAction=new TestAction("Paste");
88        pasteAction.putValue(Action.SMALL_ICON,
89          new ImageIcon("paste.gif"));
90        JMenu editMenu=new JMenu("Edit");
91        editMenu.add(cutAction);
92        editMenu.add(copyAction);
93        editMenu.add(pasteAction);
94
95        // 演示嵌套菜单
96        JMenu optionMenu=new JMenu("Options");
97
98        optionMenu.add(readonlyItem);
99        optionMenu.addSeparator();
100       optionMenu.add(insertItem);
101       optionMenu.add(overtypeItem);
102
103       editMenu.addSeparator();
104       editMenu.add(optionMenu);
105
106       // 演示助记符
107       JMenu helpMenu=new JMenu("Help");
108       helpMenu.setMnemonic('H');
109
110       JMenuItem indexItem=new JMenuItem("Index");
111       indexItem.setMnemonic('I');
112       helpMenu.add(indexItem);
113
114       // 还可以将助记键添加到操作中
115       Action aboutAction=new TestAction("About");
116       aboutAction.putValue(Action.MNEMONIC_KEY, new Integer('A'));
117       helpMenu.add(aboutAction);
118
119       // 将所有顶级菜单添加到菜单栏
120       JMenuBar menuBar=new JMenuBar();
121       setJMenuBar(menuBar);
```

```
122
123        menuBar.add(fileMenu);
124        menuBar.add(editMenu);
125        menuBar.add(helpMenu);
126
127        // 演示弹出窗口
128        popup=new JPopupMenu();
129        popup.add(cutAction);
130        popup.add(copyAction);
131        popup.add(pasteAction);
132
133        JPanel panel=new JPanel();
134        panel.setComponentPopupMenu(popup);
135        add(panel);
136    }
137
138    public static void main(String[] args)        // 定义main()方法
139    {
140        EventQueue.invokeLater(() ->
141          {
142              MenuFrame frm=new MenuFrame();
143              frm.setDefaultCloseOperation(JFrame.EXIT_ON_CLOSE);
144              frm.setVisible(true);
145          });
146    }
147  }
```

6.5.4　工具栏

工具栏是在程序中提供的快速访问常用命令的按钮栏（见图 6-31）。

工具栏的特殊之处在于可以将它随处移动。可以将它拖动到框架的 4 个边框上。释放鼠标按钮后，工具栏将会停靠在新的位置上（见图 6-32）。

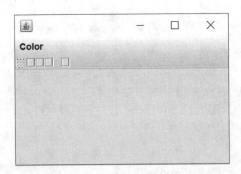

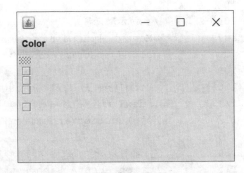

图 6-31　工具栏　　　　　　　　　　　图 6-32　将工具栏拖动到另一边框

工具栏只有位于采用边框布局或者任何支持 North、East、South 和 West 约束布局管理器的容器内才能够被拖动。工具栏可以完全脱离框架，这样的工具栏将包含在自己的框架中（见图 6-33）。当关闭包含工具栏的框架时，它会回到原始的框架中。

编写创建工具栏的代码非常容易，并且可以将组件添加到工具栏中：

```
JToolBar bar=new JToolBar();
bar.add(blueButton);
```

JToolBar 类还有一个用来添加 Action 对象的方法，可以用 Action 对象填充工具栏：

```
bar.add(blueAction);
```

这个动作的小图标将会出现在工具栏中。

可以用分隔符将按钮分组：

```
bar.addSeparator();
```

例如，图 6-31 中的工具栏有一个分隔符，它位于第三个按钮和第四个按钮之间。

然后，将工具栏添加到框架中：

```
add(bar, BorderLayout.NORTH);
```

当工具栏没有停靠时，可以指定工具栏的标题：

```
bar=new JToolBar(titleString);
```

在默认情况下，工具栏最初为水平的。如果想要将工具栏垂直放置，可以使用下列代码：

```
bar=new JToolBar(SwingConstants.VERTICAL)
```

或者

```
bar=new JTOOlBar(titleString, SwingConstants.VERTICAL)
```

按钮是工具栏中最常见的组件类型。然而工具栏中的组件并不仅限如此。例如，可以向工具栏中加入组合框。

工具栏有一个缺点，这就是用户常常需要猜测按钮上小图标按钮的含义。为了解决这个问题，用户界面设计者发明了工具提示（tooltips）。当鼠标指针停留在某个按钮上片刻时，工具提示就会被激活。工具提示文本显示在一个有颜色的矩形里。

当用户移开鼠标指针时，工具提示就会自动地消失（见图 6-34）。

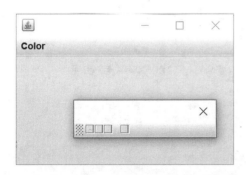

图 6-33　脱离的工具栏

图 6-34　工具提示

在 Swing 中，可以调用 setToolText( )方法将工具提示添加到 JComponent 上：

```
exitButton.setToolTipText("Exit");
```

还有一种方法是，如果使用 Action 对象，就可以用 SHORT_DESCRIPTION 关联工具提示：

```
exitAction.putValue(Action, SHORT_DESCRIPTION, "Exit");
```

程序文件 6-28　将一个 Action 对象添加到菜单和工具栏中。其中动作名称菜单中就是菜单项名，而在工具栏中就是简短的说明。

```
1   package toolbar;
2
3   import java.awt.*;
```

```
4      import java.awt.event.*;
5      import javax.swing.*;
6
7      /**
8       * 带有工具栏和颜色更改菜单的框架
9       */
10     public class ToolBarFrame extends JFrame
11     {
12         private static final int DEFAULT_WIDTH=300;
13         private static final int DEFAULT_HEIGHT=200;
14         private JPanel panel;
15
16         public ToolBarFrame()
17         {
18             setSize(DEFAULT_WIDTH, DEFAULT_HEIGHT);
19
20             // 添加一个颜色变化面板
21             panel=new JPanel();
22             add(panel, BorderLayout.CENTER);
23
24             // 设置工作
25             Action blueAction=new ColorAction("Blue",
26                 new ImageIcon("blue-ball.gif"), Color.BLUE);
27             Action yellowAction=new ColorAction("Yellow",
28                 new ImageIcon("yellow-ball.gif"), Color.YELLOW);
29             Action redAction=new ColorAction("Red",
30                 new ImageIcon("red-ball.gif"), Color.RED);
31
32             Action exitAction=new AbstractAction("Exit",
33                 new ImageIcon("exit.gif"));
34                 {
35                     public void actionPerformed(ActionEvent event)
36                     {
37                         System.exit(0);
38                     }
39                 };
40             exitAction.putValue(Action.SHORT_DESCRIPTION, "Exit");
41
42             // 填充工具栏
43             JToolBar bar=new JToolBar();
44             bar.add(blueAction);
45             bar.add(yellowAction);
46             bar.add(redAction);
47             bar.addSeparator();
48             bar.add(exitAction);
49             add(bar, BorderLayout.NORTH);
50
51             // 填充菜单
52             JMenu menu=new JMenu("Color");
53             menu.add(yellowAction);
```

```
54          menu.add(blueAction);
55          menu.add(redAction);
56          menu.add(exitAction);
57          JMenuBar menuBar=new JMenuBar();
58          menuBar.add(menu);
59          setJMenuBar(menuBar);
60      }
61
62      /**
63       * 颜色操作将框架的背景设置为给定颜色
64       */
65      class ColorAction extends AbstractAction
66      {
67          public ColorAction(String name, Icon icon, Color c)
68          {
69              putValue(Action.NAME, name);
70              putValue(Action.SMALL_ICON, icon);
71              putValue(Action.SHORT_DESCRIPTION, name+"background");
72              putValue("Color", c);
73          }
74
75          public void actionPerformed(ActionEvent event)
76          {
77              Color c=(Color) getValue("Color");
78              panel.setBackground(c);
79          }
80      }
81
82      public static void main(String[] args)          // 定义 main()方法
83      {
84          EventQueue.invokeLater(() ->
85              {
86                  ToolBarFrame frm=new ToolBarFrame ();
87                  frm.setDefaultCloseOperation(JFrame.EXIT_ON_CLOSE);
88                  frm.setVisible(true);
89              });
90      }
91  }
```

程序运行结果：请对照源代码分析程序运行结果，并记录如下。

_____

_____

_____

实验确认：□ 学生□ 教师

6.5.5　对话框

到目前为止，所有的用户界面组件都显示在应用程序创建的框架窗口中。这对于编写运行在 Web 浏览器中的 applets 来说是十分常见的情况。但是，如果编写应用程序，通常就需要弹出独立的对话框来显示信息或者获取用户信息。

与大多数的窗口系统一样，AWT也分为模式对话框和无模式对话框。所谓模式对话框，是指在结束对它的处理之前，不允许用户与应用程序的其余窗口进行交互，它主要用于在程序继续运行之前获取用户提供的信息。例如，当用户想要读取文件时，就会弹出一个模式对话框。用户必须给定一个文件名，然后程序才开始读操作，在用户关闭对话框后，应用程序才能够继续执行。无模式对话框是指允许用户同时在对话框和应用程序的其他窗口中输入信息，例如工具栏。工具栏可以停靠在任何地方，并且用户可以在需要的时候，同时与应用程序窗口和工具栏进行交互。图6-35显示了一个典型的模式对话框。当用户单击About按钮时就会显示这样一个程序信息对话框。

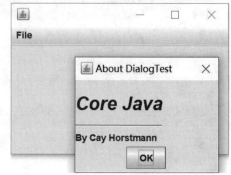

图6-35　About对话框

要想实现一个对话框，需要从JDialog派生一个类，这与应用程序窗口派生于JFrame的过程完全一样。具体过程如下：

（1）在对话框构造器中，调用超类JDialog的构造器。

（2）添加对话框的用户界面组件。

（3）添加事件处理器。

（4）设置对话框的大小。

在调用超类构造器时，需要提供拥有者框架（owner frame）、对话框标题及模式特征。拥有者框架控制对话框的显示位置，如果将拥有者标识为null，那么对话框将由一个隐藏框架所拥有。

模式特征将指定对话框处于显示状态时，应用程序中其他窗口是否被锁住。无模式对话框不会锁住其他窗口，而有模式对话框将锁住应用程序中的所有其他窗口（除对话框的子窗口外）。用户经常使用的工具栏就是无模式对话框；如果想强制用户在继续操作之前提供一些必要的信息，就应该使用模式对话框。

下面的程序文件6-29是测试程序框架类的代码。程序文件6-30显示了对话框类。

程序文件6-29　测试程序框架类。

```
1   package dialog;
2
3   import javax.swing.JFrame;
4   import javax.swing.JMenu;
5   import javax.swing.JMenuBar;
6   import javax.swing.JMenuItem;
7
8   import dialog。*;
9
10  /**
11   * 带有菜单的框架，其File->About操作显示对话框
12   */
13  public class DialogFrame extends JFrame
14  {
15      private static final int DEFAULT_WIDTH=300;
```

```
16      private static final int DEFAULT_HEIGHT=200;
17      private AboutDialog dialog;
18
19      public DialogFrame()
20      {
21          setSize(DEFAULT_WIDTH, DEFAULT_HEIGHT);
22
23          // 构造一个文件菜单
24          JMenuBar menuBar=new JMenuBar();
25          setJMenuBar(menuBar);
26          JMenu fileMenu=new JMenu("File");
27          menuBar.add(fileMenu);
28
29          // 添加 About 和 Exit 菜单项
30          // About 项显示 About 对话框
31          JMenuItem aboutItem=new JMenuItem("About");
32          aboutItem.addActionListener(event ->
33              {
34                  if(dialog==null)                        // 第一次
35                      dialog=new AboutDialog(DialogFrame.this);
36                  dialog.setVisible(true);                // 弹出对话框
37              });
38          fileMenu.add(aboutItem);
38          // The Exit item exits the program
40          JMenuItem exitItem=new JMenuItem("Exit");
41          exitItem.addActionListener(event -> System.exit(0));
42          fileMenu.add(exitItem);
43      }
44
45      public static void main(String[] args)               // 定义 main() 方法
46      {
47          EventQueue.invokeLater(() ->
48              {
49                  DialogFrame frm=new DialogFrame();
50                  frm.setDefaultCloseOperation(JFrame.EXIT_ON_CLOSE);
51                  frm.setVisible(true);
52              });
53      }
54  }
```

程序文件 6-30　显示对话框类。

```
1   package dialog;
2
3   import java.awt.BorderLayout;
4
5   import javax.swing.JButton;
6   import javax.swing.JDialog;
7   import javax.swing.JFrame;
8   import javax.swing.JLabel;
9   import javax.swing.JPanel;
10
```

```
11   /**
12    * 一个示例模式对话框, 显示一条消息并等待用户单击 OK 按钮
13    */
14   public class AboutDialog extends JDialog
15   {
16       public AboutDialog(JFrame owner)
17       {
18           super(owner, "About DialogTest", true);
19
20           // 将 HTML 标签添加到中心
21           add(
22               new JLabel(
23                   "<html><h1><i>Core Java</i></h1><hr>By Cay Horstmann</html>"),
24               BorderLayout.CENTER);
25
26           // OK 按钮用于对话框
27           JButton ok=new JButton("OK");
28           ok.addActionListener(event -> setVisible(false));
29
30           // 将 OK 按钮添加到南部边界
31           JPanel panel=new JPanel();
32           panel.add(ok);
33           add(panel, BorderLayout.SOUTH);
34
35           pack();
36       }
37   }
```

程序分析:

程序文件 6-30 中的第 14～37 行语句是一个对话框的例子。可以看到, 构造器添加了 GUI 组件 (标签和按钮), 并且设置了处理器和对话框的大小。要想显示对话框, 需要建立一个新的对话框对象, 并让它可见。实际上, 在程序文件 6-29 的第 34～36 行语句的示例代码中, 只建立了一次对话框, 无论何时用户单击 About 按钮, 都可以重复使用它。当用户单击 OK 按钮时, 该对话框将被关闭。程序文件 6-30 中的第 28 行语句是 OK 按钮的事件处理器中的代码。当用户单击 Close 按钮关闭对话框时, 对话框就被隐藏起来。与 JFrame 一样, 可以覆盖 setDefaultCloseOperation( ) 方法来改变这个行为。

程序运行结果: 请对照源代码分析程序运行结果, 并记录如下。

_____

_____

_____

_____

实验确认: □ 学生 □ 教师

【编程训练】掌握 Java GUI 设计方法 (二)

1. 实验目的

在开始本实验之前, 请认真阅读课程的相关内容。

（1）进一步熟悉 Swing GUI 程序设计的知识。

（2）掌握下拉式菜单和弹出菜单的程序设计方法。

（3）掌握工具栏与对话框的程序设计方法。

2. 实验内容与步骤

请仔细阅读本实验中【知识准备】的内容，对其中的各个实例进行具体操作实现，从中体会 Java 程序设计，提高 Java 编程能力。

注意：完成每个实例操作后，请在对应的"实验确认"栏中打钩（✓），并请实验指导老师指导并确认。

请问：你是否完成了上述各个实例的实验操作？如果不能顺利完成，请分析可能的原因是什么。

答：_____

_____

_____

_____

_____

实验确认：□ 学生□ 教师

3. 实验总结

_____

_____

_____

_____

4. 实验评价（教师）

_____

_____

【作　业】

1. Swing 的菜单不包括（　　　）。

A. 菜单栏（menu bar）　　　　　　　B. 菜单项（menu items）

C. 子菜单（submemu）　　　　　　　D. 主菜单（main menu）

2. 菜单栏是一个可以添加到框架（　　　）的组件。

A. 任何位置　　　　　　　　　　　　B. 顶部

C. 左侧　　　　　　　　　　　　　　D. 右侧

3. 弹出菜单（pop-up menu）是（　　　）在菜单栏中的菜单样式。

A. 固定　　　　　　　　　　　　　　B. 不固定

C. 下拉　　　　　　　　　　　　　　D. 连接

4. 加速器是指在不打开菜单的情况下选择菜单项的快捷键，例如（　　　），当用户按下加速器键时，会自动选择相应的菜单项，同时激活一个动作事件。

A. Alt + O　　　　　　　　　　　　　B. Shift + O

C. Ctrl + O　　　　　　　　　　　　　D. Enter + O

5. 工具栏是在程序中提供的快速访问常用命令的（　　　）按钮栏。

A. 按钮栏   B. 快捷键

C. 菜单项   D. 复合键

6. 所谓模式对话框，是指（　　　），它主要用于获取用户提供的信息。

A. 允许用户同时在对话框和应用程序的其他窗口中输入信息

B. 在结束对它的处理之前，不允许用户与应用程序的其余窗口进行交互

C. 对话框是固定模式的

D. 对话框的输入格式是固定的

实验 7　多线程与应用程序部署

实验 7.1　并发与多线程

【实验目标】

（1）熟悉并发与多线程的概念。

（2）了解多线程程序设计的基本方法。

（3）学习使用线程给其他实验提供机会的程序设计方法。

【知识准备】什么是多线程

我们可能已经很熟悉操作系统中的多任务（multitasking），即在同一时刻运行多个程序的能力。例如，在编辑或下载邮件的同时可以打印文件。人们很可能已经拥有单台多 CPU 的计算机。但是，并发执行的进程数目并不是由 CPU 数目制约的，操作系统将 CPU 的时间片分配给每一个进程，给人并行处理的感觉。

7.1.1　多线程的概念

多线程程序在低层次上扩展了多实验的概念：一个程序同时执行多个任务，其中的每一个任务称为一个线程（thread），它是线程控制的简称。可以同时运行一个以上线程的程序称为多线程程序（multithreaded）。

那么，多进程与多线程有哪些区别呢？本质的区别在于每个进程拥有自己的一整套变量，而线程则共享数据。共享变量使线程之间的通信比进程之间的通信更有效、更容易。此外，在有些操作系统中，与进程相比较，线程更"轻量级"，创建、撤销一个线程比启动新进程的开销要小得多。

在实际应用中，多线程非常有用。例如，一个浏览器可以同时下载几幅图片。一个 Web 服务器需要同时处理几个并发的请求。GUI 程序用一个独立的线程从宿主操作环境中收集用户界面的事件。

7.1.2　一个没有使用多线程的案例

用户很难让一个没有使用多线程的程序执行多个任务。实际上让程序运行几个彼此独立的多个线程是很容易的。下面这个程序采用不断地移动位置的方式实现球跳动的动画效果，如果发现球碰到墙壁，将进行重绘（见图 7-1）。

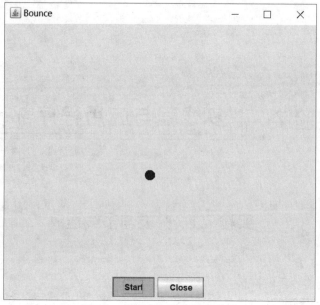

图 7-1　使用线程演示跳动的球

当单击 Start 按钮时，程序将从屏幕的左上角弹出一个球，这个球开始快速移动。Start 按钮的处理程序将调用 addBall( )方法。这个方法循环运行 1 000 次 move。每调用一次 move，球就会移动一点，当碰到墙壁时，球将调整方向，并重新绘制面板（见第 65～73 行语句）。

调用 Thread.sleep( )不会创建一个新线程，sleep( )是 Thread 类的静态方法，用于暂停当前线程的活动。sleep( )方法可以抛出一个 InterruptedException 异常，发生异常时简单地终止弹跳。

程序文件 7-1～程序文件 7-3 给出了这个程序的代码。

程序文件 7-1　Bounce.java。

```
1   //package bounce;
2   import bounce.*;      // 导入后面两个类
3
4   import java.awt.*;
5   import java.awt.event.*;
6   import javax.swing.*;
7
8   /**
9    * 显示动画弹跳球
10   */
11  public class Bounce
12  {
13     public static void main(String[] args)
14     {
15        EventQueue.invokeLater(() ->
16        {
17           JFrame frame=new BounceFrame();
18           frame.setDefaultCloseOperation(JFrame.EXIT_ON_CLOSE);
19           frame.setVisible(true);
20        });
21     }
```

```
22  }
23  /**
24   * 框架与球组件和按钮
25   */
26  class BounceFrame extends JFrame
27  {
28      private BallComponent comp;
29      public static final int STEPS=1000;
30      public static final int DELAY=3;
31
32      /**
33       * 使用组件构造框架以显示弹跳球和"开始"和"关闭"按钮
34       */
35      public BounceFrame()
36      {
37          setTitle("Bounce");
38          comp=new BallComponent();
39          add(comp, BorderLayout.CENTER);
40          JPanel buttonPanel=new JPanel();
41          addButton(buttonPanel, "Start", event->addBall());
42          addButton(buttonPanel, "Close", event->System.exit(0));
43          add(buttonPanel, BorderLayout.SOUTH);
44          pack();
45      }
46
47      /**
48       * 向容器添加按钮, 设置标题, 关联动作监听器
49       */
50      public void addButton(Container c, String title, ActionListener
listener)
51      {
52          JButton button=new JButton(title);
53          c.add(button);
54          button.addActionListener(listener);
55      }
56
57      /**
58       * 在面板上添加一个弹跳球, 使其反弹 1000 次
59       */
60      public void addBall()
61      {
62          try
63          {
64              Ball ball=new Ball();
65              comp.add(ball);
66
67              for(int i=1; i<=STEPS; i++)
68              {
69                  ball.move(comp.getBounds());
70                  comp.paint(comp.getGraphics());
```

```
71                    Thread.sleep(DELAY);
72               }
73            }
74         catch (InterruptedException e)
75         {
76         }
77      }
78  }
```

程序文件 7-2　bounce\Ball.java。

```
1   package bounce;
2
3   import java.awt.geom.*;
4
5   /**
6    * 从矩形边缘移动并弹回的球
7    */
8   public class Ball
9   {
10      private static final int XSIZE=15;
11      private static final int YSIZE=15;
12      private double x=0;
13      private double y=0;
14      private double dx=1;
15      private double dy=1;
16
17      /**
18       * 将球移动到下一个位置，如果撞到其中一个边缘则反转方向
19       */
20      public void move(Rectangle2D bounds)
21      {
22         x+=dx;
23         y+=dy;
24         if(x<bounds.getMinX())
25         {
26            x=bounds.getMinX();
27            dx=-dx;
28         }
29         if(x+XSIZE>=bounds.getMaxX())
30         {
31            x=bounds.getMaxX()-XSIZE;
32            dx=-dx;
33         }
34         if(y<bounds.getMinY())
35         {
36            y=bounds.getMinY();
37            dy=-dy;
38         }
39         if(y+YSIZE>=bounds.getMaxY())
40         {
41            y=bounds.getMaxY()-YSIZE;
```

```
42                dy=-dy;
43            }
44        }
45
46        /**
47         * 获取球在其当前位置的形状
48         */
49        public Ellipse2D getShape()
50        {
51            return new Ellipse2D.Double(x, y, XSIZE, YSIZE);
52        }
53  }
```

程序文件 7-3　bounce\BallComponent.java。

```
1   package bounce;
2
3   import java.awt.*;
4   import java.util.*;
5   import javax.swing.*;
6
7   /**
8    * 小球组件
9    */
10  public class BallComponent extends JPanel
11  {
12      private static final int DEFAULT_WIDTH=450;
13      private static final int DEFAULT_HEIGHT=350;
14
15      private java.util.List<Ball> balls=new ArrayList<>();
16
17      /**
18       * 向组件添加球
19       */
20      public void add(Ball b)
21      {
22          balls.add(b);
23      }
24
25      public void paintComponent(Graphics g)
26      {
27          super.paintComponent(g);                 // 擦除背景
28          Graphics2D g2=(Graphics2D) g;
29          for(Ball b : balls)
30          {
31              g2.fill(b.getShape());
32          }
33      }
34
35      public Dimension getPreferredSize()
36          {return new Dimension(DEFAULT_WIDTH, DEFAULT_HEIGHT);}
37  }
```

程序结果：请阅读分析和理解程序文件 7-1 ~ 程序文件 7-3，并与运行结果进行对照阅读。请记录程序运行情况。

_____

_____

程序分析：

当单击 Start 按钮时，程序将从屏幕的左上角弹出一个球，这个球开始快速移动。Start 按钮的处理程序将调用 addBall( )方法。这个方法循环运行 1 000 次 move。每调用一次 move，球就会移动一点，当碰到墙壁时，球将调整方向，并重新绘制面板（见程序文件 7-1 的第 62 ~ 73 行语句）。

调用 Thread.sleep 不会创建一个新线程，sleep( )是 Thread 类的静态方法，用于暂停当前线程的活动。

sleep( )方法可以抛出一个 InterruptedException 异常，发生异常时简单地终止弹跳。

运行这个程序，小球会自如地来回弹跳，但是，这个程序完全控制了整个应用程序。如果在球完成 1 000 次弹跳之前单击 Close 按钮，会发现球仍然还在弹跳。用户在球自己结束弹跳之前无法与程序进行交互。

显然，这个程序的性能相当糟糕。人们肯定不愿意让程序用这种方式完成一个非常耗时的工作。毕竟，当通过网络连接读取数据时，阻塞其他任务是经常发生的，有时确实想要中断读取操作。例如，假设下载一幅大图片。当看到一部分图片后，决定不需要或不想再看剩余的部分了，此时，肯定希望能够单击 Stop 按钮或 Back 按钮中断下载操作。

实验确认：□ 学生□ 教师

7.1.3 使用线程给其他任务提供机会

下面，我们介绍如何通过运行一个线程中的关键代码来保持用户对程序的控制权。

可以将移动球的代码放置在一个独立的线程中，运行这段代码可以提高弹跳球的响应能力。实际上，可以发起多个球，每个球都在自己的线程中运行。另外，AWT 的事件分派线（ event dispatch thread ）将一直并行运行，以处理用户界面的事件。由于每个线程都有机会得到运行，所以在球弹跳期间，当用户单击 Close 按钮时，事件调度线程将有机会关注到这个事件，并处理"关闭"这一动作。通常人们总会谨慎处理长时间的计算，如果需要执行一个比较耗时的实验，应当以并发方式来运行该实验。

下面是在一个单独的线程中执行一个任务的简单过程：

（1）将任务代码移到实现了 Runnable 接口的类的 run( )方法中。这个接口非常简单，只有一个方法：

```
public interface Runnable
{
    void run();
}
```

Runnable 是一个函数式接口，可以用 lambda 表达式建立一个实例：

```
Runnable r=() -> { 实验代码 };
```

（2）由 Runnable 创建一个 Thread 对象：

```
Thread t=new Thread(r);
```

（3）启动线程：

```
t.start();
```

要想将弹跳球代码放在一个独立的线程中，只需要实现一个类 BallRunnable，然后，将动画代码放在 run( )方法中（见第 66~79 行语句）。

同样地，需要捕获 sleep( )方法可能抛出的异常 InterruptedException。在一般情况下，线程在中断时被终止。因此，当发生 InterruptedException 异常时，run( )方法将结束执行。

无论何时单击 Start 按钮，球会移入一个新线程（见图 7-2）。

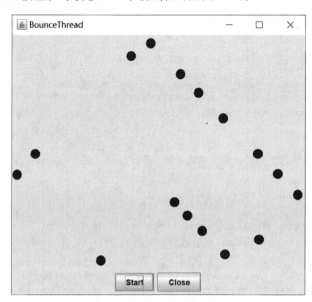

图 7-2　运行多线程

现在应该知道如何并行运行多个任务了。至于如何控制线程之间的交互，限于篇幅，不再介绍，读者可参阅其他相关书籍。

程序文件 7-4　BounceThread.java。代替上面的程序文件 7-1。

```
1   // package bounceThread;
2
3   import bounce.*;                        // 导入其他两个类
4
5   import java.awt.*;
6   import java.awt.event.*;
7
8   import javax.swing.*;
9
10  /**
11   * 显示动画弹跳球
12   */
13  public class BounceThread
14  {
15     public static void main(String[] args)
16     {
17        EventQueue.invokeLater(() ->
```

```
18          {
19              JFrame frame=new BounceFrame();
20              frame.setTitle("BounceThread");
21              frame.setDefaultCloseOperation(JFrame.EXIT_ON_CLOSE);
22              frame.setVisible(true);
23          });
24      }
25  }
26  /**
27   * 带面板和按钮的框架
28   */
29  class BounceFrame extends JFrame
30  {
31      private BallComponent comp;
32      public static final int STEPS=1000;
33      public static final int DELAY=5;
34
35      /**
36       * 使用组件构造框架以显示弹跳球和"开始"和"关闭"按钮
37       */
38      public BounceFrame()
39      {
40          comp=new BallComponent();
41          add(comp, BorderLayout.CENTER);
42          JPanel buttonPanel=new JPanel();
43          addButton(buttonPanel, "Start", event->addBall());
44          addButton(buttonPanel, "Close", event->System.exit(0));
45          add(buttonPanel, BorderLayout.SOUTH);
46          pack();
47      }
48
49      /**
50       * 向容器添加按钮
51       */
52      public void addButton(Container c, String title, ActionListener
        listener)
53      {
54          JButton button=new JButton(title);
55          c.add(button);
56          button.addActionListener(listener);
57      }
58
59      /**
60       * 向画布添加一个弹跳球并启动一个线程使其反弹
61       */
62      public void addBall()
63      {
64          Ball ball=new Ball();
65          comp.add(ball);
66          Runnable r=() -> {
```

```
67              try
68              {
69                  for(int i=1; i<=STEPS; i++)
70                  {
71                      ball.move(comp.getBounds());
72                      comp.repaint();
73                      Thread.sleep(DELAY);
74                  }
75              }
76              catch (InterruptedException e)
77              {
78              }
79          };
80          Thread t=new Thread(r);
81          t.start();
82      }
83  }
```

程序结果：阅读分析和理解程序文件 7-4，并结合运行结果进行对照阅读。请记录程序运行情况。

_____

_____

_____

实验确认：□ 学生 □ 教师

【编程训练】了解 Java 的多线程与并发处理

1. 实验目的

在开始本实验之前，请认真阅读课程的相关内容。

（1）熟悉并发与多线程的概念。

（2）了解多线程程序设计的基本方法。

（3）学习使用线程给其他实验提供机会的程序设计方法。

2. 实验内容与步骤

请仔细阅读本实验中【知识准备】的内容，对其中的各个实例进行具体操作实现，从中体会 Java 程序设计，提高 Java 编程能力。

注意：完成每个实例操作后，请在对应的"实验确认"栏中打钩（√），并请实验指导老师指导并确认。

请问：你是否完成了上述各个实例的实验操作？如果不能顺利完成，请分析可能的原因是什么。

答：_____

_____

_____

实验确认：□ 学生 □ 教师

3. 实验总结

_____

_____

_____

_____

4. 实验评价（教师）

_____

_____

【作　业】

1. 计算机操作系统中的多任务（multitasking），是指（　　　）的能力。

A. 在一段时间连着完成多个任务　　　　　B. 在同一时刻运行多个程序

C. 在一段时间内完成一个大任务　　　　　D. 在同一时刻执行一个程序

2. 并发执行的进程数目（　　　）的。

A. 并不是由 CPU 制约　　　　　　　　　B. 是由 CPU 制约

C. 依据 CPU 的个数而定　　　　　　　　D. 取决于 CPU 的大小

3. 操作系统将（　　　）的时间片分配给每一个进程，给人并行处理的感觉。

A. 存储器　　　　B. 硬盘　　　　　　C. CPU　　　　　　　D. I/O 通道

4. 一个程序同时执行多个（　　　），其中的每一个称为一个线程（thread），它是线程控制的简称。

A. 任务　　　　　B. 输出　　　　　　C. 输入　　　　　　D. 存储

5. 多进程与多线程的本质区别在于（　　　）。

A. 进程比线程大，但线程独占数据

B. 线程比进程大，且线程独占数据

C. 每个线程拥有自己的一整套变量，而进程则共享数据

D. 每个进程拥有自己的一整套变量，而线程则共享数据

6. GUI 程序用一个独立的（　　　）从宿主操作环境中收集用户界面的事件。

A. 进程　　　　　B. 线程　　　　　　C. CPU　　　　　　　D. 存储器

7. 下面（　　　）不是在一个单独的线程中执行一个实验的简单过程之一。

A. 将实验代码移到实现了 Runnable 接口的类的 run( )方法中

B. 由 Runnable 创建一个 Thread 对象

C. 在 main( )方法中执行输出

D. 启动线程

实验 7.2　部署 Java 应用程序

【实验目标】

（1）熟悉什么是 JAR 文件。

（2）了解作为单独文件存储的 Java 资源。

（3）了解如何建立可执行的 JAR 文件。

【知识准备】JAR

至此，我们已经了解了 Java 程序语言的大部分特性，基本掌握了 Java GUI 编程的知识。现在，准备创建提交给用户的应用程序，我们来学习如何将这些应用程序进行打包，以便部署到用户的计算机上。

JAR（Java Archive，Java 归档文件）是与平台无关的文件格式，它允许将许多文件组合成一个压缩文件。为 Java EE 应用程序创建的 JAR 文件是 EAR 文件（企业 JAR 文件）。JAR 文件格式以流行的 ZIP 文件格式为基础，这是一种比通常的 ZIP 压缩算法更加有效的压缩类文件的方式，对类文件的压缩率接近 90%。

与 ZIP 文件不同的是，JAR 文件不仅用于压缩和发布，而且还用于部署和封装库、组件和插件程序，并可被像编译器和 JVM 这样的工具直接使用。

在 JAR 中包含特殊的文件，如 manifests 和部署描述符，用来指示工具如何处理特定的 JAR。

7.2.1　创建 JAR 文件

在将应用程序进行打包时，用户通常希望得到的是一个单独的文件，而不是一个含有大量类文件的目录，JAR 文件就是为此目的而设计的。一个 JAR 文件既可以包含类文件，也可以包含诸如图像和声音这些其他类型的文件。

可以使用 jar 工具制作 JAR 文件。jar 工具在默认的 JDK 安装中，位于 jdk/bin 目录下（见图 7-3）。

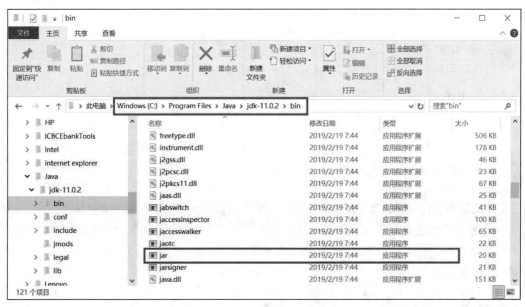

图 7-3　jar 工具在 bin 目录中

通常，jar 命令的格式如下：

```
jar options File1 File2 …
```

表 7-1 列出了所有 jar 程序的可选项。

表 7-1　jar 程序选项

选　　项	说　　明
c	创建一个新的或者空的存档文件并加入文件。如果指定的文件名是目录，jar 程序将会对它们进行递归处理
C	暂时改变目录，例如： jar cvf JARFileName.jar –C classes *.class 改变 classes 子目录，以便增加这些类文件
e	在清单文件中创建一个条目
f	将 JAR 文件名指定为第二个命令行参数。如果没有这个参数，jar 命令会将结果写到标准输出上（在创建 JAR 文件时）或者从标准输入中读取它（在解压或者列出 JAR 文件内容时）
i	建立索引文件（用于加快对大型文档的查找）
m	将一个清单文件（manifest）添加到 JAR 文件中。清单是对存档内容和来源的说明。每个归档有一个默认的清单文件。但是，如果想验证归档文件的内容，可以提供自己的清单文件
M	不为条目创建清单文件
t	显示内容表
u	更新一个已有的 JAR 文件
v	生成详细的输出结果
x	解压文件。如果提供一个或多个文件名，只解压这些文件；否则，解压所有文件
0	存储，不进行 ZIP 压缩

创建一个新的 JAR 文件所使用的常见命令格式为：

```
jar cvf JARFileName File1 File2 …
```

例如：

```
jar cvf CalculatorClasses.jar*.class icon.gif
```

可以将应用程序、程序组件以及代码库打包在 JAR 文件中。

7.2.2　清单文件

除了类文件、图像和其他资源外，每个 JAR 文件还包含一个用于描述归档特征的清单文件（manifest）。清单文件被命名为 MANIFEST.MF，它位于 JAR 文件的一个特殊 META-INF 子目录中。最小的符合标准的清单文件是很简单的：

```
Manifest-Version: 1.0
```

复杂的清单文件可能包含更多条目。这些清单条目被分成多个节。第一节被称为主节（main section），它作用于整个 JAR 文件。随后的条目用来指定已命名条目的属性，这些已命名的条目可以是某个文件、包或者 URL。它们都必须起始于名为 Name 的条目。节与节之间用空行分开。例如：

```
Manifest-Version: 1.0
// 描述这个归档文件的行
Name: Woozle.class
// 描述这个文件的行
Name: com/mycompany/mypkg/
// 描述这个包的行
```

要想编辑清单文件，需要将希望添加到清单文件中的行放到文本文件中，然后运行：

```
jar cfm JARFileName ManifestFileName
```

例如，要创建一个包含清单的 JAR 文件，应该运行：

```
jar cfm MyArchive.jar manifest.mf com/mycompany/mypkg/*.class
```

要想更新一个已有的 JAR 文件的清单，则需要将增加的部分放置到一个文本文件中。然后执行下列命令：

```
jar ufm MyArchive.jar manifest-additions.mf
```

7.2.3　可执行 JAR 文件

可以使用 jar 命令中的 e 选项指定程序的入口点，即通常需要在调用 Java 程序加载器时指定的类：

```
jar cvfe MyProgram.jar com.mycompany.mypkg.MainAppClass files to add
```

或者，可以在清单中指定应用程序的主类，包括以下形式的语句：

```
Main-Class: com.mycompany.mypkg.MainAppClass
```

注意不要将扩展名 .class 添加到主类名中。清单文件的最后一行必须以换行符结束，否则清单文件将无法被正确地读取。

用户可以简单地通过下面命令来启动应用程序：

```
java -jar MyProgram.jar
```

根据操作系统的配置，用户可以通过双击 JAR 文件图标来启动应用程序。例如，在 Windows 平台中，Java 运行时安装器将建立一个扩展名为 jar 的文件，与 javaw -jar 命令相关联来启动文件（与 java 命令不同，javaw 命令不打开 shell 窗口）。

在 Windows 平台中，可以使用第三方的包装器工具将 JAR 文件转换成 Windows 可执行文件。包装器是一个大家熟知的扩展名为 .exe 的 Windows 程序，它可以查找和加载 Java 虚拟机（JVM），或者在没有找到 JVM 时告诉用户应该做些什么。

7.2.4　资源

在 Java 应用程序中使用的类通常需要一些相关的数据文件，这些关联的文件被称为资源（resource）。例如：

- 图像和声音文件。
- 带有消息字符串和按钮标签的文本文件。
- 二进制数据文件，例如，描述地图布局的文件。

在 Windows 中，"资源"是由图像、按钮标签等组成，但是它们都附属于可执行文件，并通过标准的程序设计访问。相比之下，Java 资源作为单独的文件存储，对资源的访问和解释由每个程序自己完成。应该将 about.txt 这样的文件与其他程序文件一起，放在 JAR 文件中。

类加载器知道如何搜索类文件，直到在类路径、存档文件或 web 服务器上找到为止。利用资源机制，对于非类文件也可以同样方便地进行操作。

下面是必要的步骤：

（1）获得具有资源的 Class 对象，例如，AboutPanel.class。

（2）如果资源是一个图像或声音文件，那么就需要调用 getresource(filename) 获得作为 URL 的资源位置，然后利用 getImage( ) 或 getAudioClip( ) 方法进行读取。

（3）与图像或声音文件不同，其他资源可以使用 getResourceAsStream( ) 方法读取文件中的数据。

重点在于，类加载器可以记住如何定位类，然后在同一位置查找关联的资源。

例如，要想利用 about.gif 图像文件制作图标，可以使用下列代码：

```
URL url=ResourceTest.class.getResource("about.gif");
Image img=new ImageIcon(url).getImage();
```

这段代码的含义是"在找到 ResourceTest 类的地方查找 about.gif 文件"。

要想读取 about.txt 文件，可以使用下列命令：

```
InputStream stream=ResourceTest.class.getResourceAsStream("about.txt");
Scanner in=new Scanner(steam, "UTF-8");
```

除了可以将资源文件与类文件放在同一个目录中外，还可以将它放在子目录中。可以使用下面所示的层级资源名：

```
data/text/about.txt
```

这是一个相对的资源名，它会被解释为相对于加载这个资源的类所在的包。注意，必须使用"/"作为分隔符，而不要理睬存储资源文件的系统实际使用哪种目录分隔符。例如，在 Windows 文件系统中，资源加载器会自动地将"/"转换成"\"。

一个以"/"开头的资源名称为绝对资源名。它的定位方式与类在包中的定位方式一样。例如，资源

```
/corejava/title.txt
```

定位于 corejava 目录下（它可能是类路径的一个子目录，也可能位于 JAR 文件中）。

文件的自动装载是利用资源加载特性完成的，没有标准的方法来解释资源文件的内容，每个程序必须拥有解释资源文件的方法。

编译、创建 JAR 文件和执行程序文件 7-5 的命令是：

```
javac resource/ResourceTest.java
jar cvfm ResourceTest.jar resource/ResourceTest.mf resource/*.class
resource/*.gif resource/*.txt
java -jar ResourceTest.jar
```

将 JAR 文件移到另外一个不同的目录中，再运行它，以便确认程序是从 JAR 文件中而不是从当前目录中读取的资源。

程序文件 7-5 演示资源加载。

```
1   package resource;
2
3   import java.awt.*;
4   import java.io.*;
5   import java.net.*;
6   import java.util.*;
7   import javax.swing.*;
8
9   public class ResourceTest
10  {
11     public static void main(String[] args)
12     {
13        EventQueue.invokeLater(() ->
14        {
15           JFrame frame=new ResourceTestFrame();
16           frame.setTitle("ResourceTest");
17           frame.setDefaultCloseOperation(JFrame.EXIT_ON_CLOSE);
18           frame.setVisible(true);
19        });
```

```
20        }
21   }
22
23   /**
24    * 加载图像和文本资源的框架
25    */
26   class ResourceTestFrame extends JFrame
27   {
28       private static final int DEFAULT_WIDTH=300;
29       private static final int DEFAULT_HEIGHT=300;
30
31       public ResourceTestFrame()
32       {
33           setSize(DEFAULT_WIDTH, DEFAULT_HEIGHT);
34           URL aboutURL=getClass().getResource("about.gif");
35           Image img=new ImageIcon(aboutURL).getImage();
36           setIconImage(img);
37
38           JTextArea textArea=new JTextArea();
39           InputStream stream=getClass().getResourceAsStream("about.txt");
40           try (Scanner in=new Scanner(stream,"UTF-8"))
41           {
42               while(in.hasNext())
43                   textArea.append(in.nextLine()+"\n");
44           }
45           add(textArea);
46       }
47   }
```

运行结果：请仔细阅读并分析程序文件 7-5 的执行流程，并将程序运行情况描述如下。

_____

_____

_____

_____

_____

实验确认：□ 学生 □ 教师

【编程训练】熟悉用于部署 Java 应用程序的 JAR 文件

1. 实验目的

在开始本实验之前，请认真阅读课程的相关内容。

（1）熟悉什么是 JAR 文件。

（2）了解作为单独文件存储的 Java 资源。

（3）了解如何建立可执行的 JAR 文件。

2. 实验内容与步骤

请仔细阅读本实验中【知识准备】的内容，对其中的各个实例进行具体操作实现，从中体会 Java 程序设计，提高 Java 编程能力。

注意： 完成每个实例操作后，请在对应的"实验确认"栏中打钩（√），并请实验指导老师指导并确认。

请问：你是否完成了上述各个实例的实验操作？如果不能顺利完成，请分析可能的原因是什么。

答：_____

_____

_____

实验确认：□ 学生 □ 教师

3. 实验总结

_____

_____

_____

4. 实验评价（教师）

_____

_____

【作　业】

1. 用于将应用程序打包，以便部署到用户的计算机上的 JAR（归档）文件是与（　　　）的文件格式，它允许将许多文件组合成一个压缩文件。

A. 平台相关　　　　B. 依托平台　　　　C. 平台无关　　　　D. 可执行

2. JAR 文件格式以（　　　）文件格式为基础，是一种比常用算法更加有效的（　　　）文件的方式。

A. ZIP，压缩类文件　　　　　　　　B. TXT，拓展文本文件

C. EXE，运行可执行文件　　　　　　D. BAT，连接批处理文件

3. 在将应用程序进行打包时，用户通常希望得到的是一个（　　　），JAR 文件就是为此目的而设计的。

A. 含有大量类文件的目录　　　　　　B. 单独的类文件

C. 还有大量可执行文件的目录　　　　D. 单独的文件

4. 制作 JAR 文件的工具是位于 jdk/bin 目录下的（　　　）文件。

A. exe　　　　　　B. jar　　　　　　C. bat　　　　　　D. class

5. 可以将应用程序、程序组件以及代码库打包在（　　　）文件中，它既可以包含类文件，也可以包含图像和声音等其他类型的文件。

A. JAR　　　　　　B. EXE　　　　　　C. CLASS　　　　　　D. JAVA

6. 除了类文件、图像和其他资源外，每个 JAR 文件还包含一个用于描述归档特征的（　　　）文件。

A. 文本　　　　　　B. 批处理　　　　　　C. 清单　　　　　　D. 可执行

7. 以下（　　　）文件不是 Java 应用程序所关联的资源。

A. 图像和声音　　　　　　　　　　　B. 带有消息字符串和按钮标签的文本

C. 二进制数据　　　　　　　　　　　D. 类和对象

附录 A 作业参考答案

实验 1.1

1. B	2. C	3. A	4. A	5. D	6. 错
7. A	8. B	9. D	10. C	11. A	12. D
13. B	14. C	15. D			

实验 1.2

1. A	2. D	3. C	4. B	5. B	6. A

实验 1.3

1. B	2. C	3. C	4. B	5. A	6. B

实验 2.1

1. C　　 2.（1）错　 （2）对　　 （3）对　　 （4）对　　 3. B

4.（1）second out!!　 （2）another second out!!　 （3）first error selection

5. 8　　　 1237　　　 d　　　 true　　　 说明略

实验 2.2

1. B	2. A	3. C	4. C	5. A	6. D

实验 2.3

1. 对	2. 对	3. B	4. C.	5. 错	6. D
7. B	8. D	9. C	10. B		

实验 2.4

1. A	2. C	3. C	4. D	5. A	6. B

实验 3.1

1. A	2. C	3. D	4. B	5. A	6. B
7. D	8. C	9. A	10. B		

实验 3.2

1. D　　　2. A　　　3. B　　　4. C　　　5. A　　　6. B
7. 对　　　8. B　　　9. C　　　10. D　　　11. A

实验 3.3

1. A　　　2. C　　　3. B　　　4. A　　　5. C　　　6. C
7. B　　　8. C　　　9. A　　　10. D

实验 4.1

1. B　　　2. A　　　3. C　　　4. D　　　5. D　　　6. A
7. B　　　8. A

实验 4.2

1. B　　　2. D　　　3. A　　　4. C　　　5. A　　　6. A
7. B　　　8. A　　　9. C　　　10. D

实验 5.1

1. D　　　2. D　　　3. B　　　4. B　　　5. C　　　6. A
7. B　　　8. D

实验 5.2

1. A　　　2. B　　　3. D　　　4. C　　　5. C　　　6. A

实验 6.1

1. A　　　2. C　　　3. D　　　4. C　　　5. B　　　6. D
7. A　　　8. C　　　9. B

实验 6.2

1. C　　　2. A　　　3. B　　　4. A　　　5. D　　　6. C
7. B　　　8. A　　　9. B　　　10. C　　　11. D

实验 6.3

1. B　　　2. C　　　3. A　　　4. D　　　5. A　　　6. A
7. C　　　8. B　　　9. D　　　10. A

实验 6.4

1. D　　　2. A　　　3. B　　　4. D　　　5. C　　　6. A

实验 6.5

1. D　　　　2. A　　　　3. B　　　　4. C　　　　5. A　　　　6. B

实验 7.1

1. B　　　　2. A　　　　3. C　　　　4. A　　　　5. D　　　　6. B
7. C

实验 7.2

1. C　　　　2. A　　　　3. D　　　　4. B　　　　5. A　　　　6. C
7. D

附录 B | Java 关键字

关 键 字	含 义
abstract	抽象类或方法
assert	用来查找内部程序错误
boolean	布尔类型
break	跳出一个 switch 或循环
byte	8 位整数类型
case	switch 的一个分支
catch	捕获异常的 try 块子句
char	Unicode 字符类型
class	定义一个类类型
const	未使用
continue	在循环末尾继续
default	switch 的默认子句
do	do...while 循环最前面的语句
double	双精度浮点数类型
else	if 语句的 else 子句
enum	枚举类型
extends	定义一个类的父类
final	一个常量，或不能覆盖的一个类或方法
finally	try 块中总会执行的部分
float	单精度浮点数类型
for	一种循环类型
goto	未使用
if	一个条件语句
implements	定义一个类实现的接口
import	导入一个包
instanceof	测试一个对象是否为一个类的实例
int	32 位整数类型

续表

关　键　字	含　义
interface	一种抽象类型，其中包含可以由类实现的方法
long	64 位长整数类型
native	由宿主系统实现的一个方法
new	分配一个新对象或数组
null	一个空引用（从技术上讲，这是一个直接量，而不是关键字）
package	包含类的一个包
private	这个特性只能由该类的方法访问
protected	这个特性只能由该类、其子类以及同一个包中其他类的方法访问
public	这个特性可以由所有类的方法访问
return	从一个方法返回
short	16 位整数类型
static	这个特性是这个类特有的，而不属于这个类的对象
strictfp	对浮点数计算使用严格的规则
super	超类对象或构造函数
switch	一个选择语句
synchronized	对线程而言是原子的方法或代码块
this	当前类的一个方法或构造函数的隐含参数
throw	抛出一个异常
throws	一个方法可能抛出的异常
transient	标志非永久的数据
try	捕获异常的代码块
void	指示一个方法不返回任何值
volatile	确保一个字段可以由多个线程访问
while	一种循环

附录 C ‖ 课程学习与实验总结

C.1 课程与实验的基本内容

至此，我们顺利完成了"Java 程序设计"课程的教学任务以及相关的全部实验操作。为巩固通过学习实验所了解和掌握的知识和技术，请就此做一个系统的总结。由于篇幅有限，如果书中预留的空白不够，请另外附纸张粘贴在边上。

（1）本学期完成的"Java 程序设计实验教程"学习与实验操作主要有（请根据实际完成的情况填写）：

实验 1：主要内容是_____

_____

_____

实验 2：主要内容是_____

_____

_____

实验 3：主要内容是_____

_____

_____

实验 4：主要内容是_____

_____

_____

实验 5：主要内容是_____

_____

_____

实验 6：主要内容是_____

_____

_____

实验 7：主要内容是_____

_____

_____

（2）请回顾并简述：通过学习与实验，你初步了解了哪些有关 Java 程序设计的重要概念（至少 3 项）。

① 名称：_____

简述：_____

_____

_____

② 名称：_____

简述：_____

_____

_____

③ 名称：_____

简述：_____

_____

_____

④ 名称：_____

简述：_____

_____

_____

⑤ 名称：_____

简述：_____

_____

_____

C.2　实验的基本评价

（1）在全部实验操作中，你印象最深，或者相比较而言你认为最有价值的是：

① _____

你的理由是：_____

_____

_____

② _____

你的理由是：_____

_____

_____

（2）在所有实验操作中，你认为应该得到加强的是：

① _____

你的理由是：_____

_____

_____

② _____

你的理由是：_____

_____

_____

（3）对于本课程和本书的实验内容，你认为应该改进的其他意见和建议是：

_____

_____

C.3　课程学习能力测评

请根据你在本课程中的学习情况，客观地在 Java 程序设计知识方面对自己做一个能力测评，在表 C-1 的"测评结果"栏中合适的项下打"✓"。

表 C-1　课程学习能力测评

关键能力	评价指标	测评结果					备　注
		很好	较好	一般	勉强	较差	
课程基础内容	1. 了解本课程的知识体系、理论基础及其发展						
	2. 了解 Java 语言，熟悉 JDK 和 Eclipse 开发平台						
	3. 熟悉 Java 基础语法						
	4. 了解算法，掌握框图表达方法						
	5. 熟悉 Java 数组与字符串						
OOP 基础	6. 了解面向对象方法的概念						
	7. 熟悉类与对象及其设计方法						
	8. 掌握封装、继承与多态设计方法						
输入/输出与异常处理	9. 熟悉 Java 异常处理概念						
	10. 了解异常处理程序设计方法						
	11. 熟悉 GUI 设计的概念与方法						
	12. 熟悉 Java 事件处理机制						
	13. 熟悉 Swing 设计模式与文本输入设计方法						
	14. 熟悉 Swing 选择组件						
	15. 熟悉 Swing 菜单与对话框						
多线程与程序部署	16. 熟悉并发与多线程的概念						
	17. 掌握多线程程序设计方法						
	18. 了解 Java 应用程序部署方法						
解决问题与创新	19. 掌握通过网络提高 Java 程序设计能力、丰富专业知识的学习方法						
	20. 能根据现有的知识与技能创新地开展程序设计活动						

说明："很好"5 分，"较好"4 分，余类推。全表满分为 100 分，你的测评总分为：_____分。

C.4　学习与实验总结

C.5　教师对学习与实验总结的评价

附录 D ┃ 课程实践（参考）

【任务描述】

Java 程序设计语言除了具有简单易用、安全可靠、面向对象等特点之外，还支持多线程，可使用户程序并发执行。

一个程序同时执行多个任务，其中的每一个任务称为一个线程（thread），多线程程序扩展了多任务的概念。本课程实践通过一个多线程程序设计案例，考查学生 Java 程序设计课程的学习效果，考查学生自主学习 Java 程序设计语言的专业能力。

【实践组织与成绩评定】

第一阶段：课外完成。本课程实践为开放型作业，相关文档事先发布，学生可提前练习，通过教材和网络搜索等手段研习理解，自主开展 Java 程序设计训练。

第二阶段：实验室（现场）学生独立完成。现场完成程序作业时可以借助于课外完成的（见下面第三层次要求）程序源代码纸质清单、教材、网络等环境条件（注意：自带计算机的学生应自觉清理编程环境的相关电子文件，否则以作弊处理）。

本课程实践分三个层次：

第一层次：将本文档指定的 Java 程序源代码在 JDK 或者 Eclipse 开发环境中录入、调试、正确运行。此层次满分为"60分（及格）"。

第二层次：对本文档指定的 Java 程序源代码进行解读注释。结合第一层次得分，此层次满分为"89分（良好）"。

第三层次：对本文档提供的 Java 程序源代码，主要在软件图形用户界面设计（见本书实验6）方面进行创新扩展（注：可以事先做好程序设计构思，携带自己设计的参考源代码（纸质清单）在现场完成程序设计与运行），形成新的更为完整、用户界面友好的系统。结合第一、二层次得分，此层次满分为"95分（优秀）"（注：为避免对满分的错觉，本实践作业不设100分）。

第一层次 录入、调试、运行案例程序

1. 没有使用多线程的案例

参见本书 7.1.2 节。

程序结果：请录入、调试、运行程序文件 7-1、程序文件 7-2 和程序文件 7-3 并记录程序运行情况。

_____

_____

_____

实践确认：☐ 学生 ☐ 教师

2. 使用线程编程技术调整后的案例

参见本书 7.1.3 节。

程序结果：请录入、编辑、调试程序文件 7-4，并结合程序文件 7-2 和程序文件 7-3 一起运行并记录和分析程序运行情况。

_____

_____

_____

_____

_____

_____

_____

_____

实践确认：☐ 学生 ☐ 教师

第二层次　对案例文件进行分析注释

请针对本书实验 7 的程序文件 7-4、程序文件 7-2 和程序文件 7-3，对程序源代码进行分析注释。

提示：注释内容请写在相关语句的下方。

实践确认：☐ 学生 ☐ 教师

第三层次　在原程序基础上的创新设计

提示：对本书（文档）提供的 Java 程序源代码，主要在软件图形用户界面设计方面进行创新扩展（注：可以事先做好准备，携带参考源代码在现场完成程序设计），形成新的更为完整、用户界面友好的系统。

请将你完成的程序源代码另外用纸记录下来，并粘贴在下方。

————————————— 源程序代码粘贴于此—————————————

实践确认：☐ 学生 ☐ 教师

课程实践总结

请问：请简述你本次课程实践的完成情况（例如你实际冲击的是第几层次）。如果不能顺利完成，请分析可能的原因是什么。

答: _____

_____

_____

请选择：

（1）你喜欢本课程平时的作业和实验方式吗?

☐ 喜欢　　　　　　☐ 不喜欢　　　　　　☐ 没感觉

（2）你喜欢本学期期末的教学测评方式吗?

☐ 喜欢　　　　　　☐ 不喜欢　　　　　　☐ 没感觉

（3）事实上，现阶段，针对课程的考试还是必需的。如果可以选择，你会选择哪一种考试形式?

☐ 传统的考卷模式　　　　　　☐ 本课程期末采用的课程实践模式

（4）请说说你对这次期末测评设计的看法：

_____

_____

_____

请记录：学习"Java 程序设计"课程，完成本次课程实践的总结。

_____

_____

实验评价（教师）

_____

_____

参 考 文 献

［1］周苏. Java 程序设计[M]. 北京：中国铁道出版社，2019.

［2］霍斯特曼. Java 核心技术 卷 I：基础知识（第 10 版）[M]. 周立新，译. 北京：机械工业出版社，2017.

［3］黑马程序员. Java 自学宝典[M]. 北京：清华大学出版社，2017.

［4］匡泰，周苏. 大数据可视化[M]. 北京：中国铁道出版社有限公司，2019.

［5］周苏. 大数据导论[M]. 北京：清华大学出版社，2016.

［6］周苏. 大数据可视化[M]. 北京：清华大学出版社，2016.

［7］周苏. 大数据可视化技术[M]. 北京：清华大学出版社，2016.

［8］周苏. 大数据技术与应用[M]. 北京：机械工业出版社，2016.

［9］匡泰，王岩. Java 面向对象程序设计与应用开发教程[M]. 大连：大连理工大学出版社，2011.